人工智能海洋学基础及应用

主 编 董昌明

副主编 韩 莹 徐广珺 张 琪 谢文鸿 周书逸

科学出版社

北 京

内 容 简 介

人工智能海洋学是一门融合人工智能和海洋学的新兴交叉学科,本书旨在详尽充实地介绍人工智能海洋学的相关知识。本书共分 9 章,介绍了海洋大数据、Python 语言、人工智能基础(神经网络、深度学习、卷积神经网络和循环神经网络)、海洋特征智能识别、海洋参数智能预测、动力参数智能估算和模式误差智能订正等,深入浅出地介绍了人工智能技术在海洋学中的应用。

本书可供海洋科学以及相关学科的师生阅读,也可供从事海洋开发研究的科研人员参考。

图书在版编目(CIP)数据

人工智能海洋学基础及应用/董昌明主编. —北京:科学出版社,2022.9
ISBN 978-7-03-072846-3

Ⅰ. ①人… Ⅱ. ①董… Ⅲ. ①人工智能–应用–海洋学 Ⅳ. ①P7

中国版本图书馆 CIP 数据核字(2022)第 146163 号

责任编辑:王腾飞/责任校对:何艳萍
责任印制:张 伟/封面设计:许 瑞

科 学 出 版 社 出版
北京东黄城根北街 16 号
邮政编码:100717
http://www.sciencep.com
北京建宏印刷有限公司 印刷
科学出版社发行 各地新华书店经销
*
2022 年 9 月第 一 版 开本:720×1000 1/16
2023 年 4 月第三次印刷 印张:16 1/4
字数:327 000
定价:99.00 元
(如有印装质量问题,我社负责调换)

前　言

大数据驱动的"人工智能+"是目前世界经济与科技发展的新的生长点，将催生一系列交叉学科，同时也是国家新基建的重要方向之一。本书旨在尝试将人工智能海洋学作为一门新的交叉学科，介绍其基础内容和实际应用。书中内容包括了海洋大数据、Python 语言、人工智能基础(神经网络、深度学习、卷积神经网络和循环神经网络)、海洋特征智能识别、海洋参数智能预测、动力参数智能估算和模式误差智能订正等，深入浅出地介绍了人工智能技术在海洋学中的应用。

本书共分为 9 章，详尽充实地介绍了人工智能海洋学的相关知识，由南京信息工程大学董昌明教授担任主编，由其带领的"人工智能海洋学教学团队"的韩莹、徐广珺(广东海洋大学)、张琪、谢文鸿、周书逸担任副主编，同时，"海洋数值模拟与观测实验室"以及"人工智能海洋联合研究院"的一些同学也参与了本书的辅助工作。其中，第 1 章简要地介绍了人工智能与人工智能海洋学的发展历程及本书的结构和内容(谢文鸿、周书逸、阳一菲、余洋)；第 2 章主要介绍了大数据的概况、海洋大数据的发展历程、定义及特征、数据来源、处理分析、大数据平台与管理系统(张琪、谢文鸿、杨嘉诚、王子韵、韩振、周书逸)；第 3 章简单介绍了 Python 语言(周书逸、谢文鸿、徐怡然、季巾淋)；第 4 章介绍了人工智能基础(韩莹、王乐豪、谢文鸿)；第 5 章介绍了深度学习、卷积神经网络的基础结构和常用的 4 类卷积神经网络架构等(韩莹、孙凯强、谢文鸿)；第 6 章介绍了循环神经网络的基本结构和几种常用的循环神经网络(韩莹、张栋、孙凯强)；第 7~9 章介绍了人工智能技术在海洋学中 3 个方向的应用，包括海洋特征智能识别(徐广珺、曹茜、林连杰、游志伟、伏铭涵、陈思捷、谢文鸿)、海洋参数智能预测(徐广珺、周书逸、谢文鸿、韩莹、孙凯强)、动力参数智能估算和模式误差智能订正(徐广珺、匡志远、韦销蔚、刘凌霄、曹茜、张浩宇、余洋)；本书的参考文献整理工作由阳一菲负责。

本书的编写得到了南方海洋科学与工程广东省实验室(珠海)自主科研项目(SML2020SP007)、科技部国家重点研发计划重点专项(2017YFA0604100)以及国家自然科学基金项目(42192512、41906167)的资助，同时本书还得到了南京信息工程大学教务处和海洋科学学院的大力支持，特表感谢。

　　在此我们诚挚地希望本书能够让更多海洋科学专业相关的师生更加深入了解人工智能海洋学，使得更多热爱海洋科学的朋友视野更加开阔，并为海洋科学事业的发展贡献绵薄之力。

董昌明

2022 年 7 月 29 日

目 录

第1章 绪 论

人工智能海洋学是一门融合人工智能和海洋学的新兴交叉科学。人工智能和海洋学的融合或许让人觉得陌生，但若单论人工智能，它的强大能力却早让世人有所体会。人工智能是计算机领域的一个分支，致力于探究智能的本质，尝试研究开发用于模拟、延伸和扩展人的智能的理论、方法、技术及应用系统。近年来，人工智能发展迅速，其研究成果已在许多领域得到成功运用。人工智能早已影响着我们的生活，改变着人们的衣食住行：刷脸进站、智慧家居、智能导航、语音助手……大到国防安全，小到新闻资讯推送，人工智能无处不在。谁也无法否认人工智能正在改变世界，并为人们带来便捷。如同蒸汽时代的蒸汽机、电气时代的发电机、信息时代的计算机和互联网一般，人工智能是一项推动世界新一轮产业变革的技术。近年来，基于人工智能的研究开始在海洋学领域崭露头角，其对海洋大数据的挖掘有着独特的优势并取得了令人鼓舞的成就。

本章将主要回顾人工智能及人工智能海洋学的发展历程，并介绍本书的结构和内容。

1.1 人工智能发展历程

实际上，人工智能并不是一个新鲜产物，早在 1940 年左右，就有学者对此展开研究。Warren McCulloch 和 Walter Pitts (1943) 通过研究发现，可以利用互连的神经元网络执行计算。1950 年，被誉为"计算机科学之父"的英国计算机科学家 Alan Turing 进行了著名的"Turing 测试"，用来测试机器能否在智力行为上表现得和人一样，以此了解计算机是否具备与人类相同或相似的智力水平。1956 年，美国达特茅斯夏季人工智能研讨会（Summer Research Project on Artificial Intelligence）上，"人工智能"（artificial intelligence, AI）一词由 John McCarthy 首次提出，并被当作一门学科开始研究。

从 1956 年 McCarthy 提出人工智能概念起，人工智能的发展经历了多次起伏。有关其发展阶段的具体划分，学术界各有主张，较为普遍的是概括为 3 次浪潮 2 次低谷（图 1.1）。

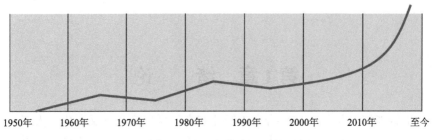

图1.1 人工智能发展历程

1.1.1 第1次浪潮(20世纪50年代中期～60年代中期)

人们开始对人工智能寄予希望,并让机器模拟人类的学习能力和智力。科学家们试图找到让机器使用语言的方法,以形成抽象和概念,从而让其帮助人类解决问题,并提高其本身能力。因此在人工智能提出的初期,重点的研究是让机器学会学习以及协助人类解决难题。人工智能在问世初期取得了巨大成就。在几何定理证明方面,人工智能几乎证明了人类所能证明的全部定理。此外,由Arthur Samuel开发的跳棋程序,也证明了“机器学习”的可行之处,他在1959年提出了“机器学习”的概念并描述其为“使计算机在没有明确编程的情况下进行学习”。这一系列的成果让人们对人工智能寄予了重大期望,人工智能在萌芽期蓬勃发展,掀起了第1次浪潮。

1.1.2 第1次低谷(20世纪60年代中期～70年代中期)

正当人们怀揣着憧憬时,科学家发现人工智能发展中遇到的困难要比原本想象的多得多。受生物神经网络信息传递原理的启发, Rosenblatt(1958)提出了感知机的概念,并成为当时人工智能研究的重要工具。但Marvin Minsky等在1969年出版的《感知机》(Perceptrons)中阐述了感知机存在的限制,直言感知机甚至不能解决一些简单的二分类问题(Minsky and Papert, 1969),而当时的机器硬件又无法支撑多层感知机的运算,因此他指出被人们所认为充满潜力的神经网络实际上并不能实现人们所期望的功能。再加上人工智能在原本取得重要成就的领域——定理证明和棋类游戏——也纷纷陷入僵局,在新兴的研究领域“机器翻译”也未取得成功,人工智能沦为彼时的弃儿,发展陷入低谷。

1.1.3 第2次浪潮(20世纪70年代中期～80年代中期)

在巨大的社会压力下,人工智能研究的先驱者们并没有过于灰心,而是在扎实的工作和对基础理论的不断研究中意识到,想让机器在当时获得智力和学习的能力还是较为困难的,因此研究人员开始从获取智能基于能力的策略转移到了基于知识的方法研究。于是"专家系统"这一概念横空出世，该系统基于人类专家所拥有的大量知识储备及经验建立来，被用于预测、判断、推理等，以解决复杂实际问题。1968 年，美国人工智能专家、图灵奖获得者 Edward Feigenbaum 与美国分子生物学家、诺贝尔生理学或医学奖获得者 Joshua Lederberg 合作，开发出全球第一个专家系统 DENDRAL，该系统中存储了化学家的经验与质谱仪的知识，可以根据给定的有机化合物分子式和质谱图，从几千种可能的分子结构中挑选出一个正确的分子结构。随后，在 20 世纪 70 年代～80 年代中期，大量的专家系统问世，陆续在医疗、化学、地质等领域取得成功。专家系统是人工智能中最重要的，也是最活跃的一个应用领域，它实现了人工智能从理论研究走向实际应用，从一般推理策略探讨转向运用专门知识的重大突破，将人工智能发展带入了第 2 次浪潮。

1.1.4 第 2 次低谷（20 世纪 80 年代中期～90 年代中期）

专家系统的发展只是使得人工智能的应用领域稍有扩宽，并没有给其发展带来太多新理论和新方法的突破，阻碍人工智能发展的历史遗留问题仍然不能得到解决。随着应用规模不断扩大，专家系统存在的问题逐渐暴露出来，体现为应用领域狭窄、缺乏常识性知识、知识获取困难、推理方法单一、难以与现有数据库兼容等。同时，20 世纪 80 年代初期计算机硬件的发展主要集中在个人电脑领域，对于人工智能所需求的计算机硬件要求没有提供应有支撑，也一定程度上限制了人工智能的发展。专家系统带给人工智能研究人员的一个时代的狂欢也就暂时落幕了，人工智能的发展再次陷入低谷。

1.1.5 第 3 次浪潮（20 世纪 90 年代中期至今）

随着理论知识的积累和计算机硬件性能的提升，20 世纪 80 年代末期，机器学习迎来了里程碑式的突破。其中，误差逆传播算法（back propagation, BP）开始运用到神经网络中，《感知机》中提及的问题得以解决，机器学习迎来了新的希望。90 年代中后期，各种浅层机器学习模型相继被提出，比如，支持向量机（support vector machines, SVM）、自适应提升（boosting）、最大熵方法等，它们在某些应用领域的性能要优于神经网络，风靡一时。

在科学家的实践研究中，机器学习逐步获得丰硕成果。1997 年 5 月 11 日，IBM 设计的计算机程序"深蓝"在国际象棋比赛中以 3.5∶2.5 的成绩首次击败了世界冠军、俄罗斯棋手加里·卡斯帕罗夫。这是计算机与人类挑战赛历史上里程碑性的一天。2006 年，加拿大多伦多大学教授、机器学习领域的泰斗和深度学习的先驱者 Hinton 与他的学生 Salakhutdinov 发表了 *Reducing the dimensionality of data with neural networks* 一文，指出：①很多隐层的人工神经网络具有优异的特征学习能力，学习得到的特征对数据有更本质的刻画，从而有利于可视化或分类；

②深度神经网络在训练上的困难，可以通过逐层初始化(layer-wise pre-training)有效克服(Hinton and Salakhutdinov，2006)。至此，深度学习开始成为人工智能技术的主要手段。2012 年，Hinton 和他的学生 Alex Krizhevsky 设计的 AlexNet 在 ImageNet 评测过程中将错误率从 26%降低至 15%，一举夺冠(Krizhevsky, et al.，2012)。这项使得分类结果有阶跃式提升的卷积神经网络技术一下得到了大量人工智能学者的青睐。从那以后，越来越多优秀的卷积神经网络被用于机器视觉中。这一时期也是大数据软件系统走向成熟的时期，在 Google 公司 GFS 和 MapReduce(分布式储存和分布式计算)理论影响下，Hadoop 为海量数据的存储计算提供了极大的便捷，在软件方面实现了满足大数据的需求。大数据技术为深度学习需要的海量数据提供了支持，在学术界和工业界掀起了深度学习的新浪潮。

2016 年 3 月，Google DeepMind 公司研发的 AlphaGo 大战围棋冠军李世石，并以 4∶1 获得胜利。这一场胜利直接将人工智能推至舆论顶峰，人工智能开始走入大众视野，妇孺皆知。此前，在三子棋、跳棋和国际象棋等棋类领域，计算机程序都打败过人类，围棋成了人类智力游戏的最后一块高地。人们在很长的一段时间认为，人工智能不可能在围棋领域战胜人类，因为围棋是纯粹的逻辑游戏，变化数量实在太大，要是人工智能采用暴力列举所有情况的方式，其所需要计算的变化数量远超过已经观测到的宇宙中的原子数量。而在这一场"人机大战"中，人工智能的获胜也说明，人工智能已经可以在专用的智能领域中战胜人类。除了"人机大战"以外，人工智能在其他领域也开始崭露头角，包括在大规模图像识别和人脸识别方面，人工智能程序达到了超越人类的水平；而在医疗卫生方面，人工智能系统在诊断皮肤癌方面也可以达到专业医生水平。人工智能的发展形势一片大好。

2020 年 11 月，Google DeepMind 公司开源了精准预测蛋白质结构的 AlphaFold 2 模型，这一成果震撼大众。蛋白质折叠问题被认为是 21 世纪人类需要解决的重要科学前沿问题之一，理解蛋白质的结构有助于人类确定蛋白质的功能，了解各种突变的作用。截至目前，约有 10 万种蛋白质的结构已经通过实验方法得到了解析，但这在已经测序的数以十亿种的蛋白质中只占了很小一部分。在过去 50 多年的时间里，研究人员们一直尝试根据蛋白质的氨基酸序列预测其折叠而成的三维结构。然而，此前使用的计算方法准确度有限，实验方法对人力和时间的要求也非常高。2018 年，AlphaFold 首次亮相，就展示了惊人的精确模型，解决一直困扰科学界的蛋白质结构问题。相关研究团队在 2020 年 5 月～7 月举办的第 14 届"蛋白质结构预测关键评估"大赛(CASP14)中验证了 AlphaFold 2 模型，模型的精度达到了原子级。中国科学院院士施一公对媒体说："依我之见，这是人工智能对科学领域最大的一次贡献，也是人类在 21 世纪取得的最重要的科学突破之一，是人类在认识自然界的科学探索征程中一个非常了不起的历史性成就。"

可见，如今人工智能正处于第 3 次迅猛发展阶段。人工智能的迅速发展将深刻改变人们的生活方式及世界演化格局。随着数据爆发式的增长、计算能力的大幅提升、深度学习算法的研发，基于大数据和强大计算能力的机器学习算法已经在计算机视觉、语音识别、自然语言处理等一系列领域中取得了突破性进展。人工智能的发展和影响也逐渐走出学术研究圈，走向产业化应用，走入日常生活。可见，在概念被提出一个甲子后的今天，人工智能技术的高速发展和"人工智能+"（即人工智能与其他领域的结合）为我们揭开了一个新时代的序幕。例如，人工智能和医学的结合使其在医学领域得到广泛应用，深度学习成功应用于广泛的医学图像方面，包括超声成像、组织病理学成像、皮肤镜成像和 MR/CT 成像等。此外，基于虚拟现实的手术模拟成为一种经济且有效的临床培训手段（伍亚舟，等，2022）。针对高校学生心理健康问题开发的智能诊疗系统，可以对学生心理问题进行疏导（邓湘宁，2021）。将智能化管理融于企业传统管理方法中，可以促进企业运转方式的转型（王鹏涛和章紫桐，2021）。

放眼未来，人工智能将更深入地与众多传统学科融合应用，成为各个学科的智慧"容器"。人工智能与心理学、数学、经济学、社会学等相关基础学科的交叉融合，形成众多"人工智能+"交叉学科。多领域交互合作使人工智能技术再次焕发生机。

1.2　人工智能海洋学发展历程

人工智能在海洋科学的研究和应用正得到人们的重视，人工智能海洋学正成为一门方兴未艾的新型交叉学科。海洋科学的传统研究手段包括理论分析、现场观测、卫星遥感观测、实验室实验和数值模拟等。随着现代海洋现场观测手段、卫星遥感技术以及计算机软硬件的快速发展，各种海洋参数的数据量快速膨胀，形成了海洋大数据。对海洋大数据的深度挖掘成为一个日益紧迫的研究方向。近年来，越来越多的证据表明，人工智能在海洋科学中有着令人鼓舞的应用前景，特别是广泛使用的深度学习（deep learning），能切实解决海洋科学中遇到的许多重要科学问题。

人工智能在海洋科学中的应用与人工智能和海洋科学两个学科的发展历程紧密相关。在人工智能发展的第 3 次浪潮开始时，即 20 世纪 90 年代中期，海洋学家就开始把人工智能的技术方法应用在海洋科学的研究中，但更多的研究还是集中在深度学习兴起后的近些年。近一二十年来，人工智能在海洋科学中的应用可以分为 4 个发展方向：海洋特征识别、海洋参数预测、动力参数估算以及海洋探测。本书的第 7~9 章将对前 3 个方向做详细的分析和介绍。而有关海洋智能化探测的内容已超出本书范围，请感兴趣的读者参考其他文献。

1.2.1　海洋特征智能识别

海洋特征智能识别是指利用人工智能算法对海洋中存在的具有物理、生态、环境意义的特殊现象进行识别。早期有关海洋特征的智能识别只有零星报道，在深度学习发展较为成熟后，海洋学家开始把卷积神经网络应用到海洋现象的分类和特征识别中。

在卷积神经网络应用兴起后的 2014 年和 2015 年，深度学习领域的里程碑式模型：目标检测卷积网络(regions with CNN features, R-CNN)和全卷积网络(fully convolutional networks, FCN)被陆续提出。目标识别和语义分割技术逐渐成熟，随后发展的这一系列模型被应用于海洋多个现象的特征识别，包括涡旋、内波、溢油和船只监测等。

1.2.2　海洋参数智能预测

目前海洋参数预测方法可以概括为两类，一类是数值模式预报方法，这类方法需要依靠专业知识建立复杂的热力学和动力学方程进行预测；另一类是基于数据驱动的智能预测方法，不同于数值模式预报方法，这类方法不需要专业知识构建方程。基于数据驱动的智能预测方法通过模型，学习数据内在特征和规律，实现对海洋数据的精准预测，现已成功应用于海温、海浪、风暴潮和风速预测等诸多领域。海洋参数智能预测包括两种研究方法：①基于单一智能模型预测；②基于混合智能模型预测。

基于单一智能模型预测的应用有：利用支持向量机开展风速预测(Mohandes, et al., 2003)，利用简单人工神经网络和多层感知机开展海表温度预测(Kalpesh and Deo, 2018; Wei, et al., 2019)；同时，为了提高自适应学习特征的能力，长短时记忆网络(long-short term memory, LSTM)(周楚杰, 2019)、门控循环单元(gated recurrent unit, GRU)(Zhang, et al., 2020)等也被陆续应用到海洋参数智能预测。

然而，单一模型的学习能力较弱，易产生过拟合。已有研究表明，混合循环神经网络智能预测模型有助于提高预测精度。Xiao 等(2019a)将卷积神经网络与 LSTM 结合，提高了海表温度的预测精度；贺琪等(2020)通过在循环神经网络中引入基于局部加权回归的周期趋势分解法(seasonal-trend decomposition procedure based on LOESS, STL)，对海洋参数时间序列进行处理，以提高预测精度；Zhou 等(2021)将经验正交分解方法与 LSTM 相结合，提高了海浪单点的预测精度。

1.2.3　动力参数智能估算

海洋数值模式中，存在许多基于经验估算的参数过程，其中包括数值模式产品中离散网格内无法分辨的次网格过程，例如湍流。这些过程在海洋模式中往往通过结合理论和相关实测数据进行参数化。近年来，人工智能算法也开始被应用到海洋模式的动力参数估算中。

对大气模式的参数智能估算的研究要比海洋模式中的开始得早。2013 年开始，神经网络就被应用于气候模型的参数估算（Krasnopolsky，et al.，2013）。而随着深度学习的发展和卷积神经网络的兴起，近年来更深度的网络，如卷积残差神经网络，也开始被应用于大气湿物理过程的参数智能估算，如 Gentine 等（2018）、Han 等（2020）。与此同时，海洋模式的动力参数智能估算研究也开始发展，Bolton 和 Zanna（2019）基于卷积神经网络，建立智能估算涡动量强迫的深度学习模型。动力参数智能估算将人工智能技术应用于数值模式计算的过程中，除此以外，研究人员也开始将相关技术应用于数值模式的结果输出，并将其与观测数据对比，实现了数值模式偏差智能订正的效果（Kim，et al.，2021；Han，et al.，2021）。

1.2.4　海洋智能化探测

海洋科学研究极大地依赖于海洋探测。目前海洋探测仪器大多属于被动式探测体系，即仪器探测是预先设置而不具备自动调节功能，这极大地限制了海洋探测仪器在复杂变化的海洋环境中的探测能力。人工智能技术能够弥补这一方面的缺陷，具有巨大的应用前景。

近年来，高空长航时无人机（利用无线电遥控设备和自备的程序控制装置操纵的不载人飞机）的成功运用，使数据获取更加便捷，且提高了应急条件下的海洋环境信息自动化快速获取能力。由于具有效费比高、昼夜可用、安全高效等优点，无人机作业的广泛应用成为必然趋势（林春霏，等，2020）。水下机器人（一种无人、无缆的潜水器载体，可在无人条件下实现自主作业）的迅速发展，进一步提升了人类的海洋探测能力。

基于对人工智能海洋学发展历程的回顾，我们可以看到，与由数学和物理理论驱动的传统海洋科学研究相比，大数据驱动的人工智能海洋科学正成为一个新兴发展的研究方向，是海洋科学跨学科交叉的快速生长点。作为涉海学科的研究人员，我们不仅应当了解、学习人工智能技术，而且更应该在实际工作中将其发展和应用。

1.3 本书的结构和基本内容

为了系统全面地展现人工智能海洋学的相关技术和应用，本书将从基础内容开始，详细介绍海洋大数据、Python 语言、人工智能基础等专业知识，再以详细、具体的个例介绍人工智能在海洋科学研究中的实际应用。以下按顺序简要地介绍本书的基本内容。

1. 海洋大数据简介

本书第 2 章介绍了海洋大数据的概况、发展历程、定义及特征、数据来源、处理分析、数据平台和管理系统。

经过该部分的学习，读者将了解海洋大数据的具体定义和特征，以及如何存储、管理和挖掘海洋大数据中的信息，并将其通过可视化技术展示。

2. Python 语言

人工智能软件开发的主要语言是 Python。第 3 章介绍了 Python 的安装与运行，以及 Python 常用的基本变量类型、函数和类、循环与判断、库。

经过该部分的学习及实际操作训练，读者将初步学会使用 Python 语言进行海洋数据与图像的分析处理和可视化，为开发和使用人工智能软件奠定基础。

3. 人工智能基础

人工智能主要通过机器学习的方法来实现，神经网络是目前机器学习中使用较广泛的技术之一。第 4 章介绍了人工智能的基本概念，着重介绍了几种神经网络，包括 BP 神经网络、前馈神经网络、模糊神经网络等，特别详细介绍了如何搭建和初步使用 BP 神经网络。

经过该部分的学习，读者将从概念和实践两个方面了解到什么是神经网络，如何搭建神经网络并完成图像识别等任务。

4. 深度学习

深度学习是人工智能的关键技术，是传统神经网络的延伸和深入。第 5 和第 6 章分别介绍了两种深度学习方法：卷积神经网络和循环神经网络。第 5 章介绍了卷积神经网络的基础结构、常用的 4 类卷积神经网络架构，以及基于卷积神经网络的语义分割等；同时，还介绍了如何搭建和使用卷积神经网络。第 6 章介绍了循环神经网络、长短时记忆网络(LSTM)以及门控循环单元等，同时也介绍了循环神经网络的搭建和使用。

经过该部分的学习，读者将了解到深度学习的发展历程，特别是卷积神经网络和循环神经网络，学会如何搭建和初步使用卷积神经网络和循环神经网络。

5. 人工智能海洋学的应用

该部分包含了 3 个章节，分别从海洋特征智能识别、海洋参数智能预测、动力参数智能估算和模式误差智能订正 3 个方面具体介绍了人工智能海洋学的应用。

第 7 章介绍了人工智能海洋学在海洋特征智能识别的应用。不同于通过物理或数学的传统算法进行识别，人工智能海洋学能够在准确性和时效性等方面突破局限。该章节以海洋涡旋、海洋内波、海表溢油、海冰、海洋藻类、海上船只的识别和监测为例，具体介绍了各类智能识别和监测方法。这些方法能从卫星遥感资料为主的各种海洋数据中识别海洋中的物理、生物、环境特征，具有重要的理论意义和应用价值。

第 8 章介绍了人工智能海洋学在海洋参数智能预测的应用。人工智能的算法能从海洋这个有噪声、非线性的复杂动态系统中获得时序发展特征，进而实现高效而准确的预测。通过该章学习，读者可以了解到海洋气候、近岸风暴潮、海洋波浪、海面风速、海表温度等海洋关键过程参数的智能预测的方法。

第 9 章介绍了人工智能海洋学在动力参数智能估算和模式误差智能订正的应用。由于网格分辨率的限制，小于网格尺度的物理过程无法在数值模式中得到模拟。同时，在复杂的海洋中也存在许多动力机制尚不清楚的物理过程，这也限制了数值模式结果的准确性。但是，这些不足能通过人工智能海洋学对动力参数的智能估算和参数化方案的改进得到一定程度的解决。该章节还介绍了利用人工智能进行模式误差智能订正，这一方向在海洋科学研究中尚处于开始阶段，仅作为补充。该章节最后介绍了研究更为成熟的大气模式湿物理参数的智能估算。

经过学习，读者将了解到尽管深度学习模型具有强大的数据学习能力，但是海洋科学领域的先验知识对于建立有效的深度学习模型有很大帮助，可以指导我们进行输入参数的选择和输出结果的分析。将大数据领域和海洋领域的知识相结合，将会更有效地帮助我们揭示现实海洋世界的奥秘。

第 2 章　海洋大数据简介

人工智能海洋学是在海洋大数据驱动下发展起来的。在介绍人工智能在海洋学中的应用前,我们需要熟悉大数据的基本概念以及海洋大数据的形成过程、组成方式和数据特征等。本章将首先概述大数据的基本知识,然后介绍海洋大数据的发展历程、定义及特征和数据来源,再其次介绍大数据的处理分析,最后介绍常用的海洋大数据平台和管理系统。

2.1　大数据概况

"大数据"(big data)一词最早由美国宇航研究人员用于形容数据的海量性,但是在当时并没有引起广泛的重视。直到 2011 年 5 月,美国麦肯锡全球研究院(McKinsey Global Institute,MGI)发表了专题报告 *Big data: the next frontier for innovation,competition and productivity*(大数据:创新、竞争和生产力的下一个前沿)(Manyika, et al., 2011),报告重点阐述了一种以海量数据作为业务基础的新型的商业发展模式,此后"大数据"便进入了人们的视线(周苏,等,2016)。

目前,"大数据"尚无统一的定义,不同行业从自身不同的视角对"大数据"进行了不同阐释。例如,全球权威 IT 研究与顾问咨询公司 Gartner 将大数据定义为一种海量数据处理能力,相比传统的有限数据处理,大数据应当具有新的处理方式和流程,从而可以应对海量数据高增长和多样化所带来的挑战。MGI 定义大数据除了具有数据量大的特点外,还具有低价值密度和数据流转快等特征,其需要的处理能力远远超出了传统数据库工具的处理能力。其他一些机构对大数据的定义则侧重于大数据的数据价值和来源多样性等特征。结合不同组织对大数据的定义,IBM 以大数据的"5V"特征对其定义,包含了 volume(海量性)、variety(多样性)、velocity(快速性)、value(价值性)和 veracity(真实性)。

总的来说,大数据是一个综合性的概念,其内涵已不再局限于数据量本身,还包括对这些数据进行存储、处理、管理、分析和应用等。

2.2　海洋大数据的发展历程

海洋占地球表面积比例超过 70%。人类很早就认识到海洋中具有丰富的资源,同时也难以被驾驭。人类为了征服海洋、利用海洋,就首先需要认识海洋。在对海洋的不断探索中，人类积累了丰富的数据资料。因此，海洋大数据是人类认识海洋、征服海洋和利用海洋的产物，伴随着海洋科学发展起来。同时，海洋大数据的发展也促进了海洋科学的进步。按照海洋科学的发展历程，海洋大数据的发展历程也可以分为 3 个阶段(黄冬梅和邹国良，2016)，第 1 个阶段是 19 世纪以前，这是海洋数据的初步积累阶段；第 2 个阶段是 19～20 世纪中叶，海洋数据的进一步积累阶段；第 3 个阶段是 20 世纪中叶至今，海洋数据的大量积累阶段，最终形成了海洋大数据。

2.2.1　海洋数据的初步积累阶段

海洋数据的初步积累阶段起始于15世纪人类对海洋的不断探索。1405～1433年，郑和前后七次带领庞大船队远航西太平洋和印度洋，其航程最远到达东非红海沿岸。15 世纪末，西方开启了地理大发现。欧洲各国的船队游弋在世界各处的大洋上，为新生的资本主义寻找新的市场。其中一些标志性事件包括，1488 年，葡萄牙人迪亚士绕过了非洲好望角，成了新航路探寻的一次重要突破。1492 年，意大利人哥伦布在西班牙国王的支持下，横渡大西洋到达美洲沿岸，这就是人们所称的"新大陆的发现"。1498 年，达·伽马沿着迪亚士开发的航路，再次绕过好望角，并继续向东航行，成功到达印度沿岸，这被称为"新航路的发现"。1519～1522年，麦哲伦和他的同伴首次实现了人类绕地球一周的航行。之后是 18～19 世纪中叶的单船调查研究时期，其中的代表人物是英国航海家和探险家詹姆斯·库克船长(图 2.1)，他的主要成就是在 1768～1779 年进行了 3 次大洋调查，并对印度洋

图 2.1　詹姆斯·库克船长肖像

Nathaniel Dance-Holland 于 1776 年创作，

现藏于英国国家航海博物馆

和太平洋的大部分岛屿进行了详细考察。这些航海探险历程，包括留下的航海日志和观测记录，极大地丰富了人类对海洋的认识，并初步积累了大量宝贵的海洋数据。

2.2.2 海洋数据的进一步积累阶段

19～20世纪中叶为海洋科学起步的重要阶段。人类对海洋的研究由海洋探险转向了更加深入的海洋综合考察。这种转变使得海洋研究进一步深入，并开始形成了理论体系。其中，大规模的海洋调查进一步积累了大量海洋数据，包括许多新观测到的海洋现象，这也为观测方法本身的革新创造了条件。

在这段时期中比较有代表性的是1872～1876年英国"挑战者"号的首次环球海洋考察(图2.2)。此次考察对各大洋进行了调查，调查内容包括海洋生物学、海洋地质学、地理学、海洋化学、海洋物理过程等。在全程127 584千米的航程里，考察人员进行了492次深海探测、133次海底挖掘、151次开阔水面拖网、263次连续水温测定，考察过程中发现约4717种海洋新物种，并积累了大量宝贵的海洋数据。这次考察被认为是现代海洋学研究的真正开始，并使海洋学从地理学领域分化而出，逐渐成为独立的学科。

图2.2 "挑战者"号
英国自然历史博物馆馆藏照片

在残酷的第一次世界大战(1914～1918年)和第二次世界大战(1939～1945年)中，海面战舰、潜艇等得到广泛使用。对海上观测资料的需求和对海上霸权的争夺在无形中推动了海洋研究的发展和海洋数据的积累。1942年，全面关于海洋科学研究的专著 *The Oceans* 出版，标志着现代海洋科学诞生(图2.3)，该书详细介绍了人类至20世纪40年代初在物理海洋、海洋化学、海洋生物等各方面积累的研究成果和数据。

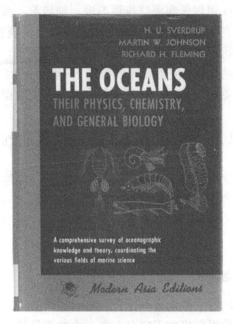

图 2.3　*The Oceans* 封面

2.2.3　海洋数据的大量积累阶段

现代海洋学研究时期，人们对海洋的了解更加全面。更多海洋专门研究机构建立，专职研究人员也随之增多，国际合作得到加强，更加先进、多元化的研究手段被运用。海洋数据，包括海洋现场观测、海洋遥感卫星、海洋数值模拟与再分析产品等三大类，这些数据的大量积累促成了海洋大数据的产生。

从 1942 年第一本海洋科学研究专著 *The Oceans* 出版开始，无数科学家投身物理海洋学的理论研究，并且创造了一个又一个的新的海洋数据采集方法，这为海洋大数据的积累奠定了坚实基础。1947~1950 年，Sverdrup、Stommel 和 Munk 等海洋学家相继提出了风生环流理论(Sverdrup，1947；Stommel，1948；Munk，1950)。1958 年，海洋深层环流理论诞生(Stommel，1958)。这些理论为海洋科学的发展奠定了理论基础，同时也促进了海洋大数据的采集。1955 年，温盐深测量仪(conductivity-temperature-depth system，CTD)的发明使得获取海洋全深度温盐剖面成为可能。海洋遥感卫星 SEASAT 在 1978 年发射，第一次实现了对全球海洋的全覆盖测量，测量数据包括海表温度、波浪、海冰以及海面风场等。随后在 1980 年，声学多普勒海流剖面仪(acoustic Doppler current profiler，ADCP)的发明开始使人可以在移动的船上直接测量海流的速度(Pinkel，1979；Joyce，1989)。

1992 年，卫星 TOPEXP-Poseidon 的发射是海洋动力学发展史上的一次革命性事件，TOPEXP-Poseidon 可以采集海洋表面高度、地转流、波浪和潮汐等数据。海表漂流浮标和 ARGO 浮标在 2004 年实现了对全球海表的覆盖（Gould, et al., 2004; Dean, et al., 2004），这标志着全球海洋观测新时代的到来。这些物理海洋学理论和海洋数据采集方法的出现，使得海洋数据在 20 世纪中叶后得到了大量积累，为现代海洋科学的发展奠定了基础，同时也促成了海洋大数据的出现。

2.3　海洋大数据的定义及特征

从 2.2 节的介绍中可以看出，海洋大数据源自于海洋数据的不断积累，但海洋大数据不仅局限于海洋数据的数量累积，还发展成为海洋科学的一个研究方向。本节将主要介绍海洋大数据的定义及特征，从而让读者对海洋大数据有更为深入的认识。

2.3.1　海洋大数据的定义

与大数据类似，海洋大数据也尚无较为统一明确的定义。基于获取方式和数据特征，可对海洋大数据做出如下定义：海洋大数据是基于多样化来源，针对不同海洋现象和要素，快速实时获取多元化、大体量、高价值海洋数据的理论、技术和应用（洪阳和侯雪燕，2016）。从这个定义可以看出，海洋大数据正在发展成为一种理论、技术和应用相结合的系统，是观测或计算得到的不同时空尺度的海洋信息，是辅助了解海洋状态、发现海洋过程及规律、解决海洋系统所面临挑战的基础，海洋大数据的核心能力是可以预测未来一段时间内海洋环境、气候及资源的时空变化趋势。

2.3.2　海洋大数据的特征

海洋大数据是大数据技术在海洋科学领域的延伸，同样具有大数据技术的"5V"特征。由于海洋大数据本身就是对客观海洋现象或海洋要素变化规律的一种认识，天然满足真实性（veracity）的特征，下面对其他 4 个特征进行介绍。

（1）海量性（volume），海洋大数据体量巨大。各类的海洋观测计划几乎覆盖全球所有海面，进行着各类周期性、实时性的数据采集。同时，各种海洋模式也极大地扩充了海洋数据的体量，并且成为存量最大和增长最快的海洋数据分支。海洋大数据体量不断增大，目前总体量可能已达到 EB 级（10^{18} bit）。

（2）多样性（variety），海洋大数据变量多、维度高，涉及物理海洋、海洋遥感、海洋化学、海洋生态、海洋生物、海洋地质等多个学科，其中仅物理海洋就包括风、气压、叶绿素、气温、海流、水温、盐度、湿度、浊度、波浪等近 200 种不同数据。

(3)快速性(velocity),海洋大数据具有明显的快速流转特征及动态体系,各类观测网络及设备不断对时刻变化的海洋系统进行探测,数据迭代更新速度快,并且随着处理能力提升,数据获取的实时性要求也越来越高。

(4)价值性(value),海洋大数据价值高,可为海洋环境预报、海洋防灾减灾、海洋作业生产、海洋经济政策制定等提供优质的信息服务和决策支持。

除了以上共有特征,海洋大数据还具有一些独有的特征(刘帅,等,2020)。

(1)时空相关性,海洋现象和要素在空间和时间上是连续变化的,绝大部分区域相近的空间位置及时间点都具有相同或相近的物理属性,如温度、盐度等,其属性在邻近区域不会存在显著差异。海洋大数据具有高度时空相关性,使得海洋大数据本身具有一定的冗余性。

(2)尺度多样性,海洋系统由不同层次的子过程组成,各个物理过程都有各自的时间尺度及空间尺度。不同时空尺度的物理过程遵循的规律和体现的特征不尽相同。

(3)数据异构性,由于数据来源的差异和应用目的不同,海洋大数据具有明显的数据异构性,包括由数据观测采集系统产生的系统异构性、由数据逻辑结构或者组织方式不同产生的模式异构性等。

2.4 海洋大数据的数据来源

海洋大数据来源广泛,主要通过观测或模拟得到,相应可分为海洋实测数据、海洋遥感数据、海洋模式数据 3 类。本节将分别对这 3 类海洋大数据进行详细介绍。

2.4.1 海洋实测数据

海洋实测数据主要来自全球化、多尺度、多学科要素的综合性、立体化海洋观测体系。根据观测设备或平台的空间位置不同,又可进一步分为陆基海洋实测数据和海基海洋实测数据两类。

1. 陆基海洋实测数据

陆基海洋实测数据主要来自沿岸海洋台站观测,包括岸基海洋观测站、岸基雷达站等。其中,岸基海洋观测站主要是建在海滨或岛礁的固定海洋环境观测设施,可以提供沿海的海流、波浪、潮汐、水温、盐度、风速、风向、气温、相对湿度等水文气象观测数据。

岸基雷达站包括高频地波雷达、X 波段测波雷达、多普勒雷达,主要用于观测海浪和海表面流场等参数。高频地波雷达采用垂直极化天线辐射短波信号(3～30MHz),基于海洋表面对高频电磁波的散射机制和多普勒原理,从雷达回波中反演出风、浪、流等海况信息,实现对海洋环境大范围、高精度和全天候的实时观测。目前利用高频地波雷达进行海表面流场观测已经实现业务化,世界各地建立了许多观测站点,这些站点组成了全球高频地波雷达网络(global high frequency radar network, HFRnet)。X波段测波雷达由雷达发射机发射X波段内某一频率的电磁波信号,信号入射到海面时,与雷达波长相当的、由风引起的毛细波产生布拉格散射,同时被波长较长的重力波调制,形成雷达回波;雷达回波经由天线,被接收机接收;通过对雷达回波加以数字化处理,得到雷达图像信号,对雷达图像信号采用波浪谱分析获得海浪相关信息,比如有效波高、周期、方向等。多普勒雷达基于多普勒原理,通过连续测量各方向水质点的轨道速度和回波强度,利用线性海浪理论,获取海浪谱及海浪参数。

2. 海基海洋实测数据

海基海洋实测数据来自海洋调查船、海洋锚泊浮标、海洋潜标、海洋漂流浮标、海洋水下滑翔机、海床基观测陈列等。

海洋调查船指专门从事海洋科学调查研究的船只,通过调查可以获取海洋气象、物理海洋、海洋化学、海洋生物、海底地质地貌等数据。海洋调查船的优点是可以直接获取观测资料。而其缺点包括空间上站点较为稀疏,无法做到全海域覆盖,需要进行数据插值处理;时间上无法长期连续观测,一般都只能获取同一时期范围内的数据;调查过程中对人员要求较高,受海况、气象等因素影响较大。

海洋锚泊浮标是由锚定在海上的观测浮标为主体组成的海洋水文气象自动观测站。锚泊浮标可分为水上部分(气象要素传感器),用于测量风速、风向、气压、气温和空气湿度等;水下部分(水文要素传感器),用于测量水温、盐度、波浪、海流、潮位等。海洋锚泊浮标中具有代表性的是全球热带大洋锚系浮标观测阵(global tropical moored buoy array, GTMBA),其隶属于热带海洋和全球大气试验计划(tropical ocean and global atmosphere program, TOGA),主要用于研究海气耦合作用对全球气候变化的影响,主要数据包括气象要素(气温、气压、湿度、风速、风向、降水、太阳辐射)和水文要素(海水温度、盐度、分层海流、热通量、盐通量等)。

近年来,为了加强对北冰洋气候变化和海冰减少对全球变化影响的认知,国际北极科学委员会依托北极冰基浮标观测系统,提出了北极气候多学科漂流冰站计划(multidisciplinary drifting observatory for the study of Arctic climate, MOSAiC),对北冰洋中央区开展了为期一整年(2019年9月～2020年10月)的漂流观测。

海洋潜标是指锚定在海底的，针对的海洋环境观测主体全部位于水面以下的浮标系统，主要用于海流、温度、盐度等关键海洋动力参数的定点、长时序、剖面测量等。海洋潜标可以在较为恶劣的海况下，长期、连续、自动地对海洋环境进行全面、综合观测。

海洋漂流浮标中具有代表性的是实时地转海洋学阵计划(array for real-time geostrophic oceanography，ARGO)。ARGO 可在海洋中自由漂流，提供海面到水下 2000m 之间的海水温度、电导率(盐度)和压力(深度)资料。跟踪其漂流轨迹，还可获取海水的移动速度和方向(图 2.4)。ARGO 计划来自于 1998 年由美国、日本等国大气海洋学家提出的全球海洋数据同化实验，实验计划利用 3~5 年时间 (2000~2004 年)在全球大洋中每隔 300km 布放一个卫星跟踪浮标，由总计 3000 个浮标组成一个全球海洋观测网。近年，中国也加入了 ARGO 计划，投放了一定数量的浮标。目前，ARGO 的观测目标开始向生物化学领域扩展，测量如溶解氧、叶绿素、生物光学、硝酸盐、pH 等生物和化学要素。相关数据可从中国 ARGO 实时资料中心获得(China ARGO Real-time Data Center, C-ARDC, http://www.argo. org.cn/)。

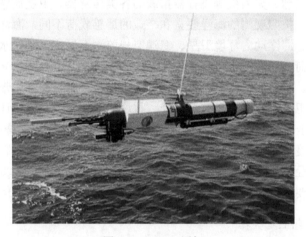

图 2.4　ARGO 浮标

海洋水下滑翔机是一种可自主推进的水下机器人(图 2.5)，机上搭载各种传感器，可进行大范围观测，并获取海水温度、盐度、浊度、叶绿素、含氧量及洋流变化等数据信息。

海床基观测阵列是一种坐落在海底的，对水下环境进行定点、长期、连续观测的海洋观测技术。最典型的案例就是海底观测网，该观测网将各种仪器安装到海底，对海水层、海底和海底以下的岩石进行长期、动态、实时观测。全球重要的海底观测网系统包括了美国海洋观测网（Ocean Observatories Initiative，OOI）、加拿大海王星海底观测网和日本海底海啸地震观测网。

图 2.5 我国自主研制的海洋水下滑翔机

2.4.2 海洋遥感数据

海洋遥感数据主要包括航空遥感数据和卫星遥感数据。其中航空遥感数据主要采自飞机、气球、无人机等飞行器搭载的各类传感器。卫星遥感数据主要通过星载仪器获取。按照观测的海洋要素和搭载的遥感载荷不同，海洋卫星又可分为海洋水色卫星、海洋动力环境卫星、海洋监视监测卫星等。海洋水色卫星主要搭载光学遥感载荷，如海洋水色扫描仪、海岸带成像仪、中分辨率光谱仪等，用于观测海洋水色、水温、透明度、海冰、绿潮、赤潮、海岛、海岸带等要素信息。海洋动力环境卫星主要搭载微波散射计、雷达高度计、微波辐射计、盐度计等，用于全天时、全天候获取海面高度、有效波高、海面风场、海洋锋面、中尺度涡、海面温度、盐度等海洋动力环境信息。海洋监视监测卫星的遥感载荷为多极化、多模式合成孔径雷达，主要用于全天时、全天候监视海上目标、溢油、海冰、海岛、海岸带等要素，并获取海洋浪场、风暴潮漫滩、内波等数据信息。

1. 海洋水色卫星数据

国际上广泛采用的海洋水色卫星数据主要来自美国 MODIS 数据。MODIS 全称为中分辨率成像光谱仪（moderate-resolution imaging spectroradiometer），主要搭载在 Terra 卫星和 Aqua 卫星上。Terra 卫星和 Aqua 卫星是美国地球观测系统计划（Earth Observation System, EOS）中的一部分，卫星轨道高度为 705km。Terra 卫星为上午星，从北向南于地方时 10:30 左右通过赤道；Aqua 为下午星，从南向北于地方时 13:30 左右通过赤道。两颗卫星配合，每 1～2 天可观测整个地球表面 1 次。MODIS 从可见光到热红外共有 36 个波段，波长范围 0.4～14.4μm。MODIS 有 9 个波段可用于水色遥感,其余波段用于大气遥感。MODIS 中有 2 个通道空间分辨率可达 250 m、5 个通道为 500 m、29 个通道为 1000 m,刈幅(扫描宽度)为 2330 km,可同时获取地球上大气、海洋、陆地、冰川、雪盖等多种环境信息,有助于大气、海洋和陆地动态模型的建立,并为建立预测全球变化的模型提供可能,常用 MODIS 海洋标准产品见表 2.1。

表 2.1　常用 MODIS 海洋标准产品

产品编号	英文名	中文名
MOD18	normalized water-leaving radiance	归一化离水辐射亮度
MOD19	pigment concentration	色素浓度
MOD20	chlorophyll fluorescence	叶绿素荧光
MOD21	chlorophyll a pigment concentration	叶绿素 a 色素浓度
MOD22	photosynthetically active radiation	光合有效辐射
MOD23	suspended-solids concentration	悬浮固体浓度
MOD24	organic matter concentration	有机物浓度
MOD25	coccolith concentration	球石粒浓度
MOD26	ocean water attenuation coefficient	海水衰减系数
MOD27	ocean primary productivity	海洋初级生产力
MOD28	sea surface temperature	海表温度
MOD36	total absorption coefficient	总吸收系数
MOD37	ocean aerosol properties	海洋气溶胶特性
MOD39	clear water epsilon	纯净水 epsilon 系数

此外,我国已经发射了 4 颗海洋水色卫星,包括 HY-1A(2002 年发射,已退役)、HY-1B(2007 年发射,已退役)、HY-1C(2018 年发射)和 HY-1D(2020 年发射)。在轨运行的 HY-1C 和 HY-1D 搭载了海洋水色水温扫描仪、海岸带成像仪、紫外成像仪、星上定标光谱仪、船舶自动识别监测系统五大载荷(表 2.2),组成了我国首个民用海洋业务卫星星座,从而实现双星上下午组网观测,每天白天获取两幅全球海洋水色水温遥感图,大幅提高了我国对全球海洋水色水温、海岸带资

表 2.2　HY-1C/D 载荷系统及其主要功能

载荷名称	主要功能
海洋水色水温扫描仪	探测全球海洋水色要素和海表温度场
海岸带成像仪	获取海岸带、江河湖泊生态环境信息
紫外成像仪	用于提升近岸高浑浊水体大气校正精度
星上定标光谱仪	用于监测水色水温扫描仪可见光-近红外谱段和紫外成像仪在轨辐射稳定性
船舶自动识别监测系统	获取大洋船舶位置信息

源与生态环境的有效监测能力。国产海洋水色卫星数据可通过国家卫星海洋应用中心的中国海洋卫星数据服务系统获取。

2. 海洋动力环境卫星数据

海洋动力环境卫星主要依靠高度计、散射计、微波辐射计等微波雷达获取动力环境参数数据。高度计是一个垂直探测的主动微波雷达，可以测量卫星与地球之间距离、海面地形和粗糙度，并由此估算风速、表面海流和波高；散射计是一个主动微波雷达，通过测量海表面粗糙度计算海面风速和风向；微波辐射计是一个被动微波雷达，它可以测量海面反射、散射和自发辐射的辐亮度和微波亮温，并由此估算风速、水蒸气含量、降水率、海表温度、海表面盐度和冰覆盖量等。

常用的海洋动力环境卫星高度计数据产品有法国国家空间研究中心提供的融合多颗卫星高度计(ERS-1/2、Topex/Posedion、ENVISAT 和 Jason-1/2)的网格化海平面异常数据和海面高度数据，数据的网格分辨率为 0.25°，时间分辨率为 1 天，时间跨度为 1992 年 10 月至今。散射计数据产品有 C 波段散射计(advanced scatterometer，ASCAT)，空间分辨率为4km、时间分辨率为 1 天，可显示海洋上的风速和风向数据，时间跨度为 2007 年至今。微波辐射计数据产品有利用红外通道观测海表温度的 NOAA 卫星高级甚高分辨率辐射计(advanced very high resolution radiometer，AVHRR)，该数据产品提供的海表温度数据的空间分辨率为 0.25°，空间范围为全球，时间跨度为 2010 年至今。我国海洋动力环境卫星主要有 HY-2B、HY-2C 和 HY-2D，这 3 颗卫星搭载了高度计、散射计和微波辐射计，组成了三星组网观测系统，可以提供海面风场、海面高度、有效波高、重力场、大洋环流、海表温度等数据，用户可通过国家卫星海洋应用中心网站下载相应数据。

3. 海洋监视监测卫星数据

海洋监视监测卫星主要依靠合成孔径雷达获得数据。合成孔径雷达(synthetic aperture radar, SAR)是一种主动式微波成像雷达，通过测量海面后向散射信号，产生标准化后向散射截面(normalized radar cross section, NRCS)图像。NRCS 携带着海面信息，反映了根据雷达观测估算的海面粗糙度。这种图像能极为详细地显示海面空间细节的变化，其分辨率为几米到几十米。对于海洋遥感来说，海面的粗糙度是影响雷达波束后向散射的主要因素。雷达测量的海面粗糙度是由几厘米到几十厘米的表面张力波和短重力波引起的。SAR 可以测量海浪的方向谱、海面风场、内波，还能监测海冰移动和海面油膜，相应的测量能力取决于这些特征或现象以何种方式改变海面粗糙度。由于分辨率高和数据量大，合成孔径雷达图像数据产品的价格较为昂贵。

　　目前常用的 SAR 卫星数据主要有 RADARSAT-2、TerraSAR-X、GF-3 等。RADARSAT-2 是加拿大发射的 C 波段的高分辨率 SAR 雷达卫星，可以提供多种分辨率成像能力（最高分辨率可达 1 m）、多种极化方式 SAR 成像数据；TerraSAR-X 是德国研制的 X 波段高分辨率 SAR 雷达卫星，具有可聚束式、条带式和推扫式 3 种成像模式，并拥有多种极化方式，最高分辨率为 1m；GF-3 是我国发射的 C 频段多极化 SAR 卫星，分辨率同样达到 1m，具有 12 种成像模式，除了传统的条带成像模式、扫描成像模式，同时兼具聚束、条带、扫描、波浪式、全球观测、高低入射角等多种其他成像模式，是当今世界成像模式最多的 SAR 卫星。

2.4.3　海洋模式数据

　　海洋模式数据主要包含了海洋数值模拟产生的数据以及进一步同化后产生的再分析数据产品。海洋数值模拟以现实海洋为基本物理背景，以高性能计算机为载体，按照物理规律，建立数学模型，从而对海洋状态（包括海温、盐度、海流、海浪、潮汐等要素）进行模拟，参数化、定量化地描述海洋的具体状况。目前常用的海洋模式按照研究区域可分为全球海洋模式和区域海洋模式，全球海洋模式主要有 MOM（modular ocean model）、POP（parallel ocean program）、NEMO（nucleus for European modeling of the ocean）、ECCO（estimating the circulation & climate of the ocean）、HYCOM（the hybrid coordinate ocean model）等；区域海洋模式主要有 POM（Princeton ocean model）、FVCOM（an unstructured grid, finite-volume coastal ocean model）、HAMSOM（Hamburg shelf ocean model）、ROMS（reginal ocean model system）等，上述海洋模式及其特点可见表 2.3（董昌明，等，2021）。而常用的海洋波浪模式有 WW3（wave watch Ⅲ）、SWAN（simulating waves nearshore）等。

表 2.3　5 类海洋模式及其特点

模式名称	模式简介
HYCOM	全球海洋环流模式，具有垂直分层结构，适用于层化效应显著的开阔大洋
POM	经典的三维斜压原始方程数值区域海洋模式，主要应用于河口、近岸海洋模拟，模式结构清晰，模式说明书简明扼要，模式物理过程完善，是海洋数值模式初学者学习海洋模式的首选
FVCOM	马萨诸塞州州立大学陈长胜教授领衔开发的海洋环流和生态模式，采用非结构网格设计和有限体积方法，适合用于研究复杂近岸岸线以及小尺度计算
HAMSOM	德国汉堡大学开发的三维斜压原始方程数值区域海洋模式，模式针对陆架浅海进行了物理简化，比较适合用于边缘海和陆架海域的数值模拟
ROMS	三维自由表面非线性原始方程式近海区域模式，被广泛地应用于沿海、河口、海洋盆地等地区，具有良好的生态伴随模块

再分析技术是利用资料同化技术,将各种来源、各种类型的观测资料与数值预报产品进行融合和最优集成。利用再分析技术可以重建长期历史数据,同时解决观测资料时空分布不均的问题。资料同化技术是利用数值模式作为动力学强迫,从时空分布不均匀的观测资料中,依据动力系统自身演变规律确定系统状态的最优估计。20 世纪 80 年代后期,大气科学领域提出了利用数值天气预报中的资料同化技术恢复长期历史气候记录的新方法,即利用数据同化系统把各种来源与各种类型的观测资料和数值天气预报产品融合,形成最初的大气再分析资料。

随着海洋观测和遥感技术的发展,人们积累了大量、不同类型和不同来源的海洋观测资料。由于时空不均匀,采用资料同化技术可以将海洋数值模式与观测资料融合,重构出时空连续的再分析数据产品。这类再分析数据产品具有时空连续性和相对较高的时空分辨率,且能够形成深层海洋的连续资料,一定程度上弥补了深层海洋观测资料的稀缺。目前使用较多的海洋再分析数据产品有 5 种。

(1) SODA (simple ocean data assimilation) 全球简单海洋资料同化系统,该系统由美国马里兰大学和德州农工大学共同开发,是一套基本覆盖全球海区(除部分极地海区外)的再分析数据集。该数据集时间跨度为 1958 年至今,空间范围为经向环绕全球,纬向范围为 80°S~80°N;数据集主要包括 5 日平均 0.25°的非墨卡托水平坐标数据、5 日平均及月平均的 0.5°规则墨卡托水平坐标数据;垂向 50 层,非等间距分布,表层 5m,最大深度 5395 m。数据集包含温度、盐度、密度、海流、海表面高度、混合层深度、海面风、海表净热通量、盐通量、海底压和海冰等数据。

(2) ECCO (estimating the circulation & climate of the ocean) 海洋环流与气候模式评估,它将大洋环流模式与各种海洋观测数据相结合,得到对时空变化海洋状态的定量描述。ECCO 的水平分辨率为 1°,时间跨度为 1992 年至今,时间分辨率为逐日,包含温度、盐度、海流、海表高度等数据。

(3) ECMWF (European center for medium-range weather forecasts) 欧洲中期天气预报中心产品,产品时间跨度为 1957 年 9 月至今(每 10 日更新 1 次,有 6 日的延迟),时间分辨率为逐日和逐月,其中包含大气强迫场、盐度、温度、海流、海表面高度等数据。

(4) HYCOM (the hybrid coordinate ocean model) 再分析产品,其时间跨度为 1992 年至今,时间分辨率为 3 小时,纬向范围为 80°S~90°N,水平分辨率为 0.08,垂向 41 层,最深可达 5000 m,数据类型包括温度、盐度、海流、海表面高度等。

(5) WW3 (wave watch Ⅲ) 波浪再分析产品,该产品由美国 NOAA/NCEP (National Oceanic and Atmospheric Administration/National Centers for Environmental Prediction) 提供,其时间范围为 2010 年 11 月 7 日至今,时间分辨率为 1 小时,

经度范围为全球，纬度范围为 77.5°S～77.5°N，空间分辨率为 0.5°，提供的波浪
数据包括波周期、波向、波高(混合浪、风浪、涌浪)等。

2.5 海洋大数据的处理分析

海洋大数据的处理分析流程一般包含 5 个部分：①多源化数据获取，获取海
洋多源化数据是海洋大数据处理分析的基础；②存储与管理，有效的存储与管理
是海洋大数据分析挖掘、可视化及知识发现的基础；③分析挖掘，大规模数据实
时化、自动化、高维多变量分析；④可视化，数据的可视化可以帮助人们发现海
洋物理过程规律，并对海洋数据进行特征提取及知识发现；⑤知识发现与应用决
策，知识发现可以辅助针对性的数据获取(图 2.6)。2.4 节已经详细介绍了海洋大
数据的来源，本节将针对海洋大数据处理分析流程的②～④加以介绍。

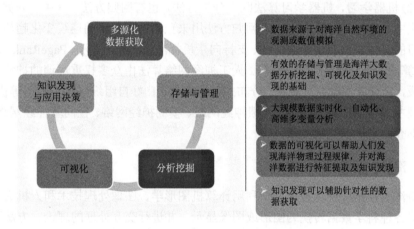

图 2.6 海洋大数据处理分析流程

2.5.1 海洋大数据的存储与管理

海洋大数据的存储与管理是海洋大数据分析挖掘、可视化及知识发现与应用
决策的基础。大数据存储中心承载海量数据检索访问量，并需要将检索结果快速
反映给用户。同时，海洋大数据独有的特征对其储存与管理有着特殊要求，原因
在于：①海洋大数据的海量性、实时性要求数据存储系统在硬件架构和文件系统
上超过传统技术，海洋大数据的存量已经接近 EB 级(10^{18}bit)，日增量也达到 TB
级(10^{12}bit)，这就要求大数据存储空间具有较强的延展性；②海洋大数据的多源
性导致其数据结构复杂多样，具有高度异构性，这就要求储存模型能够适配海洋
大数据的这种异构性(黄冬梅和邹国良，2016)。2.7 节会举例介绍一种常用的海洋

大数据管理系统。

2.5.2　海洋大数据分析挖掘技术

海洋大数据分析挖掘技术是指利用现有数据挖掘和机器学习的改进技术从海量大数据中提取有价值的知识，这也是海洋大数据处理分析的核心步骤。海洋大数据分析挖掘技术主要分为统计类方法、机器学习等。

(1)统计类方法，主要的统计类方法有聚类算法、回归算法、判别分析等。聚类算法也被称为集群算法，是一种把物体相似度归类的统计描述算法；聚类算法的本质是按数据之间的相似度或者距离远近把原始数据换分成不同的簇。回归算法是指我们在原始数据之中试图找到数据之间是否存在着线性回归关系或者非线性回归关系，回归关系函数可以反映数据客观现象之间的联系。判别分析是指在一定条件下针对已经分类的数据，根据某些特征属性判别其类别。

(2)机器学习，机器学习算法既有分类方法，也有回归方法。其中，分类方法用于集中数据中的离散类别，而回归方法用来预测数据变量的连续变化趋势。机器学习的具体算法有决策树算法、支持向量机算法、Apriori算法、PageRank算法、KNN算法、人工神经网络算法等。人工神经网络算法由众多权重可调的神经元连接而成，具有大规模并行处理、分布式信息存储、良好自组织自学习能力等优势，其类型主要有反馈神经网络、前馈神经网络、模糊神经网络、径向基神经网络等，其详细介绍可以参见第4章。

2.5.3　海洋大数据可视化技术

海洋大数据可视化技术是指利用计算机图形学、图像处理技术和人机交互技术，将各种科学数据转换为图形或图像显示，并进行交互处理的理论、方法和技术，是发现、解释、分析、探索和学习海洋现象和变化规律的重要手段。由于海洋大数据具有"5V"特点，直接对海洋大数据分析和观察很难挖掘出数据本身蕴含的丰富的有效信息。为了更加充分利用海洋大数据，可以根据其特点，分析并绘制数据可视化图表，突出其特征，以便达到分析挖掘海洋大数据中重要信息的目的。目前海洋大数据可视化技术中具有代表性的是基于 Python 的交互式可视化技术，该技术主要利用 Python 中的 Dash 库实现时空大数据的可视化，它可以准确、清晰、灵活地展示各类海洋数据，具有高度交互性，可以满足用户使用过程中的各种需求。Dash 库是一个用于构建 Web 应用程序的高效 Python 框架，可以与 Python 强大的数据处理能力结合，搭建可交互的大数据可视化平台。

2.6　常用海洋大数据平台

为了让读者更好地了解海洋大数据的应用现状，本节介绍国内外常用的一些海洋大数据平台。

2.6.1　海洋科学大数据中心

中国科学院海洋研究所海洋科学大数据中心(Center for Ocean Mega-Science，COMS)于 2018 年 5 月正式成立，COMS 数据资源主要包括 COMS 全球海洋科学数据集和 COMS 自主观测数据集。

1. COMS 全球海洋科学数据集

COMS 全球海洋科学数据集(COMS global ocean science data, COMS- GOSD)是由中国科学院海洋大科学研究中心构建的全球海洋现场观测数据集。COMS-GOSD 搜集了 1900 年以来的，大量的全球海洋观测数据，包括海水温度、盐度、pH、溶解氧、CO_2 分压等 13 个物理、生物、地球化学参数；此外还包括了 XBT、CTD、ARGO、Glider、浮标等 11 种仪器观测数据。

COMS-GOSD 对原始观测数据进行了系统性质量控制和系统性偏差订正。COMS-GOSD 数据集准实时更新，以期实现对海洋环境状况的实时监测。同时，COMS-GOSD 还提供了多种数据下载方式。

2. COMS 自主观测数据集

COMS 自主观测数据集包括科考船航次调查、浮标定点观测、深海潜标实时观测、卫星遥感、数值模拟结果等数据，数据类型涵盖 11 个大类，包括 CTD、ADCP、Hypack 导航、ROV(remote operated vehicle)视频、多波束、自动气象站、浅地层剖面、多道地震、化学分析数据、生物调查数据、定点观测。区域覆盖"两洋一海"(西太平洋、印度洋和中国南海)、黄东海、长江口、渤海等，数据最早可追溯到 2006 年。具体数据如下：

(1)科考船航次调查数据，收集了 118 个专项调查航次数据，包括西太平洋航次、长江口加强航次、渤海调查航次和南海及印度洋航次数据等，其中 2006～2014 年国家自然科学基金委 24 个黄东海开放航次调查数据主要观测数据包括 CTD、ADCP 和气象数据，部分航次还提交了溶解氧、叶绿素、5 项营养盐、pH、潜标等数据信息。

(2)定点观测数据，浮标、潜标定点观测数据包括 2007 年以来近海观测网络黄东海 20 套观测浮标数据，该浮标数据实现了对中国近海海域的海洋气象参数、水文参数和水质参数等实时、动态、连续的观测；獐子岛自有 21 套潜标系统的垂直剖面和潜标数据，观测数据包括剖面流速、流向和水温；西太平洋科学观测网，收集了包含"两洋一海"（西太平洋、印度洋和中国南海）的 74 套潜标数据，其中部分潜标实现了实时、动态的数据传输，收集了温度、盐度、洋流等物理海洋数据。

(3)海洋模式输出数据，1986～2018 年的近海台风灾害 SWAN+ADCIRC(an advanced circulation model for oceanic, coastal and estuarine waters)模式数据共 85.8GB，包括台风经过时的区域性海面高度、波浪高度、台风中心点、气压、风场数据；西太平洋基于 ROMS 模式输出数据共 3.7GB，包括中国近海 32 个水层的盐度、海面高度、温度以及洋流数据。

(4)海岸带数据，涵盖水文、气象、土壤、生物、碳通量、污染、遥感、分析测试、调查航次、无人机航拍等，数据量达 8.3TB。

(5)科研项目数据，包括国内濒危历史资料数据库和专项数据，数据量达 54GB，科研项目和成果数据 17.1GB。

2.6.2　美国国家数据浮标中心

美国国家数据浮标中心(National Data Buoy Center, NDBC)隶属于 NOAA，利用观测站点为单位，提供数据。其观测站点遍布全球，每个观测站点都有自己的 ID，凭借此 ID 就可以获取对应的观测站点的数据。NDBC 的数据种类包括标准大气海洋数据、连续风数据(10 min 平均值)、原始光谱波数据、太阳辐射数据、潮汐数据等。每个观测站点都至少有一种数据，NDBC 数据可以分为 3 类。

(1)实时数据，实时数据是指在过去 45 天内实时接收，通过自动质量控制检查并放在全球通信系统(global telecommunication system，GTS)上的数据。用户可以在站点网页上找到"Realtime Data"选项，点击获取实时数据以及相应的基本信息和描述。

(2)最新观测文件，最新观测文件包含了多个数据站点的数据元素和站点坐标信息，每 5 分钟更新一次，适用于需要多个站点海洋气象观测数据的要求。

(3)历史数据，网页上"Historical Data"选项可以提供历史数据，点击就可以获取。

NDBC 提供 TAO 数据下载服务，用户可以在网页上选择站点、起始日期、数据种类、文件形式等参数后，进行下载。NDBC 还提供了高频雷达数据，点击网页左侧"HF Radar"选项即可下载相应的数据文件。

2.6.3　欧洲海洋观测和数据网络

欧洲海洋观测和数据网络(European Marine Observation and Data Network,

EMODnet)是一个由欧盟综合海洋政策支持的网络平台，该平台提供了 7 个主题的海洋数据，包括：①测深，提供了水深、海岸线和水下特征地理位置的数据；②生物学，提供了生物量和物种丰度的时空分布数据；③化学，提供了关于水、沉积物和生物群落中营养物质、有机物、重金属、放射性核素等数据；④地质学，提供了海底基板、海底地质、海岸活动、地质事件和矿物的数据；⑤人类活动，提供了关于人类海上活动强度和空间范围的数据；⑥物理，提供了关于盐度、温度、海浪、风、洋流、海平面、冰、河流外流区以及水下噪音等数据；⑦海底生物环境，提供了关于海底生物环境和生物群落空间分布和范围的数据、地图和模型。可以通过访问其网站首页在 EMODnet 下载数据，在"Data Services"选项中选择"Data & Webservices"，直接下载所需数据；或者可以在"Products Catalogue"选项中根据不同主题寻找数据资料。

2.6.4　日本气象厅平台

日本气象厅平台具有以下功能：①发布天气预报；②发布自然灾害预警，包括台风、地震等；③提供各种数据资料，包括气象、海洋、气候的各种数据，其中气象资料只覆盖日本本土，海洋资料和气候资料则覆盖全球。其所提供的气象资料包括天气图、台风、梅雨、龙卷风等；海洋资料包括海温、波高、海冰、海流及海洋中的 CO_2、污染物等数据；气候资料包括各种异常天气、世界气候长期变化趋势、日本南极昭和站数据、太阳辐射和紫外线数据等。在日本气象厅平台上查找需要的海洋资料时，平台会以图像的形式呈现，其中包括实况图和预测图，实况图会在每天 2 时和 14 时进行更新。

2.7　一种常用的海洋大数据管理系统

本章已经介绍了海洋大数据和一些海洋大数据平台，但并未涉及大数据管理系统，这项技术是实现大数据应用的关键技术，是实现大数据海量存储、吞吐，从而辅佐人工智能发展的重要手段。本节将介绍最为常用的大数据管理系统 Hadoop，首先简要介绍 Hadoop 的两个重要构成成分，分布式文件系统(Hadoop distributed file system，HDFS)和分布式计算模型(MapReduce)，然后介绍如何搭建 Hadoop。

2.7.1　为什么需要 Hadoop

在正式认知大数据管理系统前，我们应该先意识到需要大数据管理系统的原因。举个例子，如果我们生活在古时候，遇到一头牛无法拉动重物时，想必不会等待牛长得更壮，而是会选择用更多的牛去拉。通俗地讲，大数据管理系统就是为了解决"一头牛无法拉动重物"的问题，即大数据管理技术是为了解决"需要处理超过了一台计算机处理能力的数据"的问题。这样的需求是由于数据量的增长速度远超单机运算能力的增长速度。计算机科学家们逐渐意识到更迫切的需求并不是研发更强运算能力的计算机，而是让一个系统能容纳更多的计算机同时工作。而面向这样的需求时，并不是简单地将多台计算机拼凑，还需要考虑以下问题：①如何将数据量超过单台存储设备(计算机)储存量的数据储存在多台存储设备（计算机）中；②完成储存后，如何在每台存储设备(计算机)中显示该数据，并且统一显示在一个目录路径中；③如何调用每台存储设备(计算机)的计算资源，实现对数据的检索和分析；④在某台存储设备(计算机)出现问题时，系统如何继续运行，若数据丢失，应该如何恢复；⑤空间不足时，如何加入更多的存储设备(计算机)进行扩展。这些问题就是大数据管理系统需要解决的根本问题，该系统可以帮助用户开发分布式程序，充分利用多台存储设备(计算机)的集群高速运算能力和存储能力。

面对上述问题，Google 公司的开发人员在 2003 年首次发表关于 Google 文件系统(Google File System，GFS)的论文(Ghemawat, et al.，2003)。这是 Google 公司为了存储海量搜索数据而设计的一种专用文件系统，它的出现改变了计算机研究人员感知和处理数据的方式。2004 年，另一项大数据里程碑式研究——分布式计算模型 MapReduce 也被提出(Dean and Ghemawat，2004)。Hadoop 吸收了 MapReduce 的分布式计算方式，并结合自身的分布式文件储存系统，于 2006 年成为了一套完整独立的软件，被广泛地应用于各大互联网公司。

Hadoop 被广泛应用的原因之一是它的用途适用于不同的市场——无论是零售商想要为客户的查询提供有效的搜索答案，还是金融公司想要进行准确的投资组合评估和风险分析，Hadoop 都可以很好地解决这些问题。信息时代，全世界都为社交网络和在线购物而疯狂。那么，让我们从两个角度来看看 Hadoop 的使用。我们在社交网络滚动浏览新闻提要时，可能会看到很多相关的广告，这些广告会根据访问过的页面弹出。那是社交网络软件从安装在我们智能手机中的其他移动应用程序中收集数据，并根据浏览历史提供建议。而网络商城则会收集客户的浏览历史和位置等数据，推荐用户可能需要的商品。比如，用户在浏览商品"手机"时，相应地会推荐手机壳、屏幕保护膜等，那是由于其他查看"手机"的人大部分也会浏览这些商品，并进行购买。社交媒体和网络商城主要通过 Hadoop 和基于 Hadoop 开发的其他软件实现对这些数据的存储、查询和追踪。此外，医疗保健、银行、保险等行业，也会相似地利用 Hadoop 技术。

Hadoop 还是一个开源分布式计算平台，具有很好的跨平台特性和可扩展性，可支持从单台计算机到几千台计算机的不同规模的集群部署，为用户提供系统底层的、细节透明的分布式基础架构。Hadoop 是基于 Java 语言开发的，核心是分布式文件系统 HDFS 和分布式计算模型 MapReduce。其中，HDFS 可以提供海量数据存储和管理所需的基本分布式存储系统；MapReduce 则可以实现海量数据的高效分析和计算。HDFS 和 MapReduce 组合在一起，形成了分布式基础架构。HDFS和 MapReduce 也可以独立运行、分离管理。

2.7.2　HDFS

　　HDFS 是 Hadoop 的分布式文件系统，是分布式文件系统中的一种。分布式文件系统是指文件系统管理的物理存储资源不一定直接连接在本地节点上，而是通过计算机网络与节点(可简单地理解为 1 台计算机)相连，或是若干不同的逻辑磁盘分区或卷标组合在一起形成的完整的、有层次的文件系统。这样的概念对于初学者可能过于抽象，下面作一些朴素的解释。让我们先回顾 2.7.1 节中提及的大数据管理系统需要解决的 5 个问题，其中 4 个与存储和管理相关，即如何把数据分布地储存在多个存储设备（计算机）中，并对外显示为一个整体；当部分存储设备(计算机)发生故障时，系统如何工作并恢复数据；集群如何扩展等。这些问题就是分布式文件系统所需要解决的问题。

　　在解决存储问题方面，分布式文件系统的解决办法是将固定于某个节点的某个文件系统，扩展到任意多个节点或多个文件系统，众多的节点组成一个文件系统网络。每个节点可以分布在不同地点，通过网络进行节点间通信和数据传输。如此，用户在使用分布式文件系统时，无须关心数据存储在哪个节点，或者从哪个节点获取，只需要像使用本地文件系统一样，管理和存储文件系统中的数据(图 2.7)。在图 2.7 中，存储在不同计算机中的不同文件夹，对外一致显示为一个域名下的 public 文件夹。图 2.7 右侧的使用者在访问这些文件夹时，并不知道具体的存储设备(计算机)和存储文件名，只是看见了其在系统中共享的文件夹名，如同在一台计算机上使用一般。

　　当文件分布在不同的存储设备(计算机)时，会面临着巨大的风险，一旦某台设备(计算机)出现故障，就会让整个系统毁于一旦。为了解决这个问题，分布式文件系统采用冗余节点的设置，从而大大减小了数据丢失的风险。这是一种十分朴素又有效的，实现数据稳定性的方法，也就是为了避免出错，多存几份数据。因此，分布式文件系统的部分节点的故障并不影响整体的正常运行，即使出现故障的存储设备(计算机)中的数据已经损失，也可以由其他节点将损失的数据恢复出来。因此，安全性是分布式文件系统最主要的特征。

　　此外，分布式文件系统一般通过网络将大量零散的存储设备(计算机)连接在一起，形成一个巨大的集群。如果需要扩展存储设备(计算机)数量，获得更大集群，也不会过于困难，只需要经过简单的配置，就可以将集群之外的存储设备(计算机)与集群本身的存储设备(计算机)连接，加入到分布式文件系统中。因此，分布式文件系统具有极强的可扩展能力。

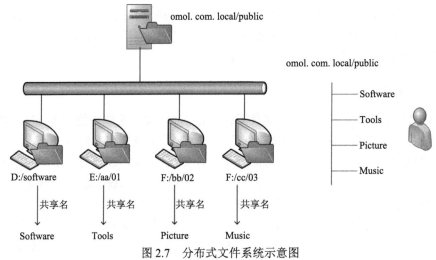

图 2.7　分布式文件系统示意图

　　HDFS 具备分布式文件系统的各项特性，如高容错性、高可扩展性、高吞吐率等特征。它为海量数据提供了便利存储，具有故障检测、自动快速恢复、节点自检、数据恢复等功能。HDFS 在存储数据时，会将数据切片并自动生成多个副本，分布保存在数据节点上，当数据丢失，或者节点宕机时，用户可以通过之前备份好的副本使得数据自动恢复。实际上，在 HDFS 的设计中，故障并不是异常，而是常态。首先硬件故障本身就是常态，而整个 HDFS 系统可能由数百或数千个存储着文件数据片段的服务器组成，如此巨大的系统内每个组成部分都很有可能出现故障。这就意味着 HDFS 里的节点总是有一些部件是失效的，因此，故障检测和自动快速恢复是 HDFS 一个很核心的设计目标。

　　HDFS 采用主从(Master/Slave)节点的架构体系来存储数据。"主"是指名字节点(NameNode)，它是一个管理文件命名空间和调节客户端访问文件的主服务器。"从"指的是数据节点(DataNode)，通常是一个节点或一台机器，用于管理对应节点的存储。HDFS 由两种节点组成，对外开放文件命名空间并允许用户数据以文件形式存储。实际上，若更为详细地划分，HDFS 包括 Client、NameNode、DataNode 和 Secondary NameNode，共 4 个部分。

　　(1)Client，用户端通过命令的方式访问 HDFS，并且能够与 NameNode、DataNode 进行数据交互。

　　(2)NameNode，HDFS 的主节点，能够对数据块中映射的信息进行管理，处理用户端的请求，并对 HDFS 的命名空间进行管理；NameNode 实际工作时会在一个文件中存储所有关于文件系统命名空间的信息，同时在另一个文件存储所有的事务记录。这两个文件都会保存在 NameNode 的本地文件系统上，同时复制副本，以防文件损坏或 NameNode 系统丢失。

(3)DataNode，HDFS 的从节点，响应 Client 或 NameNode 的数据读写请求，同时还响应来自 NameNode 的创建、删除和复制块命令，是存储数据块文件的节点。NameNode 依赖来自每个 DataNode 的定期心跳消息(heartbeat)实现管理。每条消息都包含一个块报告，NameNode 可以根据这个报告验证块映射和其他文件系统元数据。如果 DataNode 不能发送心跳消息，NameNode 将采取修复措施，重新复制在该节点上丢失的块文件。

(4)Secondary NameNode，次命名节点，在 HDFS 运行时，NameNode 中的记录文件会不断增大，导致合并时间延长，从而使得 NameNode 节点的效率随着运行时间延长而降低。Secondary NameNode 可以减轻 NameNode 负担，其定时地合并记录文件，并将存储文件系统命名空间的信息文件备份，并将最终生成的文件下载到 NameNode。需要明确的是，Secondary NameNode 只是分担 NameNode 的工作量，提高 NameNode 的工作效率，但并不是 NameNode 的备份。

因此，HDFS 的工作流程大体上是用户提供读写文件的请求给 NameNode，NameNode 将工作转发给需要完成该存储任务的 DataNode，同时通知另一 DataNode 完成副本复制，随后在 Secondary NameNode 的辅助下将操作信息和节点信息记录在文件中并完成备份。

2.7.3 MapReduce

HDFS 已经解决了大数据系统需要解决的绝大多数问题，实现了大数据分布式的储存与管理，让计算机集群能像单机一样便利地存储数据，但它仍未解决如何让集群调动足够多的计算资源进行数据检索和处理。在 Hadoop 中，一般通过 MapReduce 来解决这一难题。

MapReduce 是由 Google 公司研发的一种面向大规模数据处理的并行计算模型和方法(Dean and Ghemawat，2004)。Hadoop 的开发人员吸收了这样的处理方法，并基于 Java 设计开发、开源了一个同名的并行计算框架和系统。

MapReduce 由 map(映射)和 reduce(化简)两个词组成。和名字一样，它的实现方法也分两个阶段：Map 阶段和 Reduce 阶段，即采用分而治之的思想，不暴露过多内部处理计算细节，简化对用户的要求。Map 阶段通过对分片后数据操作，得到键值对形式的阶段性结果；Reduce 阶段对阶段性结果归并、排序等，从而得到最终结果。

MapReduce 使得我们在面对单机无法处理的工作时，依然有办法完成。首先，把样本分成一段段能够令单台计算机处理的规模；然后，一段段地进行统计，每执行完一次统计，就对映射统计结果进行简化处理，即将统计结果合并到一个更庞大的数据结果中去；最终，完成大规模的数据处理。在以上的过程中，第一阶段的整理工作就是"映射"，也就是把数据进行分类和整理，得到一个比源数据小很多的结果。第二阶段的工作往往由集群完成，整理完数据之后，我们需要将这些数据进行总体归纳，毕竟多个节点的映射结果可能出现重叠分类。这个过程中映射结果可能会进一步缩略成可获取的统计结果。

实际上 MapReduce 和人口普查十分类似，人口普查部门会把若干个普查员派驻到每个城市。每个城市的每个人口普查员将统计结果汇报至城市的负责人。每个城市的负责人都将统计该市的人口数量，再将结果汇总，上交总部。在总部，每个城市的统计结果将被先简化到单个计数(各个城市的人口)，然后再确定国家的总人口。这种人到城市的映射(map)是先并行的，然后合并结果(reduce)。这比派一个人以连续的方式清点全国人口的效率高得多。

在 Hadoop 中，MapReduce 由 4 部分组成。

(1)Job，这是执行的完整过程，包括跨特定数据集的映射器(mapper)、输入、归化器(reducer)和输出。

(2)Task，每个 Job 都分为几个 mapper 和 reducer，在数据切片上执行的部分作业被称为 Task。

(3)JobTracker，它是管理 Hadoop 集群中所有作业和资源的主节点。

(4)TaskTracker，它们是部署到 Hadoop 集群中每台机器上的代理，用于运行 Map 和 Reduce 任务，执行后将状态报告给 JobTracker。

如此，Hadoop 实现了大数据系统的存储、管理和运算，使得计算机集群能像单机一样工作，发挥出更强大的性能。

2.7.4 Hadoop 的部署

通过学习不难看出，大数据管理系统"道理简单，实施复杂"，无论是"多存一份"还是"分而治之"，都是简单的道理，但是具体实现却不容易。Hadoop 则为我们解决了这些实践中的困难，完成了很好的封装。因此通过 Hadoop，我们不再需要了解分布式底层细节，就可以开发分布式程序。下面将简单介绍 Hadoop 的安装以及典型的应用案例。

1. Docker、Java 和 SSH

Hadoop 是为集群设计的软件，大数据需要的硬件支撑通常超过单机处理的能力，因此难免需要在多台计算机上部署 Hadoop。根据部署情况的不同，Hadoop 分为单设备情况和机器集群情况。其中单设备情况又分为单机模式和伪分布式模式，最大的区别在于是否使用 HDFS，也就是在单设备上安装，除了只使用本地文件系统(单机模式)，Hadoop 还可以选择使用 HDFS，只是其名称节点和数据节点都在同一台机器上(伪分布式模式)。之所以称之为伪分布式模式，是因为在使用机器集群的情况下，Hadoop 可以使 HDFS 的名称节点和数据节点位于不同的机器上，从而实现真正的分布式模式，并可在多终端实现大数据存储和管理（集群模式）。在初学和用于试验的情况下，通常会先选用伪分布式模式进行安装试验，再用集群模式进行实际应用。在多台计算机上配置 Hadoop 会存在一定障碍。在多台计算机上部署相同的软件环境，工作量较大，而且难以在环境更改后重新部署。Docker 可以解决这样的障碍，它是一个容器管理系统，可以运行多台"虚拟机"（容器），并构成一个集群。因此多计算机集群通常会通过 Docker 作为底层环境使用 Hadoop。这里以 Linux 系统为例，用脚本自动的安装方式安装 Docker，在 Windows 系统中则建议使用虚拟机安装。

```
curl -fsSL https://get.docker.com | bash -s docker --mirror Aliyun
```

通过 docker pull 的方式可以拉取镜像（相当于虚拟环境），并在镜像中建立容器（镜像运行实体）。在这里以拉取一个 centos 镜像，并构建名为 java_ssh_proto 的容器为例。

```
docker pull centos:8
docker run -d --name=java_ssh_proto --privileged centos:8 /usr/sbin/init
```

随后，通过 docker exec 进入容器，并配置容器中的 Java 和 SSH 环境。

```
    docker exec -it java_ssh_proto bash
    sed -e 's|^mirrorlist=|#mirrorlist=|g'\
      -e
's|^#baseurl=http://mirror.centos.org/$contentdir|\baseurl=https://mirrors.ustc.edu.cn/
centos|g'    -i.bak \
            /etc/yum.repos.d/CentOS-Linux-AppStream.repo \
            /etc/yum.repos.d/CentOS-Linux-BaseOS.repo \
            /etc/yum.repos.d/CentOS-Linux-Extras.repo \
            /etc/yum.repos.d/CentOS-Linux-PowerTools.repo \
            /etc/yum.repos.d/CentOS-Linux-Plus.repo
    yum makecache
    yum install -y java-1.8.0-openjdk-devel openssh-clients openssh-server
```

安装成功后，即可启动 SSH 服务，用于集群间的链接。

```
    systemctl enable sshd && systemctl start sshd
```

如果没有出现任何故障，则一个包含 Java 运行环境和 SSH 环境的容器就被创建好了。在容器内执行 exit 操作，退出容器，运行以下两条命令即可停止容器，并保存为一个名为 java_ssh 的镜像。

```
docker stop java_ssh_proto
docker commit java_ssh_proto java_ssh
```

2. Hadoop 镜像

在上述的操作过程中，我们通过 Docker 得到了一个具备 Hadoop 部署所需环境的镜像，接下来需要做的就是通过这个镜像进行 Hadoop 搭建，并保存为一个常用的 Hadoop 镜像。先以之前保存的 java_ssh 镜像创建新的容器 hadoop_single。

```
docker run -d --name=hadoop_single --privileged java_ssh /usr/sbin/init
```

Hadoop 官网地址为 hadoop.apache.org，可以从网站上下载 Hadoop 的压缩包。将下载好的 Hadoop 压缩包拷贝到容器中的/root 目录下。

```
docker cp <你存放 hadoop 压缩包的路径> hadoop_single:/root/
```

进入容器的/root 目录。

```
docker exec -it hadoop_single bash
cd /root
```

这里应该存放着刚刚拷贝过来的压缩包文件，以版本 3.3.1 为例，解压压缩包，注意要换成自己下载的压缩包名字。

```
tar -zxf hadoop-3.3.1.tar.gz
```

解压后将得到一个文件夹 hadoop-3.3.1，把它拷贝到一个常用的地方，并配置环境变量。

```
mv hadoop-3.3.1 /usr/local/hadoop
echo "export HADOOP_HOME=/usr/local/hadoop" >> /etc/bashrc
echo "export \
 PATH=$PATH:$HADOOP_HOME/bin:$HADOOP_HOME/sbin">> /etc/bashrc
echo "export \
 JAVA_HOME=/usr" >> $HADOOP_HOME/etc/hadoop/hadoop-env.sh
echo "export \
HADOOP_HOME=/usr/local/hadoop" \
>> $HADOOP_HOME/etc/hadoop/hadoop-env.sh
```

接着，退出 Docker 容器并重新进入。这时，echo \$HADOOP_HOME 的结果应该是/usr/local/hadoop，然后执行以下命令判断是否成功。

```
hadoop version
```

我们还需要建立名为 hadoop 的用户，并设置其密码，一定要记住设置的密码。

```
adduser hadoop
yum install -y passwd sudo
passwd hadoop
```

修改 Hadoop 的安装目录所有者为 hadoop 用户。

```
chown -R hadoop /usr/local/hadoop
```

3. HDFS

现在前期的准备工作已经完成，可以在退出容器后，提交容器 hadoop_single 到镜像 hadoop_proto，并从该镜像创建新容器 hdfs_single。

```
docker commit hadoop_single hadoop_proto
docker run -d --name=hdfs_single --privileged hadoop_proto /usr/sbin/init
```

通过 docker exec 的方式进入容器，生成 SSH 密钥。

```
docker exec -it hdfs_single su hadoop
ssh-keygen -t rsa
```

这里可以一直按 enter，直到生成结束。然后将生成的密钥添加到信任列表。

```
ssh-copy-id hadoop@172.17.0.2
```

"@"后面的是容器的 IP 地址，可以通过这个命令查看。

```
ip addr | grep 172
```

配置好后，通过 etc/hadoop/目录下的 start-dfs.sh，即可启动 HDFS。
这里提供一个 Java 链接 HDFS 的例子，注意需要修改 IP 地址。

```
import java.io.IOException;
import org.apache.hadoop.conf.Configuration;
import org.apache.hadoop.fs.*;
```

```
public class Application {
    public static void main (String[] args) {
        try {
            // 配置链接地址
            Configuration conf = new Configuration ();
            conf.set ("fs.defaultFS", "hdfs://172.17.0.2:9000");
            FileSystem fs = FileSystem.get (conf);
            // 打开文件并读取输出
            Path hello = new Path ("/hello/hello.txt");
            FSDataInputStream ins = fs.open (hello);
            int ch = ins.read ();
            while (ch != -1) {
                System.out.print ((char) ch);
                ch = ins.read ();
            }
            System.out.println ();
        } catch (IOException ioe) {
            ioe.printStackTrace ();
        }
    }
}
```

4. MapReduce

MapReduce 工作程序中最经典的示例便是词语计数。它的主要任务是对文本文件中的词语作归纳统计，统计出每个词语出现的次数。比如准备一个文本文件 input.txt 包含以下内容：

```
I love ocean
I like ocean
I love hadoop
I like hadoop
```

执行 MapReduce 并查看结果。

```
hadoop jar $HADOOP_HOME/share/hadoop/mapreduce/hadoop-mapreduce-
examples-3.1.4.jar wordcount input.txt output
cat ～/output/part-r-00000
```

应该可以得到以下信息。

```
I       4
hadoop  2
like    2
love    2
ocean   2
```

这是利用 Hadoop MapReduce 中的示例程序完成词语计数的示例,在该文件夹内还有更多示例,感兴趣的读者可以自行学习参考,并进行模仿编程,实现更多功能。

思考练习题

1. 对比大数据,简述海洋大数据的特点,并举例说明。

2. 请查阅相关资料,简述我国历史上重要的海洋活动或发现,简要分析这些海洋活动或发现的历史背景、影响与意义。

3. 下载 ARGO 数据,挑选任意 5 个站点,画出海温和盐度剖面的曲线图,并进行简要特征分析。

4. 下载为期 1 个月的东海海域风场数据并作图,并对风场空间分布特征进行简要分析。

5. 目前有哪些重要的海洋模式?简述其特点。

6. 简述海洋大数据的处理流程。

7. 针对海洋大数据有哪些主要的分析挖掘技术?

8. 有哪些常用的海洋大数据平台?

9. 熟悉常用的大数据管理系统 Hadoop 的安装流程。

第 3 章　Python 语言

可以实现人工智能算法的计算机语言主要有 Python、Java、Lisp 等，其中 Python 是目前人工智能领域使用最为广泛的语言。在正式学习人工智能知识之前，我们需要掌握一门与人工智能技术相关的计算机语言，本章将着重介绍 Python 语言，该语言在本书的实验环节中被反复使用。

3.1　安装与运行

3.1.1　安装 Anaconda

使用 Python，首先要安装 Python。我们选择 Anaconda，它是一个开源的 Python 发行版本。原生的 Python 轻便易用，但功能十分有限。为了方便使用各种功能强大、性能高效的工具库（也简称"库"或"包"），Anaconda 集成了众多科学计算和数据分析相关的 Python 包，比如 numpy、pandas 等。Anaconda 支持用户在 Linux、mac OS、Windows 等操作系统中使用，是一款功能强大的科学计算软件，其官方网站为 https://www.anaconda.com，用户可以在网站中下载 Anaconda 并安装。需要注意的是，下载和安装的是与自身所用设备机型、系统相适配的版本。本章内容和后续涉及的上机实验部分都面向 Python 3 版本，需要用户在安装过程中自行甄别。安装过程也十分简单，不管是图形界面和命令行形式的安装，一般都只需要同意协议，确定使用用户和安装路径，再确认是否添加到系统环境变量即可。这里我们推荐选择全用户（All users）和默认路径安装，并将其添加到系统环境变量。图 3.1 为 Anaconda 的安装界面。

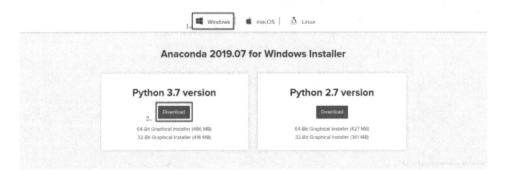

图 3.1　Anaconda 安装界面

　　Anaconda 具有跨平台性，可以在多个系统平台上运行，用户可以根据需要下载所需版本。接下来根据系统提示，打开 Anaconda Navigator，选择 Python 编辑软件 Jupyter Notebook，如图 3.2 所示。

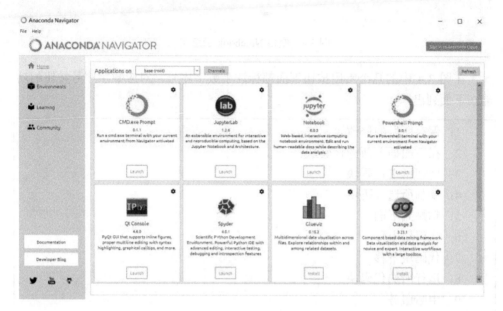

图 3.2　Anaconda Navigator 界面

　　我们以 Windows 系统为例，安装完毕后，可以在开始菜单栏中找到 Anaconda3→Jupyter Notebook，点击打开，便会自动在浏览器中打开弹出如图 3.3 所示界面。若没有自动打开，可手动打开浏览器，在地址栏输入 localhost:8888，进入该页面；接着，在右上角点击 New，再选择 Python 3，便可以打开一个新的 Notebook，如图 3.4 所示。

图 3.3　Jupyter Notebook 页面

图 3.4　空白 Notebook 示意图

在图 3.4 中的几个常用按钮下面都标注了数字序号，对应数字序号按钮的功能在下面列出。

> 1：保存所做的修改
> 2：在下面插入新的代码块
> 3：剪切所选代码块
> 4：复制所选代码块
> 5：粘贴到下面
> 6：代码块上移
> 7：代码块下移
> 8：运行所选代码块
> 9：中断服务
> 10：重启服务
> 11：重启并运行所有代码块
> 12：查看命令配置
> 13：代码块

尝试在图 3.4 编号 13 的代码块中输入 print('Hello, world!')，并按 shift+enter，执行代码块，代码就会被运行并返回"Hello, world!"，如图 3.5 所示。

图 3.5　Python 完成"Hello, world!"

本书后续有关 Python 的讲解，包括上机实验，都会以 Notebook 为例。

3.1.2　安装 PyCharm

Jupyter Notebook 是一款比较简单易用的 Python 编辑软件，但在实际开发应用中，我们还需要更专业的集成开发环境(integrated development environment，IDE)，如 PyCharm。PyCharm 是由 JetBrains 开发的一种 Python 集成开发软件，具有较完备的一整套工具，可以帮助用户提高使用 Python 开发的效率，比如调试、项目管理和语法高亮等功能。PyCharm 具有跨平台性，可在 Windows、mac OS 和 Linux 系统中使用。本小节简单介绍 Windows 系统下，PyCharm2021.2.2 的下载和安装流程。官方下载地址为https://www.jetbrains.com/PyCharm/。安装 PyCharm 的系统要求为：64 位版本的 Windows 10 或 11 系统；2 GB RAM，建议 8 GB；最低 2.5 GB 硬盘空间，建议使用 SSD；1024×768 屏幕分辨率；Python 2.7 或 Python 3.5 或更高版本。从图 3.6 中可以看出，可选择的两个下载版本分别是 Professional 和 Community，大家可根据需要下载其一。

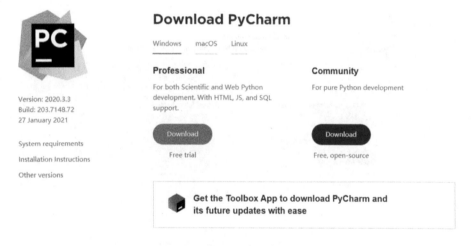

图 3.6　PyCharm 下载界面

考虑方便初学者使用，本节演示安装 PyCharm 的 Community 版本。首先，点击图 3.6 中 Community 下的 Download 进行下载，双击执行 PyCharm Community 2021.2.2 文件，继续点击 Next，选择安装位置(图 3.7)，建议将其安装至非系统盘。然后，继续点击 Next，会看到图 3.8 所示界面，建议按照所示勾选，创建桌面快捷方式，更新路径变量，将路径添加到环境变量中并关联.py 文件。之后，按照安装指引继续安装即可。安装完成后，重启电脑，即可正常使用。

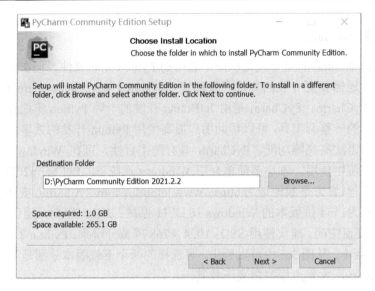

图 3.7　PyCharm 安装路径设置

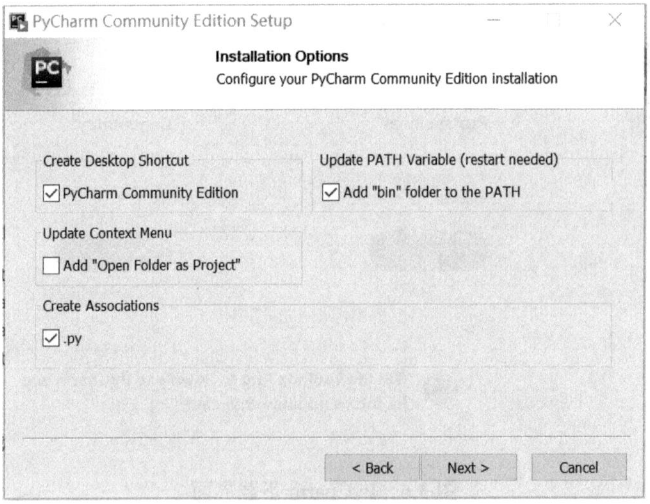

图 3.8　PyCharm 安装勾选

3.2　基本变量类型

Python 中的变量十分丰富，并且使用起来较为简单，主要的变量类型有整型、实型、复数型、字符型、浮点型等，主要的组合变量结构有列表、元组、集合和字典等。本节中，我们将对主要的一些数据运算符号、变量类型和数据结构等进行简单介绍。

3.2.1　数字与运算

在 Python 中，关键字又叫保留字，具有特定的含义和功能，使用中需要区分大小写，不能将关键词用作它用，否则程序将会报错。通过以下代码可以实现对关键字的检索。

```
import keyword
print(keyword.kwlist)　  # 返回 Python 中所有的关键字
print(keyword.iskeyword('while'))
# 若所搜索的关键词存在，则会返回 True，否则会返回 False
```

Python 中默认的数字表示法为十进制，并可以使用代码 type() 获取数据类型。在实际应用中，经常使用不同类型的数据记录和运算，并可以使用以下语句强制进行数字类型转换。

```
int(x)　 # 将 x 强制转化为整型
float(x)　 # 将 x 转化为一个浮点型，仅能转化为小数点后 1 位数
complex(x,y)
# 将 x 和 y 转化为一个复数型，x 为实部，y 是虚部；若无 y，则虚部为 0
```

在 Python 中，不同的数据类型之间一般不能直接进行数值计算，相同的数据类型之间才可以。一个表达式中可以使用多种运算符号，并通过添加括号的方式更改表达式的计算次序。在 Python 的运算优先级可以表示为：括号内的运算>指数运算>乘法运算>除法运算>求余运算>加法运算>减法运算。

```
1+2　 # 加法
3-1　 # 减法
5/2　 # 除法
5*2　 # 乘法
5%2　 # 求余
```

上例的运行结果为

```
3
2
2.5
10
1
```

3.2.2　字符串

在 Python 中，可以通过使用单引号"或双引号" "来创建字符串。字符串的创建过程可以视为对变量的赋值，字符串的本质就是一系列字符的组合。在下面的示例中，字符串 Hello world!被存储到了变量 C_one 中，字符串 Ocean 被存储到了变量 C_two 中。

```
C_one='Hello world!'
C_two="Ocean"
```

在字符串的执行方法中，在变量名后面加点号"."和对应的方法，可对数据执行具体操作，比如 print（C_one.title（））可以让变量以首字母大写的方式显示，而若想让字符串全部改为大写或者小写，可以尝试 print（C_one.upper（））或者 print（C_one.lower（））。

Python 中没有单字符类型，单字符类型也会被视为 1 个字符串。在字符串中可以通过中括号"[ ]"索引所需要的字符，字符串中第 1 个字符的索引值为 0，第 2 个字符的索引值为 1，在索引时也可以使用":"选取一部分字符。字符串之间可以使用加号"+"进行拼接，方便使用存储的信息构建完整信息，使用"*"可以更加方便地多次重复字符串。运算符"in"可以判断某个变量是否在字符串中，如果在则会返回"True"。

```
C1='Hello '
C2='World!'
C=C1+C2
print（C1[1:5]）
print（C）
print（C*2）
```

上例的运行结果为

```
ello
Hello World!
Hello World!Hello World!
```

3.2.3　列表

列表（list）是 Python 中最基本的数据结构之一，是由一系列按照特定顺序元素组成的可变序列。列表中各个元素的数据类型可以不同，可以是数值、字符串、列表、元组、集合和字典。在 Python 中，可以使用中括号"[ ]"创建列表，并使用逗号","分隔元素。列表元素的索引与字符串类似，也是使用中括号"[ ]"索引，每个数值有着对应的位置值，第 1 个元素的索引值也为 0，第 2 个元素的索引值为 1。简单对创建列表、访问列表、编辑列表和使用列表做个介绍。

```python
# 创建列表，查看列表类型
New_list=[] # 创建空列表
New_list=['Ocean',['A','B'],8,{'name':'Tom'}]
print(New_list,type(New_list))
# 将字符串格式变量转化为列表类型
print(list('Ocean'))
# 访问列表
print(New_list[0])
# 编辑列表
print('修改前第 3 个元素：',New_list[2])
New_list[2]=19
print('修改后第 3 个元素：',New_list[2])
# 列表拼接
New_list2=['New']
New_list=New_list+New_list2
print(New_list)
```

将上例在 Jupyter Notebook 中运行，可以得到以下结果：

```
['Ocean', ['A', 'B'], 8, {'name': 'Tom'}] <class 'list'>
['O', 'c', 'e', 'a', 'n']
Ocean
修改前第 3 个元素： 8
修改后第 3 个元素： 19
['Ocean', ['A', 'B'], 19, {'name': 'Tom'}, 'New']
```

若要对列表的数据进行修改或者更新，可以使用 insert() 和 append() 添加列表项，insert() 是在列表的指定位置添加元素；append() 是在列表的末尾添加元素。以下实例展示了 insert() 和 append() 函数的使用方法。

```
list1 = ['北京', '广州']
print ("原列表 : ", list1)
list1.append('深圳')
print ("更新后的列表 : ", list1)
list1.insert(1,'上海')
print ("更新后的列表 : ", list1)
```

将上例运行, 可以得到以下结果:

```
原列表 :   ['北京', '广州']
更新后的列表 :   ['北京', '广州', '深圳']
更新后的列表 :   ['北京', '上海', '广州', '深圳']
```

　　在列表中删除元素可用 remove()、pop()、clear() 和 del() 方法。remove() 可以删除列表中的指定值;pop() 可以获取并删除指定位置的函数,默认删除列表中的最后 1 个元素;clear() 可以删除列表中的所有对象,删除后列表显示为空列表;del() 则可以删除指定元素或者整个列表。以下实例展示了 remove() 和 pop() 函数的使用方法。

```
list1 = ['北京','上海','广州','深圳']
print ("原列表 : ", list1)
list1.remove('上海')
print ("更新后的列表 : ", list1)
list1.pop(1)
print ("更新后的列表 : ", list1)
```

将上例在 Jupyter Notebook 中运行, 可得到结果:

```
原列表 :   ['北京', '上海', '广州', '深圳']
更新后的列表 :   ['北京', '广州', '深圳']
更新后的列表 :   ['北京', '深圳']
```

　　在 Python 中, 可以使用 sorted() 或 Variable.sort() 实现排序, 并使用 Variable.copy() 实现列表的复制, 而 Variable.count() 可以用来统计特定值在列表中出现的次数。

3.2.4　字典

　　字典(dict)是 Python 中另一种可变容器模型,是由多个“键:值”对组成的无序序列。字典的每个"键:值"对的键和值之间用冒号":"分隔，2 个"键:值"对之间用逗号"，"进行分隔，整个字典包括在大括号内，其格式为 d = { key1:value1, … , keyn:valuen }。字典的每个"键:值"对的类型可以不同。元组可用作字典的"键"，但列表不能用作字典的"键"。"键"必须是唯一的，但"值"则不必。

下述是一个较为简单的字典形式，只由 2 对"键:值"对组成。在这个字典中，字符串'站点'和'气温'都是一个"键"，与之关联的"值"为'南京'和 5。使用{}，我们可以创建一个空的字典。

```
C = {'站点': '南京',  '气温': 5}
Emptydict={}
# 查看类型
print(type(Emptydict))
```

访问字典是用"键"获取相应的"值"，将"键"放入方括号"[ ]"内，用 d.get(k)、d.keys()、d.values()、d.items()和 for 均可以访问字典的"键"和"值"。下面的实例展示了如何访问字典中的"值"。

```
newdict = {'站点': '南京', '气温': 7, '风速': '10'}
print ("newdict['站点']: ", newdict['站点'])
print ("newdict['气温']: ", newdict['气温'])
print("newdict['风速']: ", newdict.get('风速'))
print(newdict.keys())
```

以上程序执行结果为

```
newdict['站点']:    南京
newdict['气温']:    7
newdict['风速']:    10
dict_keys(['站点', '气温', '风速'])
```

添加和修改键值可以直接利用赋值语句添加"键:值"对，若"键"已存在，则用新"值"修改旧"值"。该方法具有添加和修改双重功能，若要删除某一个特定的"键"，可以使用 del 对其进行操作。

```
newdict = {'站点': '南京', '气温': 7, '风速': '10'}
print(newdict)
newdict['风速']=20
```

```
print (newdict)
del newdict['气温']
print (newdict)
```

以上程序执行结果为

```
{'站点': '南京', '气温': 7, '风速': '10'}
{'站点': '南京', '气温': 7, '风速': 20}
{'站点': '南京', '风速': 20}
```

3.3 函 数 和 类

3.3.1 函数

  函数是可重复使用的，用来实现特定功能的代码段。函数能够使代码更加简洁，提高代码的模块化和迁移性，并避免重复使用同一功能的代码段。Python除了内置函数外，我们还可以自己定义函数，这叫作自定义函数。

  通常自定义函数以 def 关键词开头，后面使用圆括号"()"，并将需要的参数和一些变量放入其中，函数以冒号":"开始，函数块的内容需要缩进。return 表示函数结束，选择性地返回某个值或某个表达式的计算值，如果没有 return 则返回 None。在 Jupyter Notebook 中实现一个简单的 Python 函数实例如下，将字符串 a 的内容作为参数传入函数中，并将它显示出来。

```
def print_a (a):
    print (a)
    return
a='Hello world!'
print_a (a)
```

以上程序执行结果为

```
Hello world!
```

  在 Python 中，允许创建函数时给定形参默认值。这样在调用函数时，即使没有对形参传入数值，也可以直接使用函数中的形参默认值。

3.3.2 类

  Python 在设计之初就已经是一门面向对象的语言，因此创建类十分方便。通过创建类，Python 程序几乎可以模拟任何东西，使用类可以使代码更易迁移使用，而类所具有的继承等功能也可以方便相关类的创建。下面将介绍如何通过 Python 实现类的创建和使用，并了解其相关的一些性质。

创建一个新类需要使用 class 语句，class 之后是类的名称，并以冒号结尾。通常根据约定，在 Python 中首字母大写指的是类。具体实例如下所示：

```
class Student:
    number = 0
    # number 变量是一个类变量，将在所有实例中共享，也可调用、访问
    def __init__(self, name, score):
        self.name = name
        self.score = score
        student.number += 1
```

类还有一个特殊的部分名叫构造方法，用 __init__() 来表示，在实例类的时候，构造方法就会被调用，其中可以有参数，且会被传递到类的实例中。其中，self 代表类的实例，并不指类，但它必须作为类中的第 1 个参数名称，一般将其定义为 self，也可以使用其他名称。在类中使用 def 定义一个函数时，虽然需要将 self 设置为第 1 个参数，但是在调用函数时却不需要传入 self 数值。

```
class C:
    def __init__(self, real, image):
        self.r = real
        self.i = image
x = C(3.0, -4.5)
print(x.r, x.i)      # 可以使用点号来实现访问类变量
x.c=4.0              # 添加一个 "c" 属性
x.c=5.0              # 修改 "c" 的属性
del x.c              # 删除 "c" 的属性
```

以上程序执行结果为

```
3.0 -4.5
```

通过类的继承机制，Python 程序可以实现代码的重复使用。在 Python 中，通过继承创建的新类称为子类，被继承的类称为父类。下面是一个单继承的简单示例。

```
#类定义
class station_1:
        #定义基本属性
        name = ''
        temp = 0
        #定义私有属性，私有属性在类外部无法直接进行访问
        __number = 0
        #定义构造方法
        def __init__(self,a,b,c):
            self.name = a
            self.temp = b
            self.__number = c


#单继承示例
class station(station_1):
    wsp = ''
    def __init__(self,a,b,c,d):
        #调用父类
        people.__init__(self,a,b,c)
        self.wsp = d
    def speak(self):
        print("%s 站: 气温 %d 摄氏度，风速 %d 米每秒"%(self.name,
self.temp,self.wsp))


s = station('北京',20,103,5)
s.speak()
```

以上程序的输出结果为

```
北京 站: 气温 20 摄氏度，风速 5 米每秒
```

Python 中的__call__方法是一种非常特殊的实例方法，可以在类中重新加载 () 运算符，使得类实例对象可以像函数一样被调用，具体实例如下：

```
class ocean:
    def __call__(self,name,add):
```

```
            print("人工",name,add)
O = ocean()
O("智能","海洋学")
```

以上程序执行结果为

```
人工 智能 海洋学
```

3.4　循环与判断

在 Python 中使用循环语句 for、while 以及判断语句 if，需要在关键词后面需要加上冒号":"，并且同一级语句要缩进一致，如果同一级语句缩进不一致，程序则会报错。

循环结构是在某种条件下循环执行语句块，以处理需要被多次执行的任务。循环结构通过 while、for 和 pass 等语句实现循环控制，执行语句可以是语句块也可以是单个语句。在编写循环结构时，若判断条件一直为真，则循环将会无限执行，因此要避免陷入死循环。下面展示一个简单的 while 循环结构，当判断条件为真时，执行循环体，否则循环结束。

```python
# 输出 10 以内所有奇数
i=0
print('循环开始')
while i<10:
    if i%2>0:
        print(i)
    i=i+1
else:
    print('循环结束')
```

以上语句的输出结果为

```
循环开始
1
3
5
7
9
```

循环结束

在 Python 中，for 循环可以通过索引或直接的方式遍历任何序列，可以是字符串、元组、集合等。下面展示 for 循环的例子。

```python
# 直接遍历
A=range(1,10,2)
for x in A:
    print(x,end=',')

# 通过索引遍历
name = ['Tom', 'Bob', 'Kim']
for i in range(len(name)):
    print('姓名 : %s' % name[i])
```

以上语句的输出结果为

```
1,3,5,7,9,
姓名 : Tom
姓名 : Bob
姓名 : Kim
```

而 if 语句中允许多层嵌套，后面跟表达式，当表达式为真时，执行语句块，否则不执行后续的语句块。

3.5　库

Python 语言的运行需要众多库的支撑，本节介绍常用的 Numpy、Matplotlib、NetCDF、Xarray、Cartopy 和 Tensorflow 6 个库。调用库通常需要使用 import 等语句。

3.5.1　Numpy

Numpy 主要用于支持矩阵和高维数组的运算，有助于我们通过 Python 来处理大量的海洋数据。本节从创建数组和数组操作两个方面简单介绍 Numpy 的用法。

1. 创建数组

numpy.zeros 可以创建指定大小的数组，数组以 0 作为数值元素填充；同理，numpy.ones 则是 1 作为数值元素填充。具体示例如下：

```
import numpy as np
x = np.zeros (3)
print (x)
x = np.ones ((3,2))
print (x)
```

程序执行结果为

```
[0. 0. 0.]
[[1. 1.]
 [1. 1.]
 [1. 1.]]
```

numpy.asarray 可以将列表或元组类型数据转换为 ndarray 类型；numpy.arange 是根据指定数据范围以及步长返回的 ndarray 对象，函数的格式为 numpy.arange (start, stop, step, stype)，start 和 stop 是数据范围，step 为数据设定的步长，具体示例为

```
import numpy as np
x =   [4,2,3]
b = np.asarray (x)
print (b)
x = np.arange (10,16,2)
print (x)
```

程序执行结果为

```
[4 2 3]
[10 12 14]
```

2. 数组操作

Numpy 中包含了一些处理数组的函数,常用的有 reshape、transpose、swapaxes、squeeze 等。numpy.reshape 函数可以在不改变数据的前提下改变数组的形状；

numpy.transpose 函数可用于数组维数的对换；numpy.swapaxes 函数可用于交换数组的特定的两个轴；numpy.squeeze 函数主要用于数组的降维操作。具体示例为

```
import numpy as np
# numpy.reshape 示例
C = np.arange(6)
print('原始数组：')
print(C)
b = C.reshape(3,2)
print('修改后的数组：')
print(b)

# numpy.transpose 示例
a = np.arange(6).reshape(3,2)
print('初始数组：')
print(a)
print('转置后数组：')
print(np.transpose(a))

# numpy.swapaxes 示例
a = np.arange(6).reshape(2,3)
print('原数组：')
print(a)
print('调用 swapaxes 函数后的数组：')
print(np.swapaxes(a, 1, 0))
```

程序执行结果为

```
原始数组：
[0 1 2 3 4 5]
修改后的数组：
[[0 1]
 [2 3]
 [4 5]]
```

```
初始数组：
[[0 1]
 [2 3]
 [4 5]]
转置后数组：
[[0 2 4]
 [1 3 5]]

原数组：
[[0 1 2]
 [3 4 5]]
调用 swapaxes 函数后的数组：
[[0 3]
 [1 4]
 [2 5]]
```

3.5.2　Matplotlib

当我们用 Python 对海洋科学问题分析时，数据可视化十分重要。运用图像反映数据的特征，不仅简洁清晰，而且对后续科研结果分析和总结有重要影响。

Matplotlib 是 Python 中必备的一个可视化工具库，用于产出高质量的数据图像，生成的图像可以用于文章的发表和报告演讲展示。在 Matplotlib 中，用户能以不同的格式保存图像，例如 png、eps、svg、emf、pdf、ps 等。Matplotlib 也可以在 IPython shell、Jupyter Notebook 和服务器网页界面上交互使用(Alyuruk，2019)。本节中我们以在 Jupyter Notebook 中使用 Matplotlib 进行可视化为例，说明其基本和常规的使用方法，并在最后给予两个海洋数值模拟实例。其他更加详细的 Matplotlib 使用方法和运用实例请读者自行参阅。

在详细介绍之前，我们先通过图 3.9 简单了解 Matplotlib 图像界面里的各个组成部分。图 3.9 中展示了刻度、x 轴标签、y 轴标签、图例、图形标题、网格点、线图，以及散点图等信息。

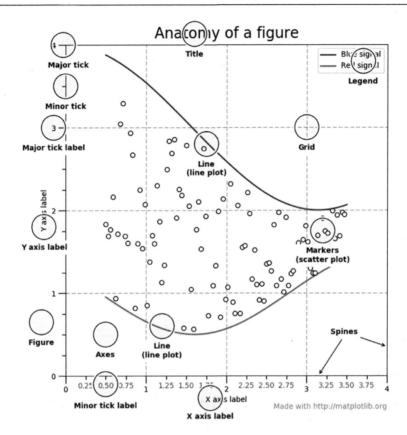

图 3.9　Matplotlib 图像界面组成(Hunter and Dale，2007)

1. 交互式绘图与嵌入式绘图

在 Jupyter Notebook 中使用 Matplotlib，用户可以通过设置不同的 Backends 来实现不同的图像呈现形式，通常可以分为交互式和嵌入式 2 种。

在 Matplotlib 中，我们写的 Python 程序代码被称为 Frontend，而 Backend 指的是负责展示这些代码实际效果的底层代码。由于使用环境和硬件情况不同，Backends 与具体的硬件和图像显示条件相关，它可以运用在交互式绘图、图像保存等方面。

(1)交互式绘图方面，需使用 magic 方法添加 %matplotlib notebook 语句，在此前提下，运行其他程序。需要特别注意的是，如果我们定义了 import matplotlib.pyplot as plt 为后续图形的展示做准备，那么 %matplotlib notebook 语句必须放在 import matplotlib.pyplot as plt 的前面。具体如下：

```
import matplotlib
import numpy as np
%matplotlib notebook
import matplotlib.pyplot as plt
```

以上就是定义 Backends 的过程，我们可以通过 print，检验当前的 Backends 设置结果是否正确，代码如下：

```
print(matplotlib.get_backend())
```

我们运行下面的代码，画一条余弦曲线，展示交互式绘图的实际效果。

```
x = np.linspace(0,20,3000)   #定义任意的 x 散点范围，此处选取 0～20 的 3000 个点
y = np.cos(x)    #定义余弦函数
plt.plot(x,y,'--r')    #用虚线连接各个点，并用黑色呈现
plt.show()
```

得到的图像如图 3.10 所示。

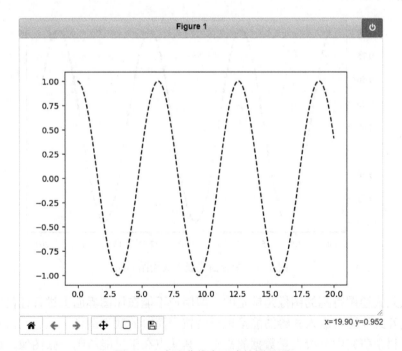

图 3.10　余弦曲线交互式绘图界面

在图 3.10 中，我们可以看到左下角有多个交互按钮，可通过操作对图像即时更改，实现诸如坐标点的定位、图像位置的更改、图像的放大和缩小等功能。更改完成后，也可以通过点击图 3.10 中右上角的关闭按钮，退出交互式绘图界面。

（2）嵌入式绘图方面，需使用 magic 方法添加%matplotlib inline，再运行和上述交互式一样的代码，则有

```
import matplotlib
import numpy as np
import matplotlib.pyplot as plt
%matplotlib inline

x = np.linspace(0,20,3000)
y = np.cos(x)
plt.plot(x,y,'--m')
plt.show()
```

运行结果如图 3.11 所示。

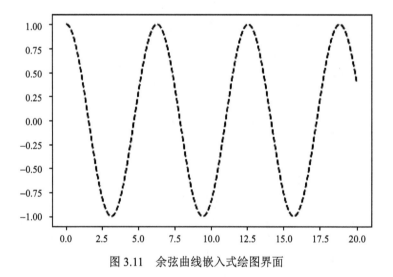

图 3.11　余弦曲线嵌入式绘图界面

嵌入式绘图得到的图像是锁定的，即用户不能在原图界面上进行任何修改。虽然交互式绘图与嵌入式绘图能呈现一些较为简单的数学图像，但它们常常不足以满足科学研究中分析大量数据的需求，其缺点在于只能绘制一张图像，如果要一次展示多个图像进行比较分析，就需要使用画布和其内部子图。

2. Figure 与其内部子图

Figure 是 Matplotlib 中的重要概念，可以将其理解为图像展示界面的底层画布。在底层画布上，我们可以指定位置，也可以通过 subplot 语句添加特定数量的子图。就像画家在画布分块构图一样，我们可以根据具体的统计数据需求，在每一幅子图中绘制一张单独的图像。Figure 和子图的生成举例代码如下：

```python
import matplotlib
import numpy as np
import matplotlib.pyplot as plt
%matplotlib inline
fig = plt.figure(figsize=plt.figaspect(0.6), facecolor="y")
ax1 = fig.add_subplot(221, facecolor="b")
ax2 = fig.add_subplot(222, facecolor="r")
ax3 = fig.add_subplot(223, facecolor="k")
ax4 = fig.add_subplot(224, facecolor="g")
plt.show()
```

按照以上程序代码，通过设置画布和子图的颜色，我们可以得到如图 3.12 所示的 2×2 的子图布局。为了方便说明，本节采用图中文字注释形式表示每幅子图被填充的具体颜色，实际图像呈现效果需要读者在 Jupyter Notebook 中输入查看。

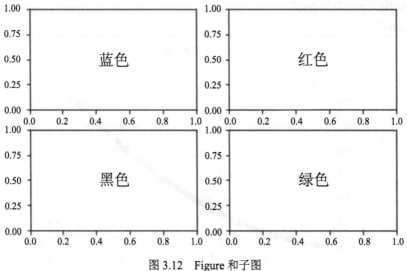

图 3.12　Figure 和子图

通过以上代码，我们将画布整体设置成黄色，4 幅子图分别设置成蓝色、红色、黑色和绿色。代码语句 fig.add_subplot（221，facecolor="b"）中的参数 221 表示的是 2×2 网格中的第 1 张图像；类似地，参数 222 表示的是 2×2 网格中的第 2 张图像。值得注意的是生成子图的顺序为行优先再按列分布。如果想修改画布尺寸，可以使用类似语句 figsize=plt.figaspect（0.6）进行调整。

另外，绘图中常常需要对 figure 进行参数设置、风格更改等，以此来满足不同的展示效果。下面代码列举了一些常用的参数设定和背景风格修改的语句。

```
#使用该语句更改绘图主题风格
matplotlib.style.use("fivethirtyeight")

fig = plt.figure()
m, n = 2.0, 0.75
x = np.random.normal(m, n, 150)
y = x**2 + 1/2*x
plt.plot(x,y,'o',color='k',label= '$y=x^2+1/2x$')
plt.xlabel('x 轴')
plt.ylabel('y 轴')
plt.title("图像标题")
plt.legend()
# 保存图像
plt.savefig("plotTitle.png")
plt.show()
```

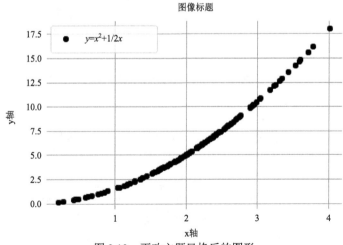

图 3.13　更改主题风格后的图形

　　运行结果如图 3.13 所示。我们选择了 fivethirtyeight 的主题风格，同时我们设置了坐标轴范围，定义了点和线的大小与样式，并标注了坐标轴与标题名称，最后在当前文件路径下，以 plotTitle.png 命名，保存了图像。这些参数可以根据实际研究的问题进行选择和更改。

　　在分析数据时，我们也常常需要对多幅子图进行对比分析，以下举例使用多子图绘制，并对每幅子图内的参数进行设置。

```python
import matplotlib
import numpy as np
import matplotlib.pyplot as plt
%matplotlib inline
matplotlib.style.use("bmh")
fig, axes= plt.subplots(nrows=2, ncols=2)

axes[0,0].set(title="Axes One")
axes[0,0].plot([1,2,3,4],[2,4,6,16],'--ok')
axes[0,1].set(title="Axes Two")
# Fixing random state for reproducibility
np.random.seed(19680801)
N = 50
x = np.random.rand(N)
y = np.random.rand(N)
colors = np.random.rand(N)
area = (30 * np.random.rand(N))**2   # 0 to 15 point radii
axes[0,1].scatter(x, y, s=area, c=colors, alpha=0.5)
#scatter([1,2,3,4],[1,4,8,16],s=area, c=colors, alpha=0.5)
axes[1,0].set(title="Axes Three")
mu, sigma = 100, 15
x = mu + sigma * np.random.randn(10000)
# the histogram of the data
axes[1,0].hist(x, 50, density=True, facecolor='k', alpha=0.75)
axes[1,1].set(title="Axes Four")
axes[1,1].bar([1,2,3,4],[3,10,8,22],color='k')

for  ax in axes.flat:
    ax.set(xticks=[], yticks=[])
```

运行结果如图 3.14 所示。由此，创建了 2×2 网格，并分别对各子图的参数进行设置。

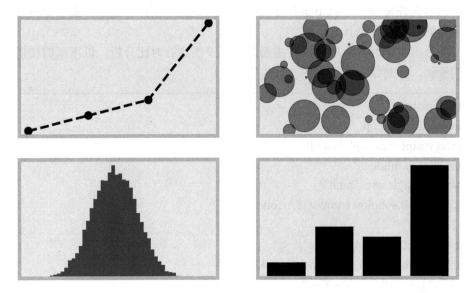

图 3.14　多子图对比范例

3. 嵌套图

嵌套图可以实现在一张画布中对主图像的部分内容进行细节放大的处理。这种图像的好处是可以同时展示整体与局部的变化，如绘制二维海洋数据变化时，我们既需要呈现一个较大区域的变量特征，又需要放大局部区域来探究较小区域内的具体问题。由此，我们引出新的增加子图的方法 add_axes，此函数有 4 个参数，前 2 个表示原点位置，后 2 个表示坐标轴长度比例。举例代码为

```
matplotlib.style.use("seaborn-poster")
import matplotlib as mpl
#定义画布大小
fig = plt.figure(figsize=(8, 4))
#定义函数表达式
def f(x):
    return 1/(2.5 + x**2) + 0.06/(1 + ((2- x)/0.1)**2)
#定义一个函数用于设置图形参数
def plot_axes(ax, x, f, fontsize):
    ax.plot(x, f(x), color="black",linewidth=2)
```

```
    ax.set_xlabel("$x$", fontsize=fontsize)
    ax.set_ylabel("$f(x)$", fontsize=fontsize)
#设置主图参数
ax = fig.add_axes([0.1, 0.15, 0.8, 0.8])
x = np.linspace(-4, 14, 1000)
plot_axes(ax, x, f, 20)
#标注出主图中需要放大作为嵌套图的部分
x0, x1 = 1.5, 2.5
ax.axvline(x0, ymax=0.6, color="black", linestyle=":")
ax.axvline(x1, ymax=0.6, color="black", linestyle=":")
#设置嵌套图参数
ax = fig.add_axes([0.5, 0.5, 0.38, 0.42])
x = np.linspace(x0, x1, 1000)
plot_axes(ax, x, f, 20)
```

运行结果如图 3.15 所示。

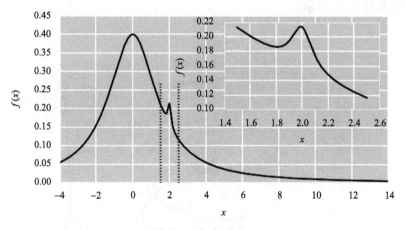

图 3.15　嵌套图范例

4. 三维图

除了绘制二维图像，为了立体地呈现一些数据的性质，有时也会需要用到三维绘图。这里简单介绍一个通用的三维绘图模板，代码为

```
matplotlib.style.use ("classic")
#设置三维坐标系
fig = plt.figure ()
ax = plt.axes (projection="3d")
#设置图形参数
z_line = np.linspace (0, 15, 1000)
x_line = np.cos (z_line)
y_line = np.sin (z_line)
ax.plot3D (x_line, y_line, z_line, 'black')


z_points = 15 * np.random.random (100)
x_points = np.cos (z_points) + 0.1 * np.random.randn (100)
y_points = np.sin (z_points) + 0.1 * np.random.randn (100)
ax.scatter3D (x_points, y_points, z_points, c=z_points, cmap='Greys')
plt.show ()
```

运行结果如图 3.16 所示。

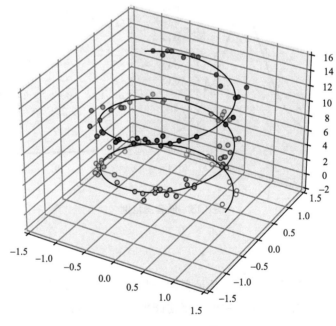

图 3.16　三维绘图模板

5. Matplotlib 在海洋科学大数据分析中的应用

在熟悉了基本语句之后，下面我们通过两个 Matplotlib 在海洋科学大数据分析中的应用，来具体了解如何使用 Python 读取数据并做可视化呈现。

首先，我们来看海洋变量的垂直剖面图。采用表 3.1 中的数据绘制垂直剖面图，数据选取自南大洋碳与气候观测和建模项目 (the Southern Ocean Carbon and Climate Observations and Modeling Project，SOCCOM)，数据提供了垂向温度和垂向盐度的观测值，这些值仅用于举例使用，并非完全真实的现场观测数据 (Russell，et al.，2014)。将数据存储在名为 data.csv 的文件中，并放在预设的工作路径下。

表 3.1　温度和盐度随深度变化的观测值

日期 (格林尼治时间)	深度/m	盐度/psu	温度/℃
05/30/2019 7:58	1827.471	34.759	2.7411
05/31/2019 7:58	1482.985	34.671	3.0979
06/01/2019 7:58	1187.094	34.579	3.7813
06/02/2019 7:58	958.676	34.524	4.951
06/03/2019 7:58	950.771	34.535	5.034
06/04/2019 7:58	931.008	34.534	5.255
06/05/2019 7:58	899.383	34.53	5.436
06/06/2019 7:58	871.707	34.523	5.639
06/07/2019 7:58	857.867	34.528	5.756
06/08/2019 7:58	840.072	34.527	5.807
06/09/2019 7:58	796.568	34.526	6.077
06/10/2019 7:58	780.745	34.524	6.195
06/11/2019 7:58	751.076	34.533	6.477
06/12/2019 7:58	741.185	34.546	6.648
06/13/2019 7:58	707.552	34.554	6.85
06/14/2019 7:58	656.103	34.604	7.416
06/15/2019 7:58	610.581	34.615	7.915
06/16/2019 7:58	586.826	34.624	8.232
06/17/2019 7:58	539.307	34.692	8.953
06/18/2019 7:58	495.739	34.764	9.54
06/19/2019 7:58	428.389	34.855	10.494
06/20/2019 7:58	382.816	34.943	11.104
06/21/2019 7:58	333.268	35.057	12.003
06/22/2019 7:58	289.657	35.189	13.058
06/23/2019 7:58	198.439	35.364	15.307

续表

日期(格林尼治时间)	深度/m	盐度/psu	温度/℃
06/24/2019 7:58	148.847	35.569	17.201
06/25/2019 7:58	129.007	35.572	17.742
06/26/2019 7:58	91.306	35.517	19.619
06/27/2019 7:58	81.383	35.52	20.253
06/28/2019 7:58	69.575	35.375	21.129
06/29/2019 7:58	45.658	35.341	23.005
06/30/2019 7:58	33.748	35.316	23.834
07/01/2019 7:58	25.808	35.316	23.84
07/02/2019 7:58	17.867	35.316	23.84
07/03/2019 7:58	4.268	35.317	23.834

我们在一张画布的两幅子图上分别展示温度和盐度两个变量的垂直剖面图，代码为

```
# 定义程序工作文件夹和载入数据的文件 data_example.txt
# Example path for Windows: "C:/Users/username/Documents/"
# Example path for Linux: "/home/username/Documents/"
# Example path for Mac OS: "/Users/username/Documents/"
# 载入需要的库
import matplotlib
import numpy as np
import matplotlib.pyplot as plt
%matplotlib inline
matplotlib.style.use("seaborn-poster")
# 读取实例文件中的数据
f = open('data.csv', 'r')
data = np.genfromtxt(f, delimiter=',')
f.close()

# 创建对应的变量名称用于存储相应数据
date = data[2:,0]
depth = data[2:,1]
salt = data[2:,2]
temp = data[2:,3]
```

```
del(data) # delete "data"... to keep things clean

# 创建两个子图用于展现温度和盐度的垂直剖面图
fig1, (ax1, ax2) = plt.subplots(1,2,sharey=True)
# 温度
ax1.plot(temp,depth,'*--k')
ax1.set_ylabel('深度(m)')
ax1.set_ylim(ax2.get_ylim()[::-1]) #用于翻转 y 轴(深度越往下数值越大)
ax1.set_xlabel('温度($^\circ$C)')
ax1.xaxis.set_label_position('top')
ax1.xaxis.set_ticks_position('top')
# 盐度
ax2.plot(salt,depth,'o-k')
ax2.set_xlabel('盐度')
ax2.xaxis.set_label_position('top')
ax2.xaxis.set_ticks_position('top')
ax2.yaxis.set_visible(False) # 清除第二个子图的 y 轴标识
plt.show()
```

运行代码的结果如图 3.17 所示。

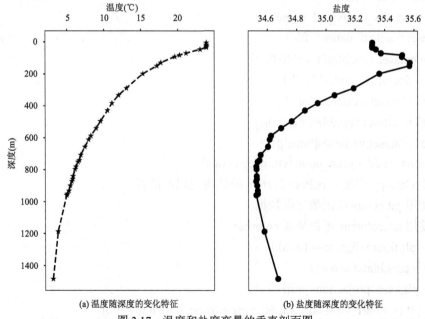

(a) 温度随深度的变化特征   (b) 盐度随深度的变化特征

图 3.17 温度和盐度变量的垂直剖面图

　　下面我们来看海洋变量的二维平面图(Alyuruk, 2019)。平面图像可以通过使用函数 plt.contourf 和 plt.pcolormesh 实现。在这个例子中，我们使用 2018 年 WOA(World Ocean Atlas)平均海平面温度数据。绘制平面图的重点步骤有

　　(1)首先导入 Matplotlib 库；

　　(2)通过 netCDF4 库载入 WOA18 数据库中网格精度为 1°的年平均海平面温度数据；

　　(3)需要导入 Cartopy、Numpy、OS 库；

　　(4)使用函数 plt.contourf 画图，加载 Matplotlib。

　　以下代码可以实现载入 WOA18 数据库中的全球年平均海平面温度数据，并可以画出平面图。

```
# 导入所需库
import os
import matplotlib.pyplot as plt
from netCDF4 import Dataset as netcdf_dataset
import numpy as np
from cartopy import config
import cartopy.crs as ccrs
from cartopy.util import add_cyclic_point
# 定义变量和数据
file = 'woa18_decav_t02_01.nc'
dataset = netcdf_dataset(file)
sst = dataset.variables['t_an'][0,0,:,:]
lats = dataset.variables['lat'][:]
lons = dataset.variables['lon'][:]
depth = dataset.variables['depth'][:]
time = dataset.variables['time'][:]
sst, lons = add_cyclic_point(sst, coord=lons)
# 在 Cartopy 里用 ccrs.PlateCarree 函数决定地图投影
# 使用 plt.contourf 函数呈现数据
# 使用 plt.colorbar 函数呈现 colorbar
fig = plt.figure(figsize=(10, 6))
proj = ccrs.PlateCarree()
ax = plt.axes(projection=proj)
cf = plt.contourf(lons, lats, sst, 60, norm=None, transform=proj)
```

```
cb = plt.colorbar(cf, extend='both', shrink=0.675, pad=0.02, orientation='vertical',
fraction=0.1)
cb.ax.set_ylabel('Temperature [$^\circ$C]')
cb.ax.get_yaxis().labelpad = 15
ax.coastlines()
ax.set_xticks([-180, -120, -60, 0, 60, 120, 180])
ax.set_yticks([-90, -60, -30, 0, 30, 60, 90])
ax.set_xlabel('Longitude')
ax.set_ylabel('Latitude')
ax.tick_params(direction='out')
cb.ax.tick_params(direction='out')
plt.title('woa18 Annual Mean SST', y=1.05)
# 设置图形边距；保存并显示图形
plt.tight_layout()
plt.savefig('figure-name.png', format='png', dpi=600, transparent=False)
plt.show()
```

3.5.3　NetCDF

Network Common Data Format（NetCDF）是一种文件类型，是一种海洋数据常用的存储数据格式。Python 中的 netCDF4 库可以实现对 NetCDF 数据的一系列操作。下面将简单介绍使用 Python 读取 NetCDF 数据时常用的一些语句，可以使用 netCDF4 库的 Dataset 方法完成数据的读取，并查看数据文件的相关说明，下面为一个相关的实例代码。

```
import netCDF4 as nc   # 调用 netCDF4 库
dataset = nc.Dataset('2015.nc')   # 读取文件
print(dataset)   # 查看数据文件的结构
print(dataset.variables.keys())   # 查看数据所包含的变量
print(dataset.variables['SST'])   # 查看某个变量的具体信息
SST=dataset.variables['SST'][:]   # 读取变量数值
```

3.5.4　Xarray

高维数组在大气海洋领域应用广泛，数据的读取和处理是每项工作开展前极为关键的一步。Python 语言为海洋科学大数据的读取提供了一个良好的交互环境，并为此提供了多种相关工具包。本节将介绍海洋数据处理中常用的Xarray库。

Xarray具有两种核心数据结构，DataArray和Dataset。

DataArray是一个多维数组，可以将数据各个维度的名称、坐标还有数据属性添加到多维数组中。

Dataset是一个多维的数组数据库，类似dict的DataArray容器，可以容纳具有任何数量相同维度的DataArray对象群。Dataset可以视为多个DataArray数组的集合，在单个DataArray上进行的操作基本上在Dataset上也都可以进行。Dataset相对于普通字典的强大之处是，除了按名称提取数组外，还可以同时跨所有数组沿着一个维度选择或组合数据。

在创建一个DataArray之前，要了解创建一个DataArray都需要什么条件。Data无疑是必需的，其格式包括但不限于series、DataFrame等，还可以包括坐标列表（coords）、维名称列表（dims）、属性（attrs），以及变量名（name）。创建过程中，需要先导入所需要的库，之后定义DataArray中所需的变量。假设创建的数据是海温数据，并且数值均为1。

```
import numpy as np
import xarray as xr
import pandas as pd

# 给一个随机数种子，使得每次运行得到的随机数是相同的
rng = np.random.default_rng(seed=0)

data = np.ones((3,4))
level = ['50','100','150']
time = pd.date_range('2020-01-01', periods = 4)
A = xr.DataArray(data, coords=[level, time], dims=['level', 'time'])
print(A)
```

代码执行结果如图3.18所示。

通过print显示创建的DataArray内容，可以发现我们在其中创建了坐标列表，并对两个维度予以了命名。当然在此还可以给这个DataArray取一个名字，比如Temperature Data，或者使用"attrs = { }"添加数据的属性说明，这里不做具体演示。关于数据的显示，除了使用print外，还可以使用两种方式：

```
<xarray.DataArray (level: 3, time: 4)>
array([[1., 1., 1., 1.],
       [1., 1., 1., 1.],
       [1., 1., 1., 1.]])
Coordinates:
  * level    (level) <U3 '50' '100' '150'
  * time     (time) datetime64[ns] 2020-01-01 2020-01-02 2020-01-03 2020-01-04
```

图 3.18　创建一个 DataArray

```
# 第 1 种
with xr.set_options(display_style="text"):
    display(A)
# 第 2 种
with xr.set_options(display_style="html"):
    display(A)
```

在创建数据之后，可以使用以下操作获取 DataArray 的相关信息，同时对 DataArray 中的相关要素信息进行修改、添加等操作。

```
a = A.data #  获取数据变量
a = A.dims #  获取维度名称
a = A.coords #  获取坐标
a = A.attrs #  获取属性值
A.data = A.data + 2 #  修改某一变量值
A.attrs['units'] = 'degree centigrade' #  添加属性信息
A.name = 'Temperature data' #  名称信息赋值
```

在海洋科学研究中，NetCDF 数据是常用的数据格式，除了使用 netCDF4 库对 NetCDF 数据进行操作，Xarray 库也常被经常用于读取这类数据。Xarray 提供了 3 种方法用来索引数据：①利用下标索引(index)；②利用坐标值索引(coords)；③利用标签索引(labels)。下面代码为一个简单实例，读者可以自己运行，查看结果。

```
ds=xr.open_dataset('D:/Xarray/2018_2021.nc')
print(ds) #  打印数据信息
da = ds['swh'].sel(expver=1)
swh_mean = da.mean(dim='time')
da.plot()
```

通过读取数据，取出某一层变量，并对时间维取平均，即可绘制二维图。同时，该库也可使用.sel，方便地选取对应的经纬度数据。

3.5.5　Cartopy

Cartopy 最初由英国气象部门的科研人员开发，目的是让科学家快速、轻松、准确地在地图上可视化他们的研究数据。它适用于多种科学领域，且它的开发更新非常频繁。Cartopy 被设计用于地理空间数据处理，以生成地图和其他地理空间数据分析图。它可以利用强大的 PROJ、NumPy 和 Shapely 库，并包含一个建立在 Matplotlib 之上的编程接口，创建高质量地图。其主要特点是面向对象的投影定义，以及具有可以在这些投影之间转换点、线、向量、多边形和图像的能力。

1. Cartopy 的安装

在已经安装了 Anaconda 的环境下，安装 Cartopy 十分简单，与前面介绍的安装方式稍有不同的是，需要使用-c 参数选取 conda-forge 作为安装使用的通道。在 anaconda prompt 中或者 kernel 中键入 conda install -c conda-forge cartopy，点击 enter，输入 y，确认安装，即可完成。

2. 结合 Matplotlib 绘图

Cartopy 包含了一个接口，可以使用 Matplotlib 轻松创建地图。创建基本地图的过程就像命令 Matplotlib 使用特定地图投影一样简单，还可以结合坐标轴添加一些海岸线。在示例代码中，将 Cartopy 中的 PlateCarree 投影对象，通过 projection 参数向 plt.axes 函数传入，指定了坐标轴的投影方式，并生成坐标轴 ax。通过面向对象的方式，使用 coastlines 方法生成全球的海岸线图。在第 1 次运行该代码时，需要联网下载海岸线文件，运行时间稍长，再次运行时所需的运行时间会有所缩短。

```
# 导入 Cartopy 以及 Matplotlib
import cartopy.crs as ccrs
import matplotlib.pyplot as plt
# 设置投影方式并添加海岸线
ax = plt.axes(projection=ccrs.PlateCarree())
ax.coastlines()

plt.show()
```

在处理并可视化数据的过程中，我们通常需要在地图上展示我们的数据。下面通过一个例子，说明如何使用 Cartopy 库读取数据并绘图，展示二维等值线填色图的绘制方式，读者可自己运行代码。在二维数据可视化绘图时，除了添加地图投影和海岸线，与使用 Matplotlib 的普通绘图流程几乎没有区别。值得注意的是，在 contourf 中提供了 transform 关键字，作用是保证数据能准确地投影在地图的坐标系上。当然，在未提供 transform 关键字参数时，会默认投影在 PlateCarree 坐标系上，这样绘制的数据也会与坐标相对应，但使用其他投影时则会发生偏移。因此，为了确保数据能准确地投影在地图坐标系上，最稳妥的做法就是始终提供 transform 关键字，以允许并保证数据准确地绘制在所选的任意地图投影上。

```python
import os
import matplotlib.pyplot as plt
from scipy.io import netcdf
from cartopy import config
import cartopy.crs as ccrs

# 设置文件路径，指向 repo data directory.
fname = os.path.join(config["repo_data_dir"],
                     'netcdf', 'HadISST1_SST_update.nc'
                     )
# 读取数据
dataset = netcdf.netcdf_file(fname, maskandscale=True, mmap=False)
sst = dataset.variables['sst'][0, :, :]
lats = dataset.variables['lat'][:]
lons = dataset.variables['lon'][:]
ax = plt.axes(projection=ccrs.PlateCarree())

# 绘制等值线填充图，注意使用 transform 关键字参数
plt.contourf(lons, lats, sst, 60, cmap='gray',
             transform=ccrs.PlateCarree())

ax.coastlines()
plt.show()
```

3.5.6　TensorFlow

TensorFlow 是一个基于数据流编程的符号数学系统，被广泛应用于各类机器

学习。TensorFlow 由谷歌人工智能团队谷歌大脑（Google Brain）开发和维护，是一个端到端的开源机器学习平台。TensorFlow 在本书第 4～5 章的上机实验部分会被使用，为了能够更好地学习它的用法，下面将会介绍一个简单的线性回归示例。

为了使得代码能够直接显示在 Jupyter Notebook 上，需要在代码框中打入第 1 条语句，这里主要用到了 Matplotlib、Numpy 和 TensorFlow。

```
% matplotlib inline
import matplotlib.pyplot as plt
import numpy as np
import tensorflow as tf
np.random.seed(5)
```

创建人工数据集 x_data 和 y_data，后面将对这些散点进行线性拟合。

```
x_data=np.linspace(-1,1,100)
y_data=2.0*x_data+1.0+np.random.randn(*x_data.shape)*0.4
```

当在 TensorFlow 中声明变量时，需要用到 Variable 语句，并对其类型以及名字进行注释，这样会方便在后面调用模型时查看参数。当需要生成一个自动更新的参数时，可以使用占位符语句 placeholder，并在后面的模型中给其传入相应数值。

```
x=tf.placeholder(tf.float32,name="x")
y=tf.placeholder(tf.float32,name="y")
# 定义函数
def model(x,w,b):
    return tf.multiply(x,w)+b
w=tf.Variable(1.0,name="w0")
b=tf.Variable(0.0,name="b0")
pre=model(x,w,b)
```

设置迭代次数以及学习率

```
train_epochs=10
learning_rate=0.05
```

定义损失函数，本节使用 MSE，当然也可以使用其他的损失函数，如 MAE 等。在优化时，可使用 GradientDescentOptimizer 作为参数优化的参考标准。

Python 中的 TensorFlow 需要先创建会话，才能调用模型对其中的参数实现自动更新、优化。

```
loss_function=tf.reduce_mean(tf.square(y-pre))
optimizer=tf.train.GradientDescentOptimizer(learning_rate).minimize(loss_function)
sess=tf.Session()    #创建会话
init=tf.global_variables_initializer() #初始化
sess.run(init)

for epoch in range(train_epochs):    # 训练过程
    for xs,ys in zip(x_data,y_data):
        _, loss=sess.run([optimizer,loss_function],feed_dict={x:xs,y:ys})
    b0temp=b.eval(session=sess)
    w0temp=w.eval(session=sess)
    plt.plot(x_data,w0temp*x_data+b0temp)
```

通过调用画图程序对比拟合效果，具体如图 3.19 所示。

```
plt.scatter(x_data,y_data,label='原始数据')
plt.plot(x_data,x_data*sess.run(w)+sess.run(b),label='fitted line',color='r',
linewidth=3)
plt.legend(loc=2)
```

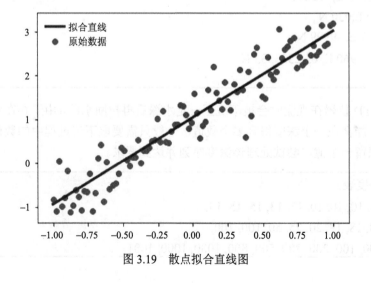

图 3.19　散点拟合直线图

从以上的例子中可以看出我们使用了 TensorFlow 库中的多个函数，比如 placeholder、Session、train 等。

思考练习题

1. 创建一个列表，其中包括数字 1～100，再使用一个 for 循环将这些数字显示出来。

2. 创建一个包含 10 位同学名字的列表，并将其传递给一个名为 student_print() 的函数，通过函数将列表中的每个学生名字显示出来。更改其中第 3 个同学的名字改为 Tom，并重新显示。

3. 使用 TensorFlow，生成函数 $y=x$ 的散点图，并进行拟合。

4. 使用 Numpy 创建一个新的数组，并使用 3.5.1 中介绍的方法对其进行简单的操作变换。

5. 尝试从网络中下载一个 NetCDF 数据，并使用 netCDF4 库对其进行数据读取，查看文件结构。

6. 有一串观测仪器的站位经纬度数据，试提取数据中的经度[0,360]和纬度[−90,90]数值，统一保留 2 位小数，分别存放在名为 lon 和 lat 的 list 中，其中的异常值用 None 代替。

```
lon_lat_list=[
    '160.4397 E, 10.110 N',
    '190.2048 E,12.120 N',
    '66.66666E, -12.130 N',
    '340.19°E, -15 N',
    '010 E,030 N',
    '9999 E, -9999 N',
    '270.1960 E, 63.2333333 N'
]
```

7. CTD 仪器在观测时会被下沉至一定水深后再拉回水面，由于存在观测频率问题，可能会在一个深度得到多个数值，一般只需要取下沉过程中的数值且在每个深度保留一个值，尝试处理该深度序列并达到要求。

```
#下沉深度表
p = [0, 5, 10, 10, 10, 12, 13, 15, 15, 15,
    18, 18, 19, 20, 25, 50, 100, 100,
    100, 100, 200, 200, 500, 800, 1000, 1000, 1001,
```

1001,990, 900, 800, 800, 500, 300, 100, 0]

8. 假设存在这么一个字典：键(key)为 a～z 字母中的若干个大小写随机乱序混合组成；值(value)为键在字母表中对应的顺序序号，即'a'和'A'的对应值均为 1，'b'和'B'对应值均为 2，以此类推，不过在其中会混有键值不匹配。如例中的'D'和'e'是不匹配的，试通过编程找出此类字典中不匹配的键，并将找到的键逐行输出。

```
# 输入例子
my_dict = {'a':1,'c':3, 'B':2, 'b':2, 'y':25,'D':5, 'e':4}

# 若干运行后输出:
错误的是:
'D'
'e'
```

9. 程序填空，替换函数中的 pass 部分，使程序为一个已经排好序的数组，先输入一个数，要求按原来的规律将它插入数组中。

```
a = [1,4,6,9,13,16,19,28,40,100] # 随便一个已经排好序的数组
print('原始列表:')
print(a)
number = int(input("\n 插入一个数字:\n"))

def fuction1(mylist, new_num):
    """以下是需要填空的部分"""
    pass

b = fuction1(a, number)
print('排序后\n',b)
```

10. 综合编程题，多个站点海温观测数据分析，要求为
(1) 制作一个类存放这些数据；
(2) 使得(1)中的类具备排序方法，按温度从低到高排序，print 出站点名；
(3) 新增有 2 个输入参数分别为 vmin 和 vmax 的方法，使得调用新方法后可以提取温度在区间[vmin, vmax]的站点数据(按照原格式返回，如若 vmin=8,vmax=10,则返回{'Nanjing':9})；
(4) 在此基础上，增加一个名为 append 的方法，使得新站点数据可以加入原

数据集中，并尝试再次运行(2)和(3)中的方法，检验是否仍能正确运行。

```python
data = {
    'Qingdao': 11,
    'Zhoushan': 9,
    'Dalian':2,
    'Guangzhou':26
}
# 大体上框架如下:
class YourClassName:   # 自己定义一个类
    def __init__(self):
        """初始化函数，就能输入数据就行"""
        pass

    def sort(self):
        """一个排序函数"""
        pass

    def append(self):
        """不能提示再多了"""
        pass

    def clip(self, vmin, vmax):
        """输入一个 vmin 和 vmax,找出范围内数据"""
        pass


# 若干操作后，可以尝试将上述作为 append 例子
new_data = {
    'Shenyang':2,
    'Haikou':30
}
```

第 4 章　人工智能基础

本书第 2、3 章分别介绍了海洋大数据和 Python 语言，从 4～6 章将陆续介绍人工智能基础、深度学习和常用的神经网络。

4.1　人工智能基本概念

人工智能算法和技术涉及模型评估、性能评价和样本分类过程中的基本概念。本节中，我们将先介绍数据集划分方法、分类问题评价指标和回归问题评价指标等常用基础概念。

4.1.1　数据集划分方法

实验时一般截取原数据的一部分作为测试集，剩余部分作为训练集，训练集中的测试样本没有被训练和使用过。对此，我们举一个生活中的例子来解释此类选取的必要性。假设，老师考前留下 10 道例题供学生练习，考试时若考这 10 道例题，并不能反映学生的真实学习状况，可能出现学生只会做这 10 道练习题并取得高分的情况。因此，当我们对包含 m 个样例的数据集 $\mathbf{D} = \{(x_1, y_1), (x_2, y_2), \cdots, (x_m, y_m)\}$ 进行训练和测试时，就需要进行适当处理，从数据集中产生训练集 $\mathbf{S}$ 和测试集 $\mathbf{T}$。常见的做法有留出法和交叉验证法（k 折交叉验证）。

1. 留出法

"留出法"（hold-out）（周志华，2016）将数据集划分为 2 个互斥集，一个用作训练集 $\mathbf{S}$，另一个用作测试集 $\mathbf{T}$，即 $\mathbf{D} = \mathbf{S} \bigcup \mathbf{T}$，$\mathbf{S} \bigcap \mathbf{T} = \varnothing$。在 $\mathbf{S}$ 上训练出模型后，用 $\mathbf{T}$ 来评估模型训练误差，作为对泛化误差的估计。以二分类任务为例，若样本 $\mathbf{D}$ 中包含 1000 个数据，将其按 7∶3 比例划分为训练集 $\mathbf{S}$ 和测试集 $\mathbf{T}$。经过模型训练后，若模型在 $\mathbf{T}$ 上有 90 个样本分类错误，则其错误率为 $(90/300) \times 100\% = 30\%$，而对应的精度则为 $100\% - 30\% = 70\%$。

划分训练集/测试集的时候需要保持数据分布的一致性，这样可以有效避免划分时引入额外偏差，从而影响最终的预测结果。例如，在分类任务中至少要保持相似比例的样本类别。当按照采样的方向来划分数据集，这样的采样方式被称为

"分层采样"。例如，假设初始数据样本 D 中包含正例、反例各 500 个，若按 7：3 比例划分为训练集 S 和测试集 T，则分层采样得到的 S 应包含正例、反例各 350 个，而 T 则包含正例、反例各 150 个；若 S,T 中样本类别比例差别很大，会直接导致误差估计产生偏差。

根据所举实例，样本的顺序是可以调整的，可以在 500 个正例中随意截取 350 个放到训练集中。对此，不同的划分方法可以得到不同训练集/测试集，对模型的训练效果，以至于评估结果都会存在影响。由此可见，只使用一次留出法会导致最终评估结果变化较大，且不够稳定。在实际应用中，通常取用若干次随机划分并进行重复实验评估，最终取若干次实验结果的平均值作为留出法的评估结果。比如，对数据集进行 100 次随机划分，总共会得到 100 个结果，最终结果返回的是这 100 个结果的平均值，用于实验评估。

2. 交叉验证法(k折交叉验证)

"交叉验证法"又称"k 折交叉验证"，其原理是将数据集 D 通过分层采样划分为 k 个大小相似的互斥子集，并尽可能保持数据分布的一致性，即 $D = D_1 \cup D_2 \cup \cdots \cup D_k, D_i \cap D_j = \varnothing, (i \neq j)$。每次用一个子集作为测试集，其余子集的并集作为训练集；由此就可获得 k 组训练集/测试集，进行 k 次训练和测试后返回 k 组测试结果的平均值。显然，k 的取值决定了交叉验证法评估结果的稳定性和保真性。当 k 取值是 10 时，称为 10 折交叉验证，也是应用中常用的取值。

若数据集 D 中包含 m 个样本，此时使用交叉验证法且令 $k=m$ 时，会出现一个特例：留一法。显然，由于 m 个样本只存在唯一的划分方式，因此留一法不受随机样本划分方式的影响。该方法优势在于相比初始数据集，训练集只少了一个样本，这就使得在绝大多数情况下，使用留一法可以获得相似的实际评估模型与期望评估模型，其评估结果相对准确；其缺陷也显而易见，当原始数据量非常庞大时，训练 m 个模型的计算量也相当庞大，如数据集包含数十万个样本时，需训练数十万个模型。

4.1.2 分类问题评价指标

"错误率"是指经过模型训练后得到的错误样本数在总样本数中的占比，即给定 m 个样本数据，经过训练后得到 a 个错误分类，那么错误率 $E = \dfrac{a}{m}$；由此可得，精度 Acc$=1-\dfrac{a}{m}$，即精度=1–错误率。

"误差"是指模型对实际数据的预测输出与原数据之间的差值。"训练误差"又称"经验误差"，是对训练集数据预测输出时产生的误差；"泛化误差"

则是对测试集数据预测时产生的误差。

在信息检索中,我们关心的是"检索出的信息中用户感兴趣的比例是多少"与"用户感兴趣的信息中有多少被检索出"。面对此类需求,采用"查准率"与"查全率"作为性能指标最为适合。

对于二分类问题,数据可以依据它的真实情况和预测结果的组合分为真正例、假正例、真反例、假反例 4 种情形,令 TP、FP、TN、FN 分别表示其对应情形,则显然有真例+假例=样例总数。分类结果的"混淆矩阵"如表 4.1 所示。

表 4.1　分类结果混淆矩阵

		预测结果	
		正例	反例
真实情况	真例	TP(真正例)	TN(真反例)
	假例	FP(假正例)	FN(假反例)

查准率 P 与查全率的 R 定义为

$$P = \frac{\text{TP}}{\text{TP} + \text{FP}} \tag{4.1}$$

$$R = \frac{\text{TP}}{\text{TP} + \text{FN}} \tag{4.2}$$

其实查准率和查全率是一对矛盾的性能指标。一般来说,查准率高时,查全率往往偏低;反之亦然。

通常,我们希望有一个理想的学习器,能够学习训练集的全部特征,且训练误差极小,同时能够将训练样本正确分类,错误率几乎为 0。此类模型应在测试集数据上取得最小的"泛化误差",但通常需要测试的新样本都处于未知状态。因此,我们能够做到的只有尽可能地减小训练集上的误差,即控制"经验误差"的大小。

理想的学习器能够从训练数据集中挖掘并学习足够多的特征,并能将学习到的特征应用于未知的潜在样本中,且对于新获得的数据集也能够做出正确分类。然而,当学习器提取训练集数据的所有特征后,该训练集的特有特征会被当作此类数据的一般特征,导致学习器的泛化能力大幅降低,且只适用于当前数据集。此类现象在机器学习中称为 "过拟合";与之相对的,对训练样本的一般特征都没有完全学到的现象称为"欠拟合"。

在实际工作中,我们会面对大量算法模型,以及算法的选择和模型参数的配置等问题。当面对这些问题时,我们通常会对候选模型进行误差评估。此时,提到的误差通常是指"泛化误差",一般选用泛化误差最小的模型。然而,工作过程中我们无法如想象中那样轻易获取泛化误差。因此，在实际工作中为了能够判别候选模型对新样本的学习能力，我们通常会选用一个"训练集"，然后获取到"泛化误差"，并进行后续的训练评估。

4.1.3 回归问题评价指标

学习器的性能评价是指对在有衡量模型泛化能力的评价标准下，按照有效可行的实验估计方法对学习器的泛化性能进行评估。实验的需求可以由最终的评价指标来反映。通过对不同模型的比较，我们可以发现使用不同指标评价会有不同的结果，也就是说模型的好与差都是相对的，还受到算法、数据和任务需求的共同影响。

若给定数据集 $D = \{(x_1, y_1), (x_2, y_2), \cdots, (x_m, y_m)\}$，并要求对数据集 D 进行预测，其中 y_i 是实例 x_i 的真实值。要评估学习器 f 的性能，就要把预测结果 $f(x)$ 与真实值 y 进行比较。

回归任务中最常用的评价指标是平均绝对误差（MAE）、均方误差（MSE）和均方根误差（RMSE）。

$$\text{MAE} = \frac{1}{n} \sum_{i=1}^{n} |\tilde{y}(i) - y(i)|^2 \tag{4.3}$$

$$\text{MSE} = \frac{1}{n} \sum_{i=1}^{n} (\tilde{y}(i) - y(i))^2 \tag{4.4}$$

$$\text{RMSE} = \sqrt{\frac{1}{n} \sum_{i=1}^{n} (\tilde{y}(i) - y(i))^2} \tag{4.5}$$

其中，$y(i)$ 和 $\tilde{y}(i)$ 分别表示真实值和估计值。

错误率和精度是常见的两个评价指标，可以应用于绝大多数分类任务。分类的样本数中分类错误的样本数与总样本数的比例就是错误率，正确的样本数与总样本数的比例为精度。对数据集 D，错误率为

$$E(f; D) = \frac{1}{m} \sum_{i=1}^{m} (f(x_i) \neq y_i) \tag{4.6}$$

而精度定义为

$$\text{ACC}(f; D) = \frac{1}{m} \sum_{i=1}^{m} (f(x_i) = y_i) = 1 - E(f; D) \tag{4.7}$$

4.2 BP 神经网络

我们在观看《终结者》《机械公敌》等科幻电影时，影片中出现的先进机器人

能够像人一样思考。这种人们对人工智能的早期科学幻想，其实已经在我们的日常生活中有所应用，例如进出宿舍门口时见到的人脸识别技术、学习工作中用到的智能翻译等。

为了让机器像人一样思考、学习，科学家们提出了多种人工智能理论和算法，例如，支持向量机、随机森林、神经网络等。本节将介绍一种简单的神经网络：误差逆传播神经网络(back propagation neural network)，以下简称 BP 神经网络。首先，我们将介绍神经网络的基本概念以及相关的感知机模型的基本知识。

4.2.1　神经网络基本概念

神经网络可以分为生物神经网络和人工神经网络。

(1)生物神经网络，指的是生物脑内的神经元、突触等构成的神经网络，可以使生物体产生意识，并协助生物体思考、行动和管理各机体活动。

(2)人工神经网络，是目前热门的深度学习的研究基础。目前对人工神经网络的定义多种多样，本书采用 T. Kohonen 1988 年在 *Neural Networks* 创刊号上给出的定义，即："人工神经网络是由具有适应性的简单单元组成的广泛并行互连的网络，它能够模拟生物神经系统对真实世界物体所做出的交互反应"(Kohonen，1988)。

本书所指的人工神经网络在后文中用神经网络代替。神经网络的发展共经历了 3 个阶段。

1. 第 1 阶段

1943 年，第一个神经网络数学模型(M-P 模型)被提出(McCulloch and Pitts，1943)，该模型从理论上证明了神经网络能够计算任何算数和逻辑函数。人们将此模型的提出作为神经网络的发展起点。

Hebb(1949)在 *The Organization of Behavior* 发表文章，提出生物神经元学习的机制。Rosenblatt(1958)提出感知机网络(perceptron)的概念，并宣告神经网络的第 1 次兴起。然而， Minsky 和 Papert(1969)在 *Perceptrons* 一书中指出，单层甚至多层神经网络存在着不能解决非线性问题的缺陷，至此神经网络的发展陷入了第 1 次低谷。

2. 第 2 阶段

1982 年，Hopfield 提出了一种具有联想记忆、优化计算能力的递归神经网络，即 Hopfield 网络(Hopfield，1982)。

1986 年，Rumelhart 提出了基于误差逆传播算法的 BP 神经网络，引起了神经网络的第 2 次兴起(Rumelhart，et al.，1986)。1987 年, IEEE 在美国加州圣选戈召开第一届神经网络国际会议。然而，90 年代初的计算机性能无法支持大规模的神经网络计算；而且伴随着其他算法，比如统计学习理论和支持向量机等更简单算法的兴起与流行，神经网络研究再次陷入低谷。

3. 第三阶段

2006 年，Hinton 等提出了深度信念网络（deep belief network，DBN）（Hinton and Salakhutdinov，2006），并通过"预训练+微调"使得模型的优化变得相对容易。DBN 的训练方法降低了学习隐层参数的难度，且该算法的训练时间和网络大小与深度呈近乎线性关系。

伴随云计算、大数据时代的到来，计算机性能的大幅提升，以神经网络为基础的深度学习已成为人工智能技术发展的主要方向和研究热点。

接下来，我们将逐层深入地从 M-P 模型、单层感知机、多层感知机以及误差逆传播算法等方面介绍 BP 神经网络。

4.2.2　M-P 模型

1943 年，心理学家 Warren McCulloch 和数学家 Walter Pitts 合作构造出了一个抽象简化的仿生物神经元模型，该模型主要参照了生物神经元的结构并可以模拟其工作原理。模型以两位科学家的姓（McCulloch-Pitts）命名，或被称为 M-P 模型，这是神经网络模型的最初始结构。

我们先回顾生物神经元的基本概念（陈惟昌，1991）。生物神经元由细胞体、树突、轴突和突触 4 部分结构共同组成。

细胞体是神经元的主体，其外部被细胞膜包裹，细胞膜内外存在离子浓度差，并因此形成内负外正的膜电位。

由细胞体向外延伸的多个突起神经纤维被称为树突，树突负责接收其他神经元的输入信号，相当于细胞体的输入端。

轴突为细胞体向外延伸最长的突起，其末端处有很多细的分支被称为神经末梢。每一条神经末梢相当于细胞体的输出端，可以向四面八方传出信号。

神经元通过其轴突的神经末梢和其他神经元的细胞体或树突进行通信连接，这种连接相当于神经元之间的输入/输出接口，被称为突触。

每个神经元可通过突触与上千个其他神经元连接，接收脉冲输入，接收的不同输入对神经元权重产生的影响也大不相同。每个神经元的膜电位是它所有突触产生的电位总和，当升高到超过一个阈值时，就会产生一个脉冲。因此，突触可以分为兴奋性和抑制性两种。兴奋性的突触可能引起下一个神经细胞兴奋，抑制性的突触使下一个神经细胞抑制兴奋。另外，通过突触传递信息，需要一定的延迟。

总结发现，生物神经元具备如下特点：

(1) 每个神经元都是多输入、单输出的；

(2) 连接神经元的突触分为兴奋性、抑制性两种类型；

(3) 神经元具有电位累加性和阈值特性；

(4) 神经元输入与输出间有固定的时滞，这主要取决于突触的延搁。

M-P 模型就是由上述情形抽象而来的简单模型，其形式如图 4.1 所示。在 M-P 模型中，多个神经元传递的输入信号 $x_1, x_2, \cdots, x_n$，传输到一个神经元中。神经元受不同突触的性质和强度影响，影响大小用权重 w_i 来表示。神经元中突触的兴奋性和抑制性可以用权重的正负来表示，其大小则代表了突触的不同连接强度。由于累加性，我们对全部输入信号进行累加整合，用于模拟神经元中的膜电位，其输出值可用 $\sum\limits_{i=1}^{n} w_i x_i - \theta$ 表示，比较神经元接收到的总输入值与神经元的阈值 (threshold) θ。最后通过激活函数 f，获得最终的输出值。"激活函数"是表示神经元输入与输出之间关系的函数，根据激活函数的不同，其得到的神经元模型也不同。

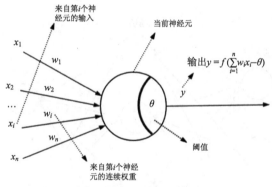

图 4.1 M-P 神经元模型

图 4.2 左边所示的阶跃函数(阈值型)最符合人脑神经元特点，它将输入值映射为输出值"0"或"1"，"1"对应于神经元兴奋性，"0"对应于神经元抑制性。人脑神经元正是通过电位的高低两种状态反映兴奋与抑制。然而，由于阶跃函数不可微，实际应用中经常采用图 4.2 右边的 Sigmoid 函数作为"激活函数"。

4.2.3 感知机模型

1958 年，美国心理学家 Frank Rosenblatt 提出单层感知机模型，即一种具有单层计算单元的神经网络(Rosenblatt, 1958)。感知机与最基本的神经元模型——M-P 模型不同的是其权值 w_i 和偏置值 θ 都是通过"学习"得到的，而不是人为给定的。因此感知机被称为最初的神经网络模型。

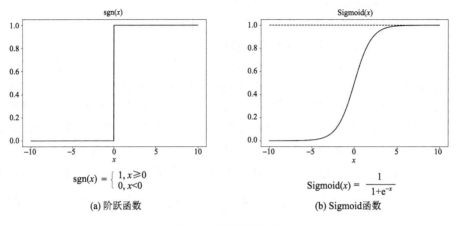

$$sgn(x) = \begin{cases} 1, x \geqslant 0 \\ 0, x < 0 \end{cases}$$

(a) 阶跃函数

$$Sigmoid(x) = \frac{1}{1+e^{-x}}$$

(b) Sigmoid函数

图 4.2　常用激活函数

感知机根据隐层的多少分为单层感知机和多层感知机，如图 4.3 所示。单层感知机只有输入层和输出层，没有隐层。

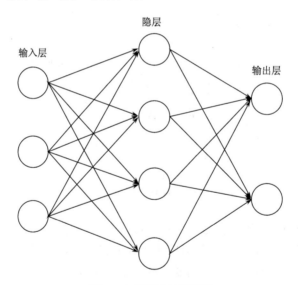

图 4.3　多层感知机模型

感知机可以视为一个多输入、单输出二元线性分类器。作为数学模型，我们将感知机的输入状态向量记为 $\boldsymbol{x} = (x_1, x_2, \cdots, x_n)$；权重向量记为 $\boldsymbol{w} = (w_1, w_2, \cdots, w_n)$；输出为 $f(x) = \sum_{i=1}^{n} w_i x_i - \theta$。其中，激活函数 f 为阶跃函数，

输出值分别为 1 和–1，代表正和负两类。

通过有监督学习来修正感知机的权重向量和阈值，得到正确分类。感知机的学习就是找到一个超平面，将正、负两类完全分开 (图 4.4)。

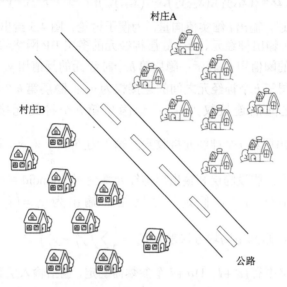

图 4.4　超平面分类示意图

若将输入固定为 -1 时，结点所对应的连接权重为 w_0，就有 $f(x) = \sum_{i=0}^{n} w_i x_i$，此时的权重 w_0 就等同于阈值 θ。这样，权重和阈值的学习就可统一为权重的学习。

感知机的学习规则非常简单，对训练样例 $T = \{x = (x_1, x_2, \cdots, x_n), y\}$，感知机能够自动地把 w 和 θ 求解出来。求解过程中一般引入损失函数 (又称代价函数)，作为样本分类预测结果和样本实际差异的度量，通过最小化损失函数，不断地修正 w 和 θ，最终找到一个最优的超平面。若当前感知机的实际输出为 $\hat{y}_i$，则调整权重为

$$w_i \leftarrow w_i + \Delta w_i \tag{4.8}$$

$$\Delta w_i = \eta (y_i - \hat{y}_i) x_i \tag{4.9}$$

其中，$\eta \in (0,1)$ 为步长，亦称为学习率或学习效率 (learning rate)。

4.2.4　BP 神经网络

当现存简单感知机模型的学习规则无法适应多层网络训练时，则需要使用更

强大的学习算法。误差逆传播(back propagation，BP)算法是迄今最成功的神经网络学习算法。在实际应用中，BP 算法可以被应用于绝大多数训练当中。下面我们来讲述 BP 算法的基本概念。

给定训练集 $\boldsymbol{D} = \{(x_1,y_1),(x_2,y_2),\cdots,(x_m,y_m)\}$，$x_i \in R^d$，$y_i \in R^l$，即输入样本由 d 个属性描述，输出 l 维实值向量。为便于讨论，图 4.5 给出了一个拥有 d 个输入神经元、l 个输出神经元、q 个隐层神经元的多层 BP 网络结构。其中，输出层第 j 个神经元的阈值用 θ_j 表示；隐层第 h 个神经元的阈值用 γ_h 表示；输入层第 i 个神经元与隐层第 h 个神经元之间的连接权为 v_{ih}；隐层第 h 个神经元与输出层第 j 个神经元之间的连接权为 w_{hj}；记隐层第 h 个神经元接收到的输入为 $\alpha_h = \sum_{i=1}^{d} v_{ih}x_i$；输出层第 j 个神经元接收到的输入为 $\beta_j = \sum_{h=1}^{q} w_{hj}x_i$，图中 b_h 为隐层第 h 个神经元的输出；假设隐层和输出层神经元都使用 Sigmoid 函数。

对训练样本 (x_k,y_k)，假定神经网络的输出为 $\hat{y}_k = (\hat{y}_1^k,\hat{y}_2^k,\cdots,\hat{y}_l^k)$，即 $\hat{y}_j^k = f(\beta_j - \theta_j)$，则网络的均方误差为 $E_k = \frac{1}{2}\sum_{j=1}^{l}(\hat{y}_j^k - y_j^k)^2$。

图 4.5 的网络中有 $(d+l+1)q+l$ 个参数需确定，包括输入层到隐层的 $d \times q$ 个权值，隐层到输出层的 $q \times l$ 个权值，q 个隐层神经元的阈值，l 个输出层神经元的阈值。BP 算法是一种迭代学习算法，在迭代的每一轮中采用广义的感知机学习规则对参数进行更新，任意参数的更新估计式可表达为

$$v \leftarrow v + \Delta v \tag{4.10}$$

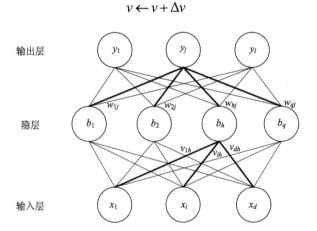

图 4.5　BP 网络及算法中的变量符号

注：细实线为上层神经元与下层神经元的连接；粗实线为单个神经元与下层神经元连接权及阈值的计算走向

神经网络的训练过程就是通过计算来调整参数，减小训练误差，以期望找到连接权和阈值的最优组合。下面我们以求解图 4.5 中隐层到输出层的连接权 w_{hj} 为例来推导说明。

BP 算法基于梯度下降(gradient descent)策略，以目标的负梯度方向对参数进行调整。对误差 E_k，给定学习率 η，得到 w_{hj} 的变化率为

$$\Delta w_{hj} = -\eta \frac{\partial E_k}{\partial w_{hj}} \tag{4.11}$$

注意到 w_{hj} 先影响到第 j 个输出层神经元的输入值 β_j，再影响到其输出值 $\hat{y}_j^k$，然后影响到 E_k，得到

$$\frac{\partial E_k}{\partial w_{hj}} = \frac{\partial E_k}{\partial \hat{y}_j^k} \cdot \frac{\partial \hat{y}_j^k}{\partial \beta_j} \cdot \frac{\partial \beta_j}{\partial w_{hj}} \tag{4.12}$$

根据 β_j 的定义，显然得到

$$\frac{\partial \beta_j}{\partial w_{hj}} = b_h \tag{4.13}$$

Sigmoid 函数具有的良好导数性质为

$$f'(x) = f(x)(1 - f(x)) \tag{4.14}$$

于是根据式(4.13)和(4.14)，得到

$$
\begin{aligned}
g_j &= -\frac{\partial E_k}{\partial \hat{y}_j^k} \cdot \frac{\partial \hat{y}_j^k}{\partial \beta_j} \\
&= -(\hat{y}_j^k - y_j^k) f'(\beta_j - \theta_j) \\
&= \hat{y}_j^k (1 - \hat{y}_j^k)(y_j^k - \hat{y}_j^k)
\end{aligned} \tag{4.15}
$$

将式(4.13)和(4.15)代入式(4.12)后再代入式(4.11)，就得到了 BP 算法中关于 w_{hj} 的更新式：

$$\Delta w_{hj} = \eta g_j b_h \tag{4.16}$$

类似可得到输入层与隐层之间连接权 v_{ih} 和阈值 θ_j、γ_h 的更新式：

$$\Delta \theta_j = -\eta g_j \tag{4.17}$$

$$\Delta v_{ih} = \eta e_h x_i \tag{4.18}$$

$$\Delta \gamma_h = -\eta e_h \tag{4.19}$$

式(4.18)和(4.19)中 e_h 的推导为

$$e_h = -\frac{\partial E_k}{\partial b_h} \cdot \frac{\partial b_h}{\partial \alpha_h} = -\sum_{j=1}^{l} \frac{\partial E_k}{\partial \beta_j} \cdot \frac{\partial \beta_j}{\partial b_h} f'(\alpha_h - \gamma_h) = \sum_{j=1}^{l} w_{hj} g_j f'(\alpha_h - \gamma_h)$$

$$= b_h (1 - b_h) \sum_{j=1}^{l} w_{hj} g_j$$

(4.20)

从上述推导的例子中，我们可以学习到 BP 神经网络连接权、阈值的更新方法，以及通过训练集学习如何得到阈值和连接权。具体实例将在 4.4 的上机实验中训练学习。

4.3 其他神经网络

4.2 节中，我们介绍了神经网络的基础模型 M-P 模型、单层和多层感知机以及 BP 神经网络，这一节我们将简单介绍其他 3 种常见神经网络，包括前馈神经网络、模糊神经网络和径向基神经网络。

4.3.1 前馈神经网络

前馈神经网络（feedforward neural betwork，FNN）由多个 M-P 模型按一定的层次结构连接起来，该神经网络不存在层与层之间的反馈，这是与 BP 神经网络的差异。前馈神经网络通过输入层（第 0 层）接收数据的输入，传输到中间隐层后进行数据处理，最后经由输出层传出结果。整个网络是无反馈的单向传播，其总体结构可用有向无环图表示（图 4.6）。

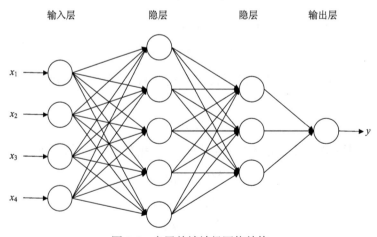

图 4.6　多层前馈神经网络结构

图 4.6 中的每个圆可以看作是一个 M-P 模型。网络中第 1 层神经元接收输入信号，随后经过自身神经元的加权求和，作为下一层神经元的输入。神经网络中

第 1 层的输出作为第 2 层的输入，以此类推。经过神经网络隐层的计算，通过输出层得出最后结果。图 4.6 的网络结构只有 1 个输出，但其实我们也可以有多个输出。前馈神经网络信息传播过程为

$$z^{(l)} = W^{(l)} \cdot a^{(l-1)} + b^{(l)} \tag{4.21}$$

$$a^{(l)} = f_l(z^{(l)}) \tag{4.22}$$

其中，$z^{(l)} \in \mathbb{R}^{m^l}$，表示 l 层神经元的净输入；$W^{(l)} \in \mathbb{R}^{m^l \times m^{l-1}}$，表示 l–1 层到 1 层的权重矩阵；$a^{(l)} \in \mathbb{R}^{m^l}$，表示 l 层神经元的输出；$b^{(l)} \in \mathbb{R}^{m^l}$，表示 l–1 到 1 层的偏置值；$f_l(\cdot)$ 表示 l 层神经元的激活函数。常用的激活函数包括 tanh 函数、Sigmoid 函数和 ReLU 函数。

前馈神经网络没有反馈机制，因此是一种简单的神经网络。我们知道，反馈可以使神经网络进行自我学习和自我参数修正，因此严格地讲 FNN 不是一种智能的神经网络模型。

4.3.2　模糊神经网络

在介绍模糊神经网络之前，我们先来介绍一下模糊理论。

Zadeh 教授在 1965 年发表论文 *Fuzzy algorithms*（Zadeh，1965），标志着模糊数学的诞生。模糊集合的基本思想是把经典集合中绝对隶属关系灵活化，也就是元素对集合的隶属度不是只取 0 或 1，而是可以从 0~1 之间任意取值。元素隶属于集合的程度可以用隶属度来表示。

模糊系统（fussy system，FS）是一个可以处理模糊信息，且以模糊规则为基础的动态模型，它由 4 部分组成，如图 4.7 所示。其中，模糊化接口可以根据精度

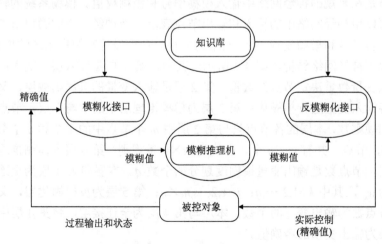

图 4.7　模糊系统动态模型

注：圆圈所标示的为模型主要组成部分

把输入变量的精确值进行划分,并将其按照隶属度之间的关系转换成相应的数值;知识库主要是储存与模糊系统模型相关的所有知识,包括要求的控制目标和具体应用领域中的知识,同时决定着模糊系统模型的性能,是模糊系统模型的核心;而模糊推理机是模拟人基于模糊概念的推理能力;最后的反模糊化接口的作用是实现输出的模糊值和实际控制精确值之间的转化。

纯模糊逻辑系统是模糊系统的一个特例,其结构由知识库和模糊推理机这两部分构成的,它的输入和输出都是模糊值,其结构图如图 4.8 所示。纯模糊逻辑的优点就是提供了一种可以量化专辑语言信息,并可以在模糊逻辑原则下系统地利用这类语言信息的模式;它的缺点是输入和输出都是模糊值,且在绝大多数的应用中不易被采用。

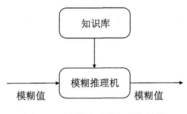

图 4.8 纯模糊逻辑系统结构

模糊系统和神经网络具有一定的区别与联系,如表 4.2 所示。我们可以看出,模糊系统和神经网络可以相互补充,将语言计算、逻辑推理和非线性动力学集合起来,并具备识别、联想、学习、自适应和模糊信息处理能力等功能。

Broomhead 和 Lowe(1988)结合模糊系统和神经网络,提出了模糊神经网络。它的本质是在常规的神经网络中输入模糊信号和模糊权值。模糊系统的输入和输出信号可以用神经网络中的输入和输出节点表示,而神经网络的隐层节点可以用来表示隶属函数和模糊规则,神经网络的并行处理可以提高模糊系统的推理能力。典型的模糊神经网络结构如图 4.9 所示。其中,第 1 层是输入层,输入的是精确值,输入变量数量决定节点的数量;第 2 层是输入变量的隶属函数层,又称模糊化层,将输入变量进行模糊化;第 3 层为模糊推理层中的"与"层,节点的个数也是模糊规则数,本层的各节点只与第 2 层中 m 个节点中的 1 个和 n 个节点中的 1 个相连,节点一共有 $m \times n$ 个,也就是 $m \times n$ 条规则;第 4 层为模糊推理层中的"或"层,节点数是输出变量模糊度划分的个数 q。本层和第 3 层为全连接,连接权值为 w_{kj},其中 $k=1,2,\cdots,q$;$j=1,2,\cdots,m \times n$;第 5 层为反模糊化层,又称清晰化层,节点数为输出变量的个数。本层与第 4 层为全连接层,将第 4 层中所有的输出转换为输出变量的精确值。

表 4.2　模糊系统与神经网络的区别与联系

	神经网络	模糊系统
基本组成	多个神经元	模糊规则
知识获取	样本、算法实例	专家知识，逻辑推理
知识表示	分布式规则	隶属度函数
推理机制	学习函数的自控制、并行计算、速度快	模糊规则的组合、启发式搜索、速度慢
推理操作	神经元的叠加	隶属度函数的最大/最小
自然语言	实现不明确、灵活性低	实现明确、灵活性高
自适应性	通过调整权重学习，容错性高	归纳学习，容错性低
优点	自学习、自组织能力，容错，泛化能力	可利用专家的经验
缺点	黑箱模型，难于表达知识	难于学习，推理过程中模糊性增加

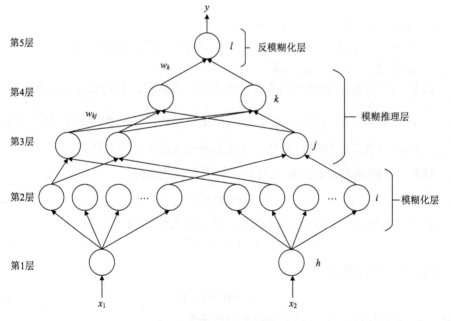

图 4.9　模糊神经网络结构

4.3.3　径向基神经网络

Broomhead 和 Lowe（1988）提出了径向基神经网络（radial basis function，RBF），将径向基函数引入神经网络。神经网络在 RBF 出现以后，才真正地走向实用化。

径向基神经网络和多层前馈网络的结构类似，也是一种具有单隐层的 3 层前馈神经网络。该神经网络由 3 部分组成，网络结构如图 4.10 所示。

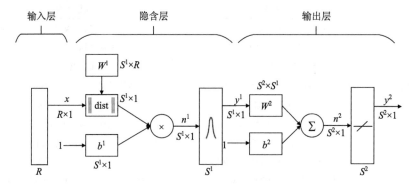

图 4.10　RBF 神经网络结构

注：R 为输入数据，S^1 为径向基函数，S^2 为线性函数

（1）输入层，由信号源节点组成；

（2）隐含层，单神经元层，但神经元数可视所描述问题的需要而定；

（3）输出层，对输入的作用做出响应。

其中，n^1 为 RBF 神经网络隐含层的中间运算结果，其运算表达式为

$$n^1 = \left\| W^1 - x \right\| b^1 = \left[\mathrm{diag}((W^1 - \mathrm{ones}(S^1,1)x^{\mathrm{T}})(W^1 - \mathrm{ones}(S^1,1)x^{\mathrm{T}})^{\mathrm{T}}) \right]^{\frac{1}{2}} b^1 \quad (4.23)$$

式中，$\mathrm{diag}(x)$ 表示取矩阵向量主对角线上的元素组成的列向量。

RBF 神经网络隐含层的输出为 y^1，其运算表达式为

$$y^1 = \mathrm{rbf}(n^1) \quad (4.24)$$

n^2 为 RBF 输出层的中间运算结果，其运算表达式为

$$n^2 = W^2 y^1 + b^2 \quad (4.25)$$

RBF 神经网络的输出 y^2 为

$$y^2 = \mathrm{purelin}(n^2) \quad (4.26)$$

式中，purelin 为图 4.10 中 S^2 所表示的线性函数。

输入层空间经过非线性变换后到隐含层空间，隐含层空间经过线性变换到输出层空间。RBF 是隐含层神经元的变换函数，这种函数是非负、非线性的，并由局部分布的中心径向对称衰减。隐含层节点中的径向基函数对输入信号的局部响应，也就是输入信号靠近函数的中心部位时，节点的输出较大。因此，RBF 神经网络是一个具有局部逼近能力的局部感知场网络，其神经元模型如图 4.11 所示。

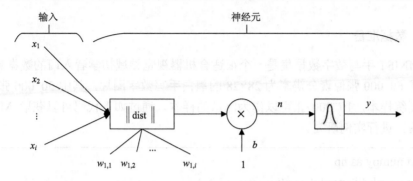

图 4.11　RBF 神经元模型结构

其中，$\|\text{dist}\|$ 为欧几里得距离，其函数表达式为

$$\|\text{dist}\| = \|w - x\| = \sqrt{\sum_i^R (w_{1,i} - x_i^{\,2})} = \left[(w - x^{\mathrm{T}})(w - x^{\mathrm{T}})^{\mathrm{T}} \right]^{\frac{1}{2}} \tag{4.27}$$

净输入 n 为 RBF 神经元的中间运算结果：

$$n = \|w - x\| b \tag{4.28}$$

RBF 神经元模型的输出为

$$y = \text{rbf}(n) = \text{rbf}(\|w - x\| b) \tag{4.29}$$

$\text{rbf}(x)$ 为径向基函数，常见形式有

$$\text{rbf}(x) = \mathrm{e}^{-\left(\frac{x}{\sigma}\right)^2} \tag{4.30}$$

$$\text{rbf}(x) = \frac{1}{(\sigma^2 + x^2)^\alpha}, \quad \alpha > 0 \tag{4.31}$$

　　径向基神经网络作为一种新颖有效的前馈式神经网络，不仅继承了神经网络强大的非线性映射能力，而且具有自适应、自学习和容错性等优势，能够从大量的历史数据中聚类和学习，进而得到其中的变化规律。同时，RBF 还具有最佳局部逼近和全局最优的性能，这些优点使得径向基神经网络在非线性时间序列预测中得到了广泛应用。

4.4　上机实验：搭建 BP 神经网络

　　我们已经学习了什么是人工神经网络，本节将介绍如何搭建人工神经网络，整体分为数据准备、模型搭建和结果检验 3 部分。读者可以尝试跟着本节步骤，以识别 MNIST 手写数字数据集为例搭建自己的第 1 个人工神经网络。

4.4.1　数据准备

　　MNIST 手写数字数据集是一个很适合机器视觉领域初学者入门的数据集，它集结了 60 000 张像素分辨率为 28×28 的黑白手写数字图片，其中 50 000 张可以作为训练样本，10 000 张可以作为测试的样本。通过如下代码可以获取 MNIST 数据集，进行实例研究。

```
import numpy as np
import matplotlib.pyplot as plt
import tensorflow as tf
from tensorflow.examples.tutorials.mnist import input_data

mnist = input_data.read_data_sets("MNIST_data", one_hot=True)
```

　　输入上方代码，就可以在 Python 中导入 TensorFlow 库和 MNIST 数据集。其中的 input_data.read_data_sets 便是读取 MNIST 数据集的函数。第 1 个参数传入的是 1 个字符串，表达读取数据所在的文件夹路径，可以是绝对路径也可以是相对路径。若无此文件夹或文件夹内无数据，函数就会自行下载数据到这个文件夹中。因此我们可以直接调用此函数进行数据的下载和导入，遇到下载失败的情况则可以手动从网站上将其下载到路径中，再调用。此外，在本例中还传入了 1 个值为 True 的 one_hot 参数，让标签以"one_hot"的方式导出，即每 1 个例子的标签都是 1 个长度为 10 的矩阵。在矩阵中，除了下标是原标签值的对应值，为 1；其余都是 0。

4.4.2　模型搭建

　　调用 TensorFlow 库搭建神经网络非常简单，只需要短短几行代码就可以完成。在代码的第 2、3 行中，可以使用 TensorFlow 中的 Variable 定义第 1 层神经元的权重和偏置值变量。在本例中，第 1 层权重初始是一个 784×100 的随机矩阵 (random_normal)，那么对应的偏置值个数也是 100 个，初始化中定义为 0(zeros)。随后用 matmul 函数将其与输入的图片进行矩阵相乘，并加上偏置值后再放入 Sigmoid 激活函数中，即完成了第 1 层网络的搭建。随后以第 1 层网络神经元的输出作为第 2 层网络神经元的输入，改变对应权重行列数和偏置值个数即可。在本例中，第 1 层网络输出是 $n×100$，又因为输出要对应标签长度 10，所以使用的权重矩阵 100×10，那偏置值个数自然也是 10。输出层选用 softmax 函数取代 Sigmoid 函数。将整个流程封装至函数 BP_net 中，即完成神经网络的主体部分搭建。

```
def BP_net (img) :
    W1 = tf.Variable (tf.random_normal ([784,100]))
    b1 = tf.Variable (tf.zeros ([100]))
    Wx_plus_b1 = tf.matmul (img,W1) + b1
    L1 = tf.nn.Sigmoid (Wx_plus_b1)
    W2 = tf.Variable (tf.random_normal ([100,10]))
    b2 = tf.Variable (tf.zeros (10))
    Wx_plus_b2 = tf.matmul (L1,W2) + b2
    return tf.nn.softmax (Wx_plus_b2)
```

　　用 TensorFlow 中的占位符（placeholder）定义网络的输入和输出。因为输入的图片样本数不一定，所以在定义输入尺寸时第 1 维输入 None，第 2 维的 784 则为 28×28 个像素，这是图片展平拉直的形态。再将定义好的输入传输到前面定义的神经网络 BP_net 函数中，即可完成整个网络的搭建。

```
x = tf.placeholder (tf.float32,[None,784])
y = tf.placeholder (tf.float32,[None,10])
pred = BP_net (x)
```

　　随后定义网络的损失函数及优化方式，本例中选用梯度下降的优化方式（GradientDescentOptimizer），设置的学习率为 0.1；再定义 1 个准确率，用以直观地展示训练整体效果，即正确分类图片的占比。

```
loss = -tf.reduce_sum (y*tf.log (pred))
train = tf.train.GradientDescentOptimizer (0.1) .minimize (loss)

correct_pred = tf.equal (tf.argmax (y,axis=1), tf.argmax (pred,axis=1))
accuracy = tf.reduce_mean (tf.cast (correct_pred,tf.float32))
```

4.4.3　结果检验

　　在 TensorFlow 中，真正对搭建的模型开始操作都是在 Session 中进行。我们启动 1 个 Session，分配训练批次大小，设置训练总轮数以及模型保存的位置，即可开始训练。

```
# 设置训练集批次大小
batch_size = 100
```

```
n_batch = mnist.train.num_examples // batch_size

# 用于记录
loss_history = []
saver = tf.train.Saver()

with tf.Session() as sess:
    sess.run(tf.global_variables_initializer())
    for epoch in range(30):
        for batch in range(n_batch):
            # 取下一个批次的训练集
            x_batch, y_batch = mnist.train.next_batch(batch_size)
            # 将数据集 feed 进 placeholder 并训练
            sess.run(train, feed_dict={x:x_batch,y:y_batch})
        training_loss = sess.run(loss, feed_dict={x:x_batch,y:y_batch})
        # 记录损失函数
        loss_history.append(training_loss)
        # 计算准确率
        acc = sess.run(accuracy,
                       feed_dict={x:mnist.test.images,y:mnist.test.labels})
        print("epoch ", str(epoch), " Testing acc: ", str(acc), " loss: ",
str(training_loss))
    saver.save(sess,'./model.ckpt')
    plt.plot(loss_history)
    plt.xlabel('epoch')
    plt.ylabel('loss')
```

训练结束后，即可通过下列代码读取训练好的模型，并可视化结果。

```
test_img = mnist.test.images
seed = np.random.choice(test_img.shape[0],25)
plt_img = test_img[seed]
with tf.Session() as sess:
    saver.restore(sess, './model.ckpt')
    plt_y = np.argmax(pred.eval(feed_dict={x:plt_img}), axis=1)
```

```
plt.figure(figsize=[10,10])
for i in range(25):
    plt.subplot(5,5,i+1)
    plt.imshow(plt_img[i].reshape([28,28]),cmap='gray')
    plt.xticks([])
    plt.yticks([])
    plt.xlabel(str(plt_y[i]))
plt.show()
```

　　图 4.12 是将网络识别结果抽样可视化所得，可以看出即使使用如此简单的 BP 神经网络结构，对手写数字的识别也有着较高的准确率。读者可以尝试多次随机抽取，想在随机抽取的 25 张图片中发现错误的识别结果也是低概率事件，这是由于程序的识别准确率超过了 90%。但是这个准确率还不够令人满意。我们当然希望识别准确率越高越好，读者可以尝试采用更换神经网络中的初始化方式、神经元个数、网络层数、损失函数、优化方式等去优化结果。但是由于算法本身的限制，我们很难突破到 99% 的准确率。接下来，我们会学习另一种网络结构，以更好地提升神经网络的准确率。

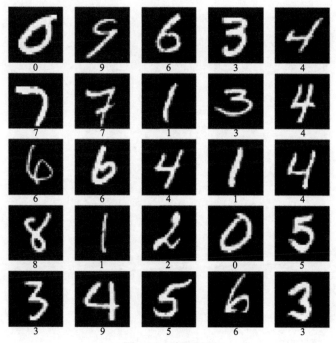

图 4.12　结果展示

思考练习题

1. 总结本章提到的回归问题和分类问题中使用的性能评价函数,通过查阅文献补充其他性能评价函数并且比较异同。

2. 说明为什么单层感知机无法解决异或问题。

3. 试以更换初始化方式、神经元个数、网络层数、损失函数、优化方法等方式搭建 1 个自己的 BP 神经网络。

第 5 章 深 度 学 习

在第 4 章中，我们介绍了人工智能的基本概念以及几种简单的神经网络。尽管包括了多层感知机，但神经网络在应用中仍然存在很多限制和不足。虽然可以通过 BP 算法进行误差校正，但模型训练仍需要大量的时间，而且无法克服局部最优解等问题。同时，模型的参数调节也存在诸多不便，神经网络的应用一度因此陷入低谷。2006 年，Hinton 等提出了深度学习(deep learning)的概念(Hinton and Salakhutdinov, 2006)，神经网络再一次成为人工智能算法的主流方法和研究热点。不同于传统机器学习，深度学习可以自适应地从数据中进行特征学习，减少了人为特征筛选的过程，神经网络焕发生机，以卷积神经网络(convolutional neural network，CNN)、循环神经网络(recurrent neural network，RNN)为代表的深度学习模型框架相继被提出，在自然语言处理、时间序列、图像处理等方面被广泛应用。本章将首先介绍深度学习的基本概念，然后详细介绍在海洋科学中应用较为广泛的卷积神经网络。应当提醒人工智能初学者注意的是，如今流行的人工智能、机器学习和深度学习 3 个概念中，人工智能是最广泛的概念，机器学习是人工智能的一大分支，而深度学习则是一种特殊的机器学习方法。

5.1 深度学习入门

深度学习是机器学习的热门研究方向和分支，其通过对输入数据进行多次非线性变换，自学数据的内在规律和特征，并基于这些学习特征，实现最终任务需求。根据模型的应用场景和自身特征，我们可以把深度学习分为三类：

(1)无监督的或生成式学习的深度网络，在无标签的前提下，进行数据的相关性挖掘，从而实现模型目标任务。此外，网络通过计算数据及其类别的联合概率分布，利用标签作为输入数据的新特征，以用于生成式学习。

(2)有监督学习的深度网络，对于每个输入数据，都事先给定好数据的标签，用于模型训练，从而直接计算出模型的后验概率分布，也被称为判别式深度网络。

(3)混合深度网络，以无监督深度网络的预测结果为依赖，采用各种优化手段进行模型构建，采用判别式准则对模型的参数进行评估。

在机器学习中，数据的不同特征对于后续任务均存在着巨大影响，不同特征规律适用于不同任务，因此挖掘深度特征往往是机器学习的重点。特征学习又被称为表征学习，一般指模型自动从数据中抽取特征或者表示的方法，它不需要人为进行数据处理和特征筛查。相对应的特征工程主要是指人为进行特征提取的过程，是通过已有背景学科知识，选取我们认为重要或者有利于后续任务的信息的过程。狭义上也可以被认为是数据清洗的过程，主要包括缺失值处理、特征选择、维度压缩等；但从广义的角度看，这些处理是为了使得数据有更好的表达以便后续使用。深度学习的实质是通过深层网络和训练大规模数据挖掘数据特征，从而提高模型精度。因此，"深度模型"是方法，"特征学习"是目的。

区别于传统的浅层学习，深度学习的特点在于：

(1)拓展了模型深度，不同于浅层网络，深度学习通过加深网络，加强数据的非线性特征学习能力，网络层数通常有 8 层、10 层，甚至 50 多层。

(2)强调了特征学习，通过非线性变化进行特征筛查，将样本在原空间的特征表示映射到新的空间内，最终获取任务需要的有用信息。特征学习通过大量数据进行验证，更能挖掘数据内在的丰富信息。

我们知道深度学习是机器学习的特殊模型，图 5.1 给出了一般机器学习的流程。步骤 1 是低层次感知，步骤 2、3 和 4 概括起来就是特征学习，而步骤 5 是经过一般意义上的模型训练，最终得到结论。传统的机器学习方法主要通过人力筛选特征，耗时多且复杂；而深度学习则依赖模型自身去学习数据的特征，因此模型的准确性很大程度上取决于所学特征的优劣。

图 5.1　机器学习的一般流程

输入数据经过深层网络，首先，依次被抽取出低级特征比如边缘色度，中级特征比如纹理角点，高级特征比如图形；然后，把高度抽象化的高级特征交给分类器层进行预测，从而得到最终结果；最后，深层网络通过线性分类器进行预测分类，比如 softmax 线性回归分类。深度学习的大部分网络是作用于特征学习，通过层层网络抽取高度抽象化的特征，最终目的是帮助分类器做出良好预测。最开始输入网络的特征可能是线性不可分的，经过隐层特征学习后，变得线性可分，正是由于具有多层隐层抽取特征的能力，深度学习脱颖而出。

5.2　深度学习的特征

深度学习的关键是准确提取数据中的隐层特征。在面对大量需要处理的数据时，我们会遇到如下问题：什么特征是好的特征，多少特征是合适的。对于图像而言，像素级别的特征不具备任何有用信息。计算机存储的是像素级别信息，对于算法而言，像素级别的信息较为抽象，若要算法发生作用，需要将像素级别的信息和特征加工整合，比如以鸟为例，判断是否具有翅膀，是否具有羽毛。

特征是分层次的，低层次的特征对于模型是没有意义的。人的视觉系统对信息处理的过程也是分层的。

研究表明，神经—中枢—大脑的工作过程就是一个层层处理的过程，通过对信息不断抽象和迭代，得到最终的有用信息。其中，抽象和迭代是两个关键词。神经刚开始得到的信号是低级抽象的，需要经过中枢和大脑处理，最终向高级抽象转换。大脑需要的往往是高级抽象特征，对于图像处理，大脑也是基于这些步骤分层抽象的。首先，认识图像的大概形状、大小、颜色、明暗亮度等；接着，对一些局部的物体和细节特征进行解析；然后，是更为复杂和细致的纹理脉络；最后，通过对先前的特征整合和加工，形成对图像内容的认识。物体以光信号成像在视网膜上后，转换成电信号，进而传递到大脑的视觉皮层，然后再对内容进行加工和抽象，最终得到认知，视觉皮层的层次结构见图 5.2。从视网膜传来的信号首先到达初级视觉皮层，即 V1 区域，V1 区域学习一些低层次的特征；经过 V1 区域处理之后，信号被传导到 V2 区域，V2 区域对信号再进行加工，形成边缘和轮廓的信息；然后，再由 V4 区域对信号进行整合处理。例如，从原始信号中对颜色信息进行筛选，接着提取信号中的边缘信息，然后抽象判断物体的形状，整合特征，最后形成抽象判断物体的标签。

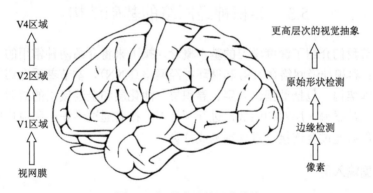

图 5.2 视觉皮层的层次结构

显而易见，人处理视觉信息是具有层次的。从 V1 区域提取粗略特征，再到 V2 区域进行细化，再到更高层逐渐细微。也就是说高层的特征是低层特征的进一步挖掘，从低层到高层的特征表示越来越抽象化，但也更能体现出信息的内容。通过不断抽象学习，对信息的认识就越充分，越有利于最终认识的准确性。例如，我们表达一个意图，可能需要多个语义去表示，而每个语义需要多个句子去支撑，每个句子则由多个单词组成，这就是一个简单的层次结构。而深度学习的层数就是表示这些特征细化和抽象的程度。

对于一张图片，V1 区域看待图片是像素级的；对于 V2 区域而言，V1 区域也同样是像素级的，高层表达由低层表达的组合和抽象构成，通过不停迭代，最终得到最为精简、深刻的特质。简单而言，V1 区域以图片中一些具有边缘特征的像素点为基，同样 V2 区域又以 V1 区域中的部分特性为基，以此不断抽象，高层表达仍能具备图片像素级的信息。

对人处理视觉信息的探究对神经系统的发展有进一步启发。因此神经网络就通过构造隐层，实现信息的高层次表达，最终得到高度抽象的概念。

我们知道需要分层进行信息抽样，学习不同程度的特征，我们仍没有很好的方法确定每层特征学习的个数。如果我们增大每层学习特征的个数，虽然在一定程度上可以学到更为丰富的特征内容，有利于模型的最终预测结果；但也会导致计算复杂、耗时多，陷入过拟合。但设置的特征个数过少，会导致模型更注重于某个特征，陷入欠拟合，从而降低预测准确性。因此对于具体应用问题要做具体分析判断，比如，我们要判断 1 张图片中是否有鸟，我们不需要对图片的每个内容进行细致观察，只需要抓住重点特征进行筛查即可。因此，我们只需要看是否有羽毛、爪子、翅膀，或包含鸟的其他特征部位，便可以通过局部特征的筛查，对图片内容进行判断，减少了参数计算量，也保障了准确性。

5.3　卷积神经网络的基础结构

前两节我们介绍了深度学习的基本概念，接下来将介绍两种常用的深度学习网络模型：卷积神经网络(CNN)和循环神经网络(RNN)。本节着重介绍卷积神经网络的基本架构，包括数据输入层、卷积层、池化层和全连接层的概念。卷积神经网络通过数据输入层对初始数据进行预处理，接着通过卷积层和池化层进行特征提取，最后通过全连接层进行预测或分类。

5.3.1　数据输入层

CNN 的输入多为图像，即 $m \times n \times k$ 的三维矩阵。其中，$m \times n$ 表示图像的像素尺寸，分别代表图片的长和宽；而 k 表示图像的色彩通道，一般来说黑白图像的深度为 1，RGB 图像为 3。由于不同设备拍出的图像大小和尺寸各不相同，在进入 CNN 训练前，需要对原始图像数据进行预处理操作，其中包括：

(1) 去均值，输入数据减去训练图像的特征均值，以此将输入数据中心化到 0。

(2) 归一化，针对不同特征幅值的差异性，将数据转换到相同的范围内，减少奇异样本对模型训练的影响，加速模型收敛。

(3) PCA/白化，利用主成分分析法(principal component analysis，PCA)将输入

数据的特征进行筛选，减少过拟合；白化是对数据归一化，减少信息冗余。

5.3.2 卷积层

CNN 的卷积层从输入数据中利用卷积核提取所需特征，减少模型参数数量，加快模型运行速度。BP 网络只能通过增加网络深度来提高性能，但模型的参数会显著性增多，这样会增加运算量，同时还会产生梯度消失或梯度爆炸的问题。CNN 改进了 BP 的全连接方式，即采用局部连接。这是考虑到图像信息是局部联系的，不需要对全部的图像进行全连接操作，而只需要对局部信息进行特征筛查，然后再对提取的特征进行抽象和整合，最终便能得到全局的特征信息，这就是局部感受野的概念。通过这种方法可以有效减少参数的数量，从而加快模型运算速度，如图 5.3 所示。假如一张图像的像素点为 4×4，图 5.3 中左图采用全连接的方式，那么每个神经元与 16 个像素点相连，且权值各不相同，因此如果有 n 个神经元，则具有 $16n$ 个权值；右图采用局部连接的思想，通过 4 个像素点与 1 个神经元相连，减少了权值数量。在这个例子中，CNN 规定每个神经元的连接权值为相同的 4 个像素点 w_1, w_2, w_3, w_4，这就是权值共享。

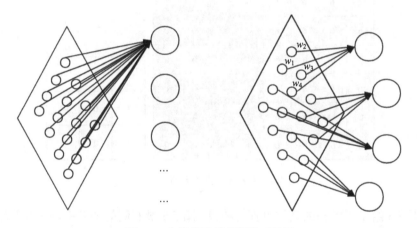

图 5.3 全连接和局部连接对比图

相较于全连接的方法，局部连接在保障特征学习的基础上，极大地减少了参数的数量，但对于边缘区域的特征学习较为粗糙，对此 CNN 引入卷积核的概念，通过类似卷积的操作对边缘区域进行检测。卷积操作的基本原理为

$$x_j^l = f\left(\sum_{i \in M_i} \sum_{c=1}^{n} x_{ic}^{l-1} k_{ijc}^l + b_i^l \right) \tag{5.1}$$

其中，x_{ic}^{l-1} 表示 $l-1$ 层中第 i 个特征图的第 c 个元素；k_{ijc}^l 表示 l 层中第 j 个特征图

与 $l-1$ 层中第 i 个特征图相连的卷积核的第 c 个元素；n 为卷积核所包含的元素数量；b_i^l 表示第 i 个特征图对应的偏置值；f 为激活函数；x_j^l 为输出的第 l 层中第 j 个特征图。

图 5.4 左图给出的就是一张 8×8 像素的图像。数字表示不同位置的像素值大小，像素值与图片颜色亮度相关，为了更加清晰地表示，我们将像素值为 0 的位置变为深色，从图中我们可以很容易地看出分界线的位置。CNN 通过图 5.4 右图给出大小为 3×3 的卷积核进行检测。通过卷积核对原始图像进行覆盖，对应元素之间进行乘法操作，然后相加，得到该区域的最终像素特征，再进行滑动，覆盖全部图像，对图像的卷积特征进行提取。假如我们的滑动步长是 1，那么覆盖了 1 个地方之后，就滑 1 格，容易知道，总共可以覆盖 6×6 个不同的区域，拼成 1 个矩阵。

6	6	6	6	0	0	0	0
6	6	6	6	0	0	0	0
6	6	6	6	0	0	0	0
6	6	6	6	0	0	0	0
6	6	6	6	0	0	0	0
6	6	6	6	0	0	0	0
6	6	6	6	0	0	0	0
6	6	6	6	0	0	0	0

1	0	−1
1	0	−1
1	0	−1

图 5.4　8×8 像素图像及 3×3 卷积核

图 5.5 给出了卷积的具体过程与结果。图 5.5 最右侧的图像中，中间像素点的值最大，表示的颜色浅；而两边值都为 0，故颜色较深；原图像中间的边界很容易显示出来。CNN 通过卷积核对图像进行运算，通过滑动得到图像特征，其中包括边界信息，最后将局部信息进行整合，构造出总体特征，从而对图像进行判别。

前面的例子为黑白图片，属于单通道，而彩色图像一般包含 RGB 共 3 个通道。不同于前面黑白图像输入为二维的(8,8)，RGB 图像对应的是三维的(8,8,3)。这个时候，卷积核的维度就要从(3,3)变成(3,3,3)，也就是说，卷积核最后一维要跟输入的通道维度一致。

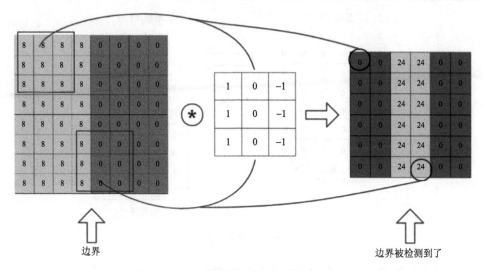

边界　　　　　　　　　　　　　　　边界被检测到了

图 5.5　利用卷积核提取边界特征

上面的例子也暴露出卷积思想存在的两个问题：一是，每次卷积都会导致图像尺寸减小，经过 1 次卷积，图像尺寸从(8,8)变成了(6,6)。若再卷积一次，图像尺寸就变成(4,4)了，随着卷积次数增多，图像尺寸会不断变小。二是，随着卷积次数增多，图像尺寸减小，但图像中间部分会经过多次卷积，而边缘部分仅经过有限几次，很容易忽略边缘区域特征的学习，而过于注重中间部分的特征挖掘。

对此，CNN 采用填充的方法对原始图像进行变换。在进行卷积变换之前，先对原始图像进行处理，将图像周围填充一圈值为 0 的像素点，使得卷积操作后，图像的大小尺寸保持不变，从而保障对边缘区域特征的学习效果。

一般来说，如果我们采用 3×3 的卷积核，为了保持图像尺寸大小不变，需要对原始图像填充一圈值为 0 的像素点；如采用的是 5×5 的卷积核，则需要两圈值为 0 的像素点。图 5.6 给出了利用 3×3 的卷积核和填充一圈 0 像素点进行特征提取的示意图。

5.3.3　池化层

然而对于大多图像而言，尺寸都比较大，通过卷积核很难降低原始图像的尺寸大小，而且图像细节也不利于高层特征的抽取。因此对图像进行卷积之后，通过池化(pooling)过程缩小图像尺寸，并且保留图像区域特征。池化，是一种下采样操作，通常在卷积层后使用，压缩了数据大小，减少了过拟合。池化层的具体作用如下：

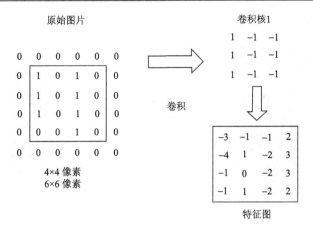

图 5.6　0 像素点填充

(1)特征不变性，指在对图像进行处理的过程中，仍保留原始的图像特征。池化操作就是重新构造图像尺寸大小，对于一张图像而言，我们将它进行缩小，但它所具备的信息特征仍没有丢失，失去的只是一些冗余或无用信息，保留下来的特征信息具有不变性，能直观体现图像特征。

(2)特征降维，每幅图像都包含着丰富的信息，对于不同的任务需求，所需要的信息也不同，对此我们需要筛选出对任务有用的信息，剔除掉多余信息。池化具有精简信息的作用，可以将重要信息表示出来，同时减少无用信息的干扰，在一定程度上防止过拟合现象的发生。

一般来说，我们通常选取 2×2 大小的池化区域，然后通过一定的计算将该区域转化为数值，通常采用平均池化和最大池化两种方法，以平均值或最大值作为区域的最终像素值。图 5.7、图 5.8 分别给出了原图像经过平均池化和最大池化后的运算结果。

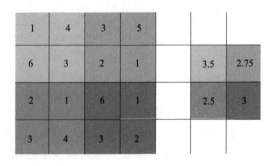

图 5.7　平均池化示例

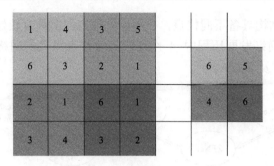

图 5.8 最大池化示例

5.3.4 全连接层

全连接层（fully connected layers，FC）是指每一个单元都与前一层的每一个单元相连接的结构，我们一般调节神经元个数和激活函数。卷积层和池化层的作用在于学习原始数据的主要特征，其学习到的特征图维度是二维或者多维，而全连接层则将学到的不同属性特征展平，变为一维向量，综合考虑不同属性特征对目标任务的影响。全连接层的原理为

$$y_i = f\left(\sum_{j=1}^{n} w_{ij}x_j + b_i\right) \tag{5.2}$$

其中，w_{ij} 表示当前层第 j 个神经元和下一层第 i 个神经元之间的权重；x_j 表示当前层 j 个神经元的值；n 表示当前神经元的个数；b_i 表示下一层第 i 个神经元的偏置值；f 为激活函数；y_i 为下一层 i 个神经元的值。

全连接层通过将神经元值和对应权重相乘后累加，再加上偏置值，经过激活函数得到下一层对应神经元的值。

全连接层就是通过矩阵乘法对特征进行整合，然后依靠激活函数增加模型的非线性表达能力。全连接层可以有效地降低特征维度，将学习到的高维特征进行筛选，保留对模型最有利的特征，使得冗余信息对模型的影响降低，有效地提高模型的精度，同时减少运算量，加快模型运行速度。

通过 CNN 进行多次卷积和池化的操作，神经网络学习到了图像的抽象特征，并将特征输送到全连接层进行分类或预测，最终完成了模型训练。

5.4 常用的 4 类卷积神经网络架构

上一节中我们详细讲述了卷积神经网络的基础结构。卷积神经网络在图像处理方面取得了很大成功，近年来不断有新的卷积神经网络架构被提出（图 5.9）。这

些网络根据自身结构具备不同优点，在图像处理方面都具有较好效果。本节将重点讲述卷积神经网络发展历程中 4 个比较具有代表意义的网络架构，LeNet5、AlexNet、VGG 以及 ResNet。

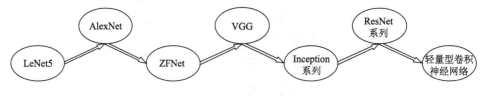

图 5.9 卷积神经网络发展历程

5.4.1 LeNet5

LeCun 等(1998)提出了 LeNet5 网络架构，LeNet5 在手写体识别上达到了较高的准确性，引起了全社会对 CNN 的广泛关注。图 5.10 给出了 LeNet5 的基本架构。

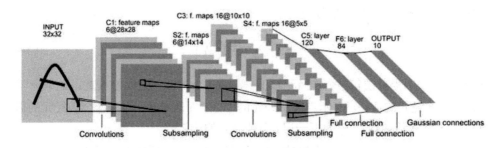

图 5.10 LeNet5 的基本架构

和今天常用的 CNN 架构相比，LeNet5 十分简单，甚至粗糙，但正是其成功的应用使得卷积神经网络受到了真正重视。以图 5.10 为例，介绍 LeNet5 的基本参数设置。

1. C1-卷积层

(1)输入图像，32×32；

(2)卷积核大小，5×5；

(3)卷积核种类，6；

(4)输出特征图大小，28×28；

(5)神经元数量，28×28×6；

(6)模型参数，(5×5+1)×6，每个卷积核含 25 个单元参数和 1 个偏置值参数，

一共 6 个卷积核;

(7)连接数,(5×5+1)×6×28×28=122 304。

采用 6 个大小为 5×5 的卷积核对原始图像运算,得到 6 个 28×28 的特征图。其中卷积核大小为 5×5,共有 6×(5×5+1)=156 个参数。对于卷积层 C1,层内的每个像素都与输入图像中 28 个参数有连接,所以总共有 156×28×28=122 304 个连接。但由于 CNN 权值共享的特性,仅需学习 156 个参数即可。

2. S2-池化层(下采样层)

(1)输入,28×28;

(2)采样区域,2×2;

(3)采样方式,将采样区域的值相加,经过线性变换后,通过 Sigmoid 函数输出结果;

(4)采样种类,6;

(5)输出特征图大小,14×14;

(6)神经元数量,14×14×6;

(7)连接数,(2×2+1)×6×14×14=5880。

经过一轮卷积后,S2 的尺寸变为 C1 的 1/4。经过 2×2 的池化后,S2 变为 6 个 14×14 的特征图。S2 这个池化层是对 C1 中 2×2 区域内像素的线性变换,然后将这个结果再做一次映射。同时有 5×14×14×6=5880 个连接。

3. F6-全连接层

(1)输入,C5 的 120 维向量;

(2)计算方式,将输入特征与权重相乘,再加上偏置值后,进行 Sigmoid 函数变换;

(3)可训练参数,84×(120+1)=10 164。

F6 是全连接层,有 84 个节点,其中–1 表示白色,1 表示黑色,分别对应于一个编码。该层的可训练参数和连接数是 84×(120 + 1)=10 164。

OUTPUT 层(输出层)也是全连接层,OUTPUT 层共有 10 个节点,代表手写体的 10 个类别,分别表示数字 0～9,且如果节点 i 的值为 0,则网络识别的结果是数字 i。

5.4.2 AlexNet

Krizhevsky 等(2012)提出了 AlexNet 网络架构,具体网络结构见图 5.11。

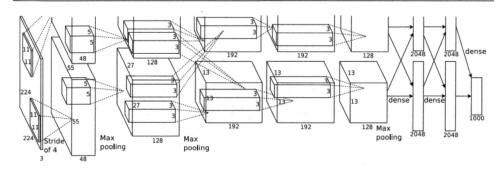

图 5.11　AlexNet 网络结构

AlexNet 采用了 8 层神经网络，5 个卷积层和 3 个全连接层。AlexNet 的输入数据为 224×224×3 的 RGB 图像，首先采用步长为 4、大小为 11×11 的卷积核，输出 55×55×96 的像素层；接着分为 2 组 55×55×48 的像素层，每组在独立的 GPU 中进行运算；然后经过步长为 2、大小为 3×3 的池化层，最终获得 27×27×96 的像素层。对像素层进行填充，得到 2 组 27×27×48 的像素数据；采用步长为 1、大小为 5×5 的卷积核，以及步长为 2、大小为 3×3 的池化层，得到 2 组 13×13×128 的像素层。通过 2 次填充和步长为 1、大小为 3×3 的卷积操作，依次得到 2 组 13×13×192、13×13×192 的像素层。经过填充，采用步长为 1、大小为 3×3 的卷积核和步长为 2、大小为 3×3 的池化层，得到 2 组 6×6×128 的像素层数据。经过全连接层分别得到 2 组大小为 2048、2048 的像素特征。经过 1 个神经元个数为 1000 的全连接层进行分类。

AlexNet 与 LeNet5 相比，具有如下创新点：

(1)更深的网络结构，AlexNet 的网络结构深于 LeNet5 网络结构，它由 5 个卷积层和 3 个全连接层组成；

(2)多 GPU 计算，从图 5.11 中可以看出，AlexNet 网络结构由上下两个部分组成，分别采用 2 块 GPU 进行交互，从而提高运算效率。AlexNet 实现了高效的 GPU 卷积运算，也使得 GPU 成为此后深度学习的主要工具。

(3)使用 ReLU 激活函数减少梯度消失现象，当网络层数较浅时，Sigmoid 函数可以很好地作为激活函数。但随着网络层数的加深，Sigmoid 函数会出现梯度饱和的现象，从而导致梯度消失。当输入值较大或较小时，函数值趋于饱和，变化幅度较小，其导数也趋近于 0。在进行反向传播时，多个小数值相乘最终使得结果趋近于 0，极大地影响了权值的更新速度。针对 Sigmoid 函数存在饱和区域的缺陷，AlexNet 引入了 ReLU 函数(图 5.12)。ReLU 是一个分段线性函数，小于等于 0 则输出为 0；大于 0 的则恒等输出。相比于 Sigmoid 函数，ReLU 函数计算简单，且在反向传播的过程中，大于 0 的部分导数始终为 1。不同于 Sigmoid 函数和双曲正切函数 tanh 反向传播时，在饱和区域内的导数接近于 0，会梯度消失，ReLU 函数可以成功地克服这个缺点。ReLU 函数还能促进网络稀疏性，防止过拟合。

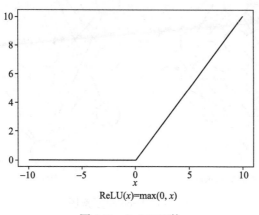

$$\text{ReLU}(x) = \max(0, x)$$

图 5.12 ReLU 函数

(4) 使用数据增强抑制过拟合，在一些情况下，数据集较小无法满足模型训练，我们可以通过平移、缩放、裁剪、旋转、翻转或者增减亮度等方法，对原始图像进行变换，从而得到相似但仍有差异的图像，解决数据量不足的问题，并且在一定程度上降低模型过拟合风险的发生。

(5) 局部归一化，为了学习数据的非线性特征，往往通过激活函数进行非线性变换，但 tanh 函数和 Sigmoid 函数的值域都有限制，然而 ReLU 激活函数得到的值域是不受限的，因此需要对 ReLU 得到的结果进行局部归一化 (local response normalization，LRN)。AlexNet 提出 LRN 层，增大了不同神经元之间幅值的差异，使得响应较大的值变得相对更大，响应较小的值则得到了抑制，增强了模型的泛化能力。

(6) 使用 Dropout 抑制过拟合，Dropout 是 AlexNet 中的又一创新，如图 5.13 所示，左图为完整网络，图中所有的神经元都参与后续运算，而右图为采用 Dropout 的神经网络，图中虚线表示丢弃的神经元部分。Dropout 将隐层中随机丢弃的神经元输出设置为 0，减少了计算量，并通过不同的模型组合，有效地减少了过拟合现象。Dropout 只需要增加部分训练时间即可实现模型组合的高效性。

(7) 重叠的最大池化，AlexNet 采用最大池化，选取最显著的特征表示，减少特征模糊化。由于 AlexNet 池化的步长小于核尺寸，池化层的输出之间存在重叠，丰富了特征的学习。

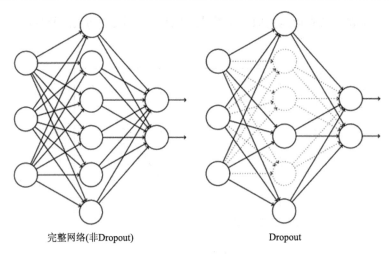

完整网络(非Dropout)　　　　　　　　　　Dropout

图 5.13　Dropout 示意图

5.4.3　VGG

Simonyan 和 Zisserman(2014)提出了 VGG 网络架构。其中，VGG 有两种结构，分别是 VGG16 和 VGG19，两种结构仅是深度不同。VGG 证明了增加网络深度的有效性，并且具备很好的泛化能力。图 5.14 为 VGG 结构图，可以看出，VGG 模型层数较多，但其结构却简单不少。

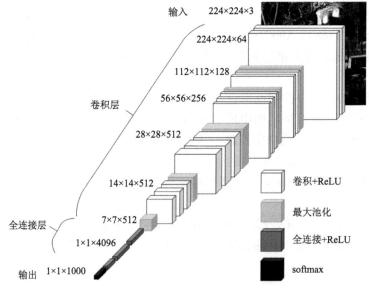

图 5.14　VGG 结构图

VGG 模型的输入为 224×224×3 的 RGB 图片，首先，经过两次 3×3 卷积运算，输出的图像通道个数变为 64，图片尺寸不变；接着，经过一次 2×2 最大池化操作，图片的长和宽变为原来一半，通道个数不变，其中卷积层的激活函数是 ReLU 函数；接着，重复这个过程，分别进行两次 3×3 卷积运算和一次 2×2 最大池化操作，图片的通道个数依次变为 256、512、512、512，图片的尺寸依次变为 56×56、28×28、14×14、7×7；最后，通过两层全连接进行降维，将维度变为 4096 和 1000，并通过 softmax 进行分类。

VGG 的特点总结如下：

(1)结构简洁，网络采用统一大小的卷积核尺寸(3×3)和最大池化尺寸(2×2)。

(2)小卷积核和多卷积子层，VGG 使用多个小卷积核(3×3)代替了较大的卷积核。通过降低卷积核大小，减少了模型复杂度，提高了模型准确性。VGG 认为 2 个 3×3 的卷积堆叠获得的感受野大小，相当一个 5×5 的卷积；而 3 个 3×3 卷积的堆叠获取到的感受野相当于一个 7×7 的卷积。这样在增加非线性特征的同时减少了参数数量。

(3)通道数多，VGG 第 1 层的通道数为 64，随着层数加深，通道数显著增高，最多为 512 个通道，使得更多信息被提炼出来。

(4)全连接转卷积，将训练阶段的 3 个全连接替换为 3 个卷积，使得模型对于输入数据的尺寸没有过多要求和限制。

(5)舍弃局部归一化，VGG 开发者发现局部归一化并不能提高网络性能，予以舍弃。

5.4.4 ResNet

He 等(2016)提出了深度残差网络(deep residual network，ResNet)，ResNet 引入了残差学习的技巧，在非线性变换的基础上增加了一定的原始输入比例，使得模型在网络深度中发挥更大作用。

网络深度严重影响着模型的预测好坏，当网络层数较深时，模型可以学习到更加复杂的特征信息，从而提高最终的预测性能。但随着网络层数不断增加，模型的性能逐渐趋于饱和，并逐渐下降，无法长期保持最优性能。因此在加深网络的过程中，模型的性能最终无法提高，甚至出现下降。采用残差模块，使得深层网络中靠后的部分可以实现恒等映射，保留输入特征，从而维持模型精度。

对于一般网络而言，假设模型的输入值为 x 时，我们期待模型的输出结果为 $H(x)$，通过加入残差模块后，仅需学习 $F(x)=H(x)-x$。相比于初始特征学习，模型学习更为容易。当 $F(x)=0$，网络相当于对输入做了恒等映射，保留了输入特征，对网络不存在影响；当 $F(x) \neq 0$ 时，网络又能从中学习到新的特征，从而提高模型精度。模型最后的训练目标就是使 $F(x)$ 趋近于 0，使得准确率不随着网络加深而降低。残差学习的结构如图 5.15 所示。

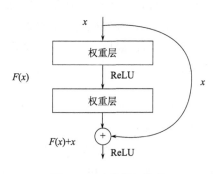

图 5.15　残差学习结构

　　前面，我们讲述的都是正向传播，那么在反向传播中，残差学习会起到什么样的作用呢？

　　假设模型的输入 $x=10$，模型的输出 $h(x)=12$，将神经网络看成是简单的线性运算，h 可表示为系数为 1.2 的线性函数。当引入残差学习模块后，模型的输出可表示为 $h(x)=F(x)+x=12$，同样可以将 F 看作是系数为 0.2 的线性函数。已知真实值为 14，计算可得损失值为 2。通过反向传播求得可知，F 中参数和 h 中参数具有相同大小的 0.2 梯度，但 F 的参数值从 0.2 变为 0.4，而 h 的参数值则是从 1.2 变为 1.4。残差学习模块使得参数在反向传播过程中对损失值更为敏感。

　　此外，加入 ReLU 函数，使得反向传播过程中直接将原始梯度传达至上一模块，更为便捷。

　　因此通过加入残差学习模块改变了信息的传递方式，使得网络可以在前向传播过程中实现恒等变换，在反向传播过程中更为便捷，从而使模型更易被训练。

　　图 5.16 给出了 ResNet 网络与朴素网络的对比图。朴素网络(图中最左边 VGG 网络和中间 1 列的普通网络)的每层输出结果仅作用于相邻层，而 ResNet 网络(图中最右侧网络)通过引入残差误差逆模块，使某一层的输出结果实现跳跃，作用于非相邻层的网络，提升了网络的特征表达能力，并最终保证了模型的性能。

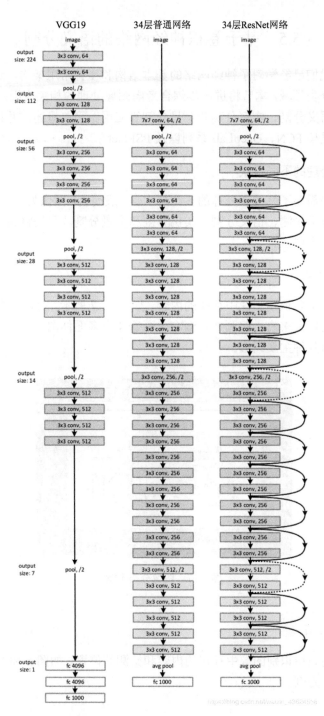

图 5.16 ResNet 网络与朴素网络对比

5.5　基于卷积神经网络的语义分割

前面，我们已经学习了神经网络的基本结构和 4 种常用架构，这些架构主要应用在图像分类领域，本节将进一步综合考虑图像处理的相关应用，对图像分类、目标检测、语义分割、实例分割和全景分割等应用做简单概述，并详细介绍 3 种常用的网络框架 FCN、DeepLab 系列以及 PSPNet。

5.5.1　图像处理的不同层次

我们首先需要了解图像处理的 5 个层次。一般而言，图像处理包括 5 个层次：图像分类、目标检测、语义分割、实例分割和全景分割。我们将通过 5 张图像，分别讲解这 5 个层次。

1. 图像分类

图像分类主要识别图像中存在的内容，如图 5.17 所示，有墙、画布、多面体，图像描述的是墙上 Y 有 1 张画布，画布上画着 4 个多面体图形，图像分类的目标就是识别出这几种主要图形。

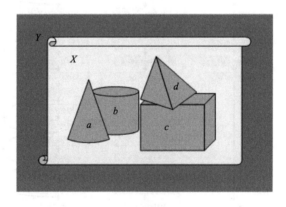

图 5.17　图像分类示意

2. 目标检测

目标检测是指识别图像中存在的内容和检测其位置，如图 5.18 所示，以识别和检测多面体为例。

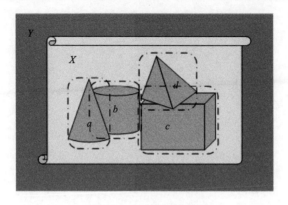

图 5.18 目标检测示意

3. 语义分割

语义分割指在区分图像时，分别用类别标签对每个像素进行标记，如图 5.19 所示，分别用不同的标注方式区分多面体(左斜线)、画布(竖线)、墙(网格)。

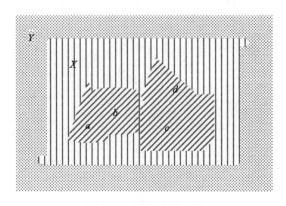

图 5.19 语义分割示意

4. 实例分割

实例分割示意如图 5.20 所示，同时结合了目标检测与语义分割。首先，通过目标检测把所给图像中的内容检测出来；之后，通过语义分割对检测出的每个像素分别打上各自标签。对比图 5.19 与图 5.20，若将多面体视为目标，语义分割仅将相同属性的类别统一标记，不会再对同一类别进行细化区分，即语义分割会把识别出的多面体以同种方式标记；实例分割则会对同一类别再进行细化区分，即实例分割会根据多面体的不同特征予以不同标记方式进行再区分。

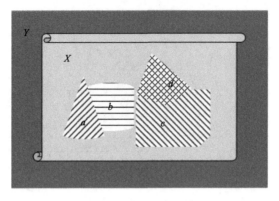

图 5.20　实例分割示意

5. 全景分割

全景分割如图 5.21 所示，它在实例分割的基础上进一步发展，不仅将图像中的所有实物进行分别标记，还对图像背景进行检测和分割。

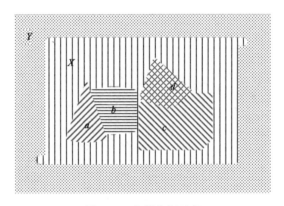

图 5.21　全景分割示意

5.5.2　全卷积神经网络

本节主要讲述图像识别中语义分割部分的知识。常用于训练语义分割模型的数据集有：Pascal VOC 2012，它包含人类、机动车类以及其他类等 20 类目标，用于分割目标类别或者背景；MSCOCO 为微软发布的 COCO 数据库，它是专门为对象检测、分割、人体关键点检测、语义分割以及字幕生成而设计的一个大型图像数据集；Cityscapes 则包含 50 个城市的城市场景语义理解数据集；Pascal Context 有 400 多类的室内和室外场景；Stanford Background Dataset 为一组户外场景，包含至少一个前景物体。

在介绍具体的语义分割网络之前，我们需要对通用的语义分割架构有初步了解。语义分割架构相当于编码器网络，常采用 VGG/ResNet 等深层网络作为预训练模型，再通过解码器将提取的特征进行映射，从而实现密集分类或预测。此外，根据编码器学习特征方式的不同，还可以获取不同意义的像素级表示。

1. FCN 的提出

CNN 对于图像特征提取具有较好效果，能够学习到图像中的抽象特征，进而对物体进行分类识别和位置检测。但 CNN 由于卷积特性，图像特征是由区域特征组合而成的，故而难以实现像素级别的精细分割，无法详细勾勒出物体的轮廓。语义分割需要像素级的图像处理，而 CNN 有全连接层，它的输入是一个固定大小的图像块，因此有缺陷。为了克服这些缺陷，Shelhamer 等 (2016) 提出了 CNN 的扩展全卷积神经网络 (fully convolutional networks，FCN)。FCN 采用卷积层代替全连接层实现密集预测，并且可以生成不同尺寸的图像，提高运算速度，FCN 被广泛用于语义分割研究。

FCN 与 CNN 的比较如图 5.22 所示，两者在前 5 层均表示为卷积层；而在后 3 层，FCN 用卷积层代替了全连接层，将图像分类转化为像素点分类，并最终将层数为 4096、4096、1000 的全连接模块变成大小为 (4096，7，7)、(4096，1，1)、(1000，1，1) 的卷积核，因此被称为全卷积神经网络。

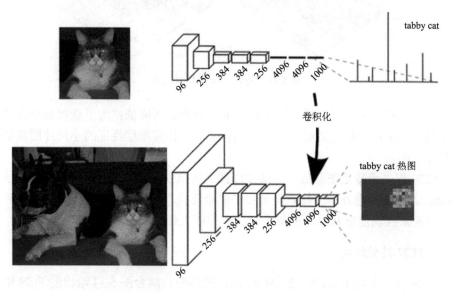

图 5.22 FCN 与 CNN 特征提取比较

2. 反卷积

FCN 用卷积层代替所有后续的全连接层得到二维特征图，然后通过 softmax 进行语义分割，并通过多次卷积降低图像的分辨率。为了对原始图像上的每个像素进行分类和预测，可以将低分辨率热图恢复到原始图像的大小。输入图像经过多次卷积后尺寸变小，再采用反卷积进行上采样，保持特征图和输入图片的尺寸大小一致，使得像素之间一一对应，同时保留空间信息特征，最终进行像素分类。

如图 5.23 所示，对于一般的卷积，输入卷积核大小为 3×3 的 4×4 矩阵，当卷积参数填充值为 0、步长为 1 时，经过卷积后输出为 2×2 矩阵；采用反卷积操作，此时输入为卷积核大小 3×3 的 2×2 矩阵(周围填 0 变成 6×6)，当反卷积参数填充为 0、步长为 1 时，经过卷积后输出结果为 4×4 矩阵。

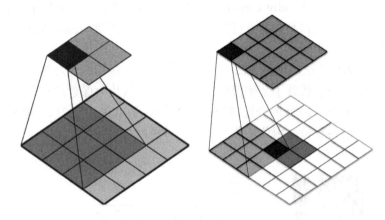

图 5.23 卷积与反卷积对比图

传统的网络采用下采样，对应输出的尺寸会有所降低；为了获得每个点的分类信息，上采样会做像素级的预测，其意义在于将高维度特征的小尺寸图恢复到原尺寸大小。

FCN 损失函数是在最后一层的空间图上的像素的损失和，对每一个像素使用 softmax。FCN 的另外一个特点是使用了跳级连接。跳级连接在每个卷积块之后引入，以使后续块能够从以前的集合特性中提取更抽象的特性。

3. FCN 模型结构

FCN 有 3 个版本(FCN-32、FCN-16、FCN-8)。结合图 5.24 给出的 FCN 结果示意图，我们讲解如何利用 FCN 进行语义分割。

(1)输入图像经过多次卷积核池化后，得到 Pool1 特征，此时宽高缩小至 1/2；

(2)紧接着采用相同操作，得到 Pool2 特征，宽高缩小至 1/4；然后得到 Pool3

特征，宽高缩小至 1/8；……；直到 Pool5 特征，宽高变为 1/32。

(3) FCN 结合粗糙的高层信息与详细的低层信息。池化层和预测层显示为相对空间粗细的网格，而中间层显示为垂直线。FCN-32，通过长为 32 的上采样步长，一步将预测尺寸恢复到原始图像大小，引入跳级连接，防止太多信息丢失，但仍丢失较多特征；FCN-16 将最后一层进行上采样，使得大小与 Pool4 特征相同，然后将特征信息融合在一起，并通过上采样恢复为原始图像尺寸大小，从而学习到了高层语义信息，更有利于预测；FCN-8 同理，将高层信息上采样，并与低层信息进行融合，最后恢复原始图像尺寸大小，获取更多有用信息，提高预测精度。

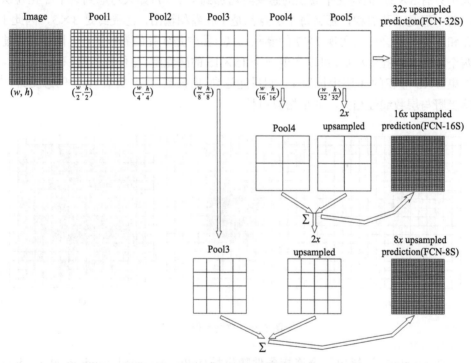

图 5.24 FCN 结构示意

5.5.3 DeepLab 系列模型

除了全连接层结构之外，另一个让 CNN 网络难以在分割问题中使用的问题是池化层的存在。由于语义分割需要对每个像素点进行分类，而池化层会丢弃部分位置信息。一个有效的解决方案是空洞卷积。下面我们将分别介绍 Chen 等提出的 DeepLab 系列的 3 个模型 (Chen，et al.，2014；2016；2017b)。

1. DeepLabv1

Chen 等(2014)提出了 DeepLabv1，其中包含了 1 种空洞卷积的方法，用于代替最大池化，但同时没有丢失感受野。空洞卷积的优点是保留池化损失信息，同时放大感受野，从而使得每个卷积的输出信息拥有更大范围。

图 5.25(a)对应 3×3 的 1-空洞卷积(1 孔卷积)，(b)对应 3×3 的 2 孔卷积，但实际上卷积核大小还是 3×3，孔为 1。即对于一个 7×7 的图像块，只有 9 个黑点以及 1 个 3×3 的核进行卷积运算，其余的点都被跳过了；也可以理解为核的大小是 7×7，但是只有图中 9 个点的权重不为 0，其余都是 0。可以看出，虽然核大小只有 3×3，但是这个卷积的感受野增加到了 7×7(如果考虑到这个 2 孔卷积的前一层是 1 孔卷积，那么每个黑点都是 1 孔卷积输出，感受野是 3×3，因此 1孔和 2 孔的结合可以实现 7×7 的卷积)。(c)图中是 4 孔的卷积操作，同理，经过两个 1 孔和 2 孔卷积后，可以实现一个 15×15 的感受野。与传统的卷积操作相比，如果 3×3 卷积的 3 层步长为 1，则只能达到(内核数–1)×层数+1=7 的感受野，感受野与层数线性相关，并呈指数增长。

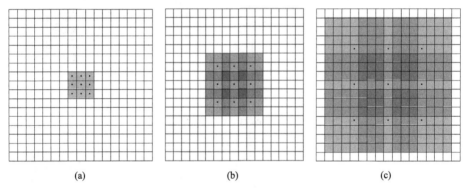

(a)　　　　　　　　(b)　　　　　　　　(c)

图 5.25　空洞卷积

DeepLabv1 还提出了全连接条件随机场(fully-connected conditional random fields，CRF)，对分割边界进行细节抓取，在像素级别标签预测中表现较好。像素级别标签常常被作为随机变量，像素之间的关系被作为边界，最终形成条件随机场，实现模型搭建。通常，输入图像被作为模型的全局视图。

已知随机变量 X_i 为像素 i 的标签，$X_i \in L = l_1, l_2, \cdots, l_L$，$L$ 为标签类别个数。变量 X 则是由 $X_1, X_2, \cdots, X_N$ 组成的随机向量，N 为图像中的像素个数。

假设 $G = (V, E)$，其中 $V = X_1, X_2, \cdots, X_N$，全局观测为 I。条件随机符合吉布斯分布，(I, X) 可以简称为 CRF 模型，公式分别为

$$P(X = x \mid I) = 1 / Z(I) \exp(-E(x \mid I)) \tag{5.3}$$

$$E(x) = \sum_i \theta_i(x_i) + \sum_{ij} \theta_{i,j}(x_i, x_j) \tag{5.4}$$

其中，$\theta_i(x_i)$ 代表将像素 i 分成标签 x_i 能量的一元能量项；$\theta_{i,j}(x_i, x_j)$ 是对像素点 i, j 同时分割成 (x_i, x_j) 能量的二元能量项。二元能量项描述了像素点之间的关系，使得相似像素被分配相同的标签，相似程度与颜色值和实际相对距离有关。通过寻找最小能量表述找到最有利的分割方式。全连接条件随机场更注重于每个像素和所有其他像素之间的关系，因此称为全连接。

具体来说，DeepLabv1 中的一元能量项是直接源于前端 FCN 的输出，计算方式为

$$\theta_i(x_i) = -\log P(x_i) \tag{5.5}$$

下面我们通过一个简单的例子，以便较好地理解 CRF。如"大海"和"鱼"等像素在物理空间中相邻的概率应该高于"大海"和"仙人掌"等像素的概率，因此从概率角度来看，"鱼"作为"大海"的边缘可能性较大。

2. DeepLabv2

通过优化该能量函数的解，剔除明显的不符合事实，代之以合理的解释，从而得到 FCN 图像语义预测结果的优化，生成最终的语义分割结果。Chen 等(2016)在 v1 上进行改进，提出了 DeepLabv2，使用多尺度获得了更好的分割效果，并使用带孔空间金字塔池化(atrous spatial pyramid pooling，ASPP)；基础层由 VGG16 转为 ResNet；并使用不同的学习策略。

前面我们简要概述了空间金字塔池化中的空洞概念，下面我们着重讲述 SPP-Net。2015 年 He 提出了 SPP-Net 的概念 (He，et al.，2015)，SPP-Net 主要原理见图 5.26。

图 5.26 中底层图为经过卷积后学习到的特征图结果，再经过不同大小的卷积核进行特征提取，分别得到大小 4×4、2×2 和 1×1 的特征块。将它们堆叠在初始特征图上，可以得到 16+4+1=21 个不同的特征块。从中进行特征提取，这正是我们所要提取的 21 维特征向量。通过组合不同大小的网格进行池化的过程是空间金字塔池化，比如空间金字塔的最大池化，实际上就是分别从 21 个图像块中得到其最大值作为输出结果。通过这种堆叠，减弱了卷积层对于输入大小的限制。

3. DeepLabv3

Chen 等(2017b)提出了一个更通用的框架 DeepLabv3，其可以应用于任何网络；ResNet 的最后一个 Block 通过级联模块复制连接；ASPP 使用批标准化(batch

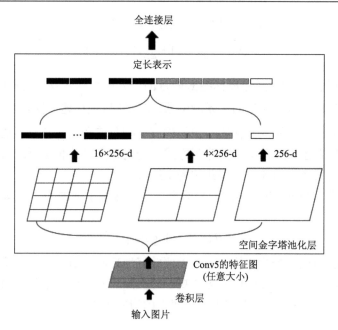

图 5.26　SPP-Net 原理图

normalization，BN)层，BN 层的本质原理是在网络的每一层输入时，插入一个归一化层，即先进行归一化处理，再输入下一层；没有随机向量场。DeepLabv3 中的 ASPP 在特征顶部图像中使用了 4 个不同采样率的孔卷积，可见不同尺度下的采样是有效的。

不同采样率的空洞卷积可以有效捕获多尺度信息，但是会发现随着采样率的增加，卷积核的有效权重(权重有效地应用于特征区域而不是填充 0)逐渐减小。图 5.27 显示了不依赖和依赖空洞卷积的级联模块的比较图。图 5.27(a)是使用标准卷积的结果，可以看出网络越深，特征图越小，越不利于恢复物体的特征信息。图 5.27(b)中，从 Block4 到 Block7 的网络结构是一样的，都包含 3 个 3×3 的卷积核，DeepLabv3 为这 3 个卷积定义的单元率为(r_1, r_2, r_3)，实际的采样率是采样率×单元率。以 Block4 举例，假设它的单元率为 (1, 2, 4)，而图中 Block4 的采样率为 2，则实际 Block4 的采样率为(2, 4, 8)。

我们将不同采样率的 3×3 卷积核应用于 65×65 特征图时，当采样率接近特征图大小时，3×3 过滤器并没有捕捉到完整的图像上下文，而是退化为一个简单的 1×1 过滤器，只有过滤中心发挥作用。为了克服这个问题，DeepLabv3 考虑使用图像级特征。具体来说，对模型的最终特征图进行全局平均，对结果进行 1×1 卷积，然后进行双线性上采样，得到所需的空间维度。

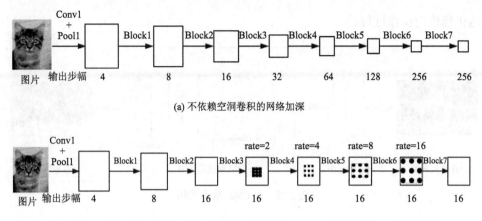

(a) 不依赖空洞卷积的网络加深

(b) 依赖空洞卷积的网络加深，当Block3的输出步幅等于16时，空洞卷积速率＞1，开始作用

图 5.27 不依赖和依赖空洞卷积的级联模块比较

5.5.4 PSPNet

我们前文节介绍了全卷机神经网络和 DeepLab 系列模型，从中我们可以看到基于 FCN 的模型在语义分割方面存在的主要问题是缺乏合适的策略来利用全局场景中的类别线索，这可能造成 3 类错误。

(1) 关系错误匹配，FCN 基于外观因素，将停在河边的船预测为汽车。但根据已有的常识，汽车几乎不会出现在河面上，若考虑水边这个因素，就不会出现判别错误。

(2) 类别混淆，FCN 可能将物体的一部分预测为摩天大楼，将其另一部分预测为建筑物。实际物体的属性为两者中的一个，而不会都包含。许多标签之间存在关联，可以通过标签之间的关系来弥补。

(3) 细小对象的类别，比如枕头与床单具有相似的外观，忽略了全局场景类别也许会导致预测枕头失败。

Zhao 等 (2017) 提出了 PSPNet (pyramid scene parsing network)，通过聚合不同区域的上下文提高了网络利用全局上下文信息的能力，图 5.28 展示了 PSPNet 的基本架构。使用 PSPNet 进行语义分割的基本过程是：基础层 (ResNet101) 的预训练模型和空洞卷积策略的提取，提取的大小是输入大小的 1/8；特征图经过金字塔池化模块后，得到具有整体信息的融合特征，将上采样与池化前的特征图进行拼接；最后通过卷积层得到最终输出。

在一般 FCN 中，感受野可以粗略地被认为是使用上下文信息的大小，PSPNet 提出了具有层次的全局优先级，包含了不同子区域之间的不同尺度的信息，被称为金字塔池化模块 (pyramid pooling module)。结合图 5.28 (c) 我们具体讲解金字塔池化模块的操作过程。

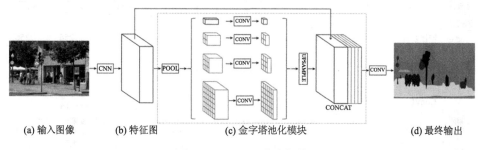

(a) 输入图像　　　　(b) 特征图　　　　(c) 金字塔池化模块　　　　(d) 最终输出

图 5.28　PSPNet 基本架构

首先，在图 5.28(c)中，对每个特征图执行子区域平均池化。

第 1 层卷积，用于生成单个 bin 输出，为每个特征图上执行全局平均池化的最粗略层次。

第 2 层卷积，首先将特征图划分成 2×2 个子区域，之后对每个子区域进行平均池化。

第 3 层卷积，首先将特征图划分成 3×3 个子区域，之后对每个子区域进行平均池化。

第 4 层卷积，首先将特征图划分成 6×6 个子区域，也就是最细的层次，之后对每个子区域进行平均池化。

其次，利用 1×1 卷积降维。

然后，对得到的每个特征图像进行 1×1 卷积，如果金字塔的层次大小为 N，则将上下文减少到原始的 $1/N$。

在本例中，共有 4 个级别，故 N=4。若输入特征图的数量为 2048，则输出大小为 512。

接下来，对每个低维特征图采用双线性插值法进行上采样，使其大小与原始特征图相同。

最后，连接上下文的聚合特性。将所有不同级别的上采样特征图与原始特征图相连，这些特征图融合成一个全局先验。这是金字塔池化模块的结束。

PSPNet 的另一个贡献是在 ResNet101 的基础上进行了改进，提出了一个基于 ResNet 的深度监督网络。除了使用 softmax 分类进行损失之外，在第 4 阶段增加了一个额外的损失函数。这两个损失函数一起传播，使用不同的权重来联合优化参数。随后的实验也证明这有利于快速收敛。

5.6 上机实验：搭建卷积神经网络

在第 4 章中我们已顺利搭建 BP 神经网络，并能训练其识别 MNIST 手写数字数据集，在章节结尾处，我们提及了 BP 神经网络的准确率很难突破 99%。在本章中我们学习了卷积神经网络，下面学习如何对本章所学卷积神经网络进行配置。

5.6.1 模型搭建

由于 MNIST 手写数字数据集的读取在第 4 章中已经介绍过，这里不再赘述。下面直接介绍网络的构造方式。在搭建卷积网络过程中，需要用到一些重复的语句，输入的参数大多类似，为了程序的可读性以及编写的方便，先定义好几个函数，包括权重（weight_variable）、偏置值（bias_variable）、卷积层（conv2d）和最大池化层（max_pooling）的配置方式。

```python
def weight_variable(shape):
    initial = tf.random_normal(shape, stddev=0.1)
    return tf.Variable(initial)

def bias_variable(shape):
    initial = tf.zeros(shape)
    return tf.Variable(initial)

def conv2d(x, w):
    return tf.nn.conv2d(x, w, strides=[1,1,1,1], padding="SAME")

def max_pooling(x):
    return tf.nn.max_pool(x, ksize=[1,2,2,1], strides=[1,2,2,1], padding="SAME")
```

然后，我们定义一个 cnn 函数，将我们的网络主体部分封装起来。第 1 步还是要定义权重，权重的尺寸应为卷积核的宽、高、通道数和个数。

```python
def cnn(img):
    # conv1 pool1
    w_1 = weight_variable([3,3,1,32])
    b_1 = bias_variable([32])
    conv1 = tf.nn.relu(conv2d(img, w_1) + b_1)
```

```
pool1 = max_pooling(conv1)
# conv2 pool2
w_2 = weight_variable([3,3,32,64])
b_2 = bias_variable([64])
conv2 = tf.nn.relu(conv2d(pool1, w_2) + b_2)
pool2 = max_pooling(conv2)
# flatten
pool2_flat = tf.layers.flatten(pool2)    # 展平拉直获得的特征图
flat_shape = pool2_flat.shape.as_list()
# fc1
w_fc1 = weight_variable([flat_shape[1],1024])
b_fc1 = bias_variable([1024])
fc1 = tf.nn.relu(tf.matmul(pool2_flat, w_fc1) + b_fc1)
# output
w_fc2 = weight_variable([1024,10])
b_fc2 = bias_variable([10])
return tf.nn.softmax(tf.matmul(fc1, w_fc2) + b_fc2)
```

在本例中，我们在第 2 个代码块的第 3 行中定义了 32 个宽、高均为 3 的通道数是 1(输入的图像是灰度图)的卷积核。然后将其用于卷积层，再加上定义的 32 个偏置值，通过 ReLU 激活函数完成 1 次卷积。将卷积的结果放入此前定义的 max_pooling 函数，即可完成池化操作。随后，将此次卷积池化的输出作为下一次卷积池化的输入。但是要注意的是，此时生成的卷积核权重通道数要与第 1 层中的卷积核个数一致。在本例中使用的是 32，所以在第 8 行中定义的权重尺寸为 3×3×32×64，意为 64 个宽、高均为 3 的通道数为 32 的卷积核。再将卷积池化后展平(flatten)，即可输入到全连接层，全连接层即一个简单的 BP 神经网络。最后输出仍然采用 softmax。

```
x = tf.placeholder(tf.float32, shape=[None, 784])
y = tf.placeholder(tf.float32, shape=[None, 10])
x_image = tf.reshape(x, [-1,28,28,1]) # reshape as image
pred = cnn(x_image)
```

与 BP 神经网络类似，定义两个占位符(placeholder)，分别放入样本和标签。需要注意的是，卷积神经网络的输入与 BP 神经网络的输入不同，BP 神经网络输入的是展平的 784 个像素点数据，而卷积神经网络需要的样本则是原图像，应该是 28×28×1 的矩阵（1 为图像的通道数，一般灰度图为 1，彩色图为 3）。因此，我们需要加入一步 reshape 的操作。接下来流程和此前搭建 BP 神经网络相似，定义损失函数、优化函数和准确率。为了达到更好的训练效果，此次使用 $1×10^{-4}$（1e-4）的学习率。

```
loss = -tf.reduce_sum(y*tf.log(pred))
train = tf.train.GradientDescentOptimizer(1e-4).minimize(loss)

correct_prediction = tf.equal(tf.argmax(pred, axis=1), tf.argmax(y, axis=1))
accuracy = tf.reduce_mean(tf.cast(correct_prediction, tf.float32))
```

5.6.2　结果检验

与训练 BP 神经网络相似，启动 Session，然后设置好训练批次和轮次。与此前不太相同的是，我们加大了结果输出的频率，每训练 100 批，输出 1 次。这样做是因为纯 CPU 训练卷积网络的速度过慢，避免长时间没有输出使我们陷入分不清代码是否崩溃的境地。通过训练，一般训练集准确率可以逼近 100%，而验证集的准确率会轻松超过 98%。

```
saver = tf.train.Saver()
with tf.Session() as sess:
    sess.run(tf.global_variables_initializer())
    for i in range(5000):
        batch = mnist.train.next_batch(50)
        if i%100 == 0:
        acc, train_loss=sess.run([accuracy,loss], feed_dict={x:batch[0], y:batch[1]})
            print("step %d, training accuracy %f, loss %f" % (i, acc, train_loss))
                saver.save(sess,'./model.ckpt')
        sess.run(train, feed_dict={x:batch[0], y:batch[1]})
    print("test accuracy %f" % accuracy.eval(feed_dict={x: mnist.test.images, y:
mnist.test.labels}))
```

```
test_img = mnist.test.images
seed = np.random.choice(test_img.shape[0],25)
plt_img = test_img[seed]
with tf.Session() as sess:
```

```
        saver.restore(sess, './model.ckpt')
        plt_y = np.argmax(pred.eval(feed_dict={x:plt_img}), axis=1)

plt.figure(figsize=[10,10])
for i in range(25):
        plt.subplot(5,5,i+1)
        plt.imshow(plt_img[i].reshape([28,28]),cmap='gray')
        plt.xticks([])
        plt.yticks([])
        plt.xlabel(str(plt_y[i]))
plt.show()
```

    按照上述流程，就可以读取训练好的模型，并可视化结果，图 5.29 展示了一次抽样结果。至此，卷积神经网络的搭建、训练与调用就完成了。

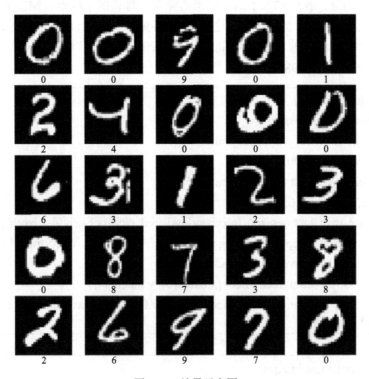

图 5.29　结果示意图

思考练习题

1. 总结分析卷积、反卷积、空洞卷积的异同。

2. 尝试构建一个简单的卷积神经网络对 MNIST 手写数字数据集进行识别，并拍摄自己手写的数字作为测试集，输送到模型中预测，并将结果可视化展示。

3. 尝试下载猫狗大战数据集(Cats vs. Dogs)，并进行训练，通过改变网络的初始化方式、卷积核个数、卷积池化层数、损失函数、优化方式、全连接神经元数等去优化神经网络模型识别结果。

4. 尝试下载语义分割常用的数据集，并搭建 1 个简单的 FCN 网络用于语义分割任务。

第6章 循环神经网络

通过第 5 章，我们可知卷积神经网络(CNN)不论是在处理图像，还是在处理序列数据上，较一般神经网络都有很大优势，能够更好地对数据进行预测处理。

但是，CNN 的缺点也很突出，它只是一味地向后一时刻输入，不会对前一时刻有任何存储记忆。比如对简单的猫、狗、手写数字等单个物体的识别具有较好的效果。但是，对于一些与时间先后有关的，比如视频的下一时刻的预测、文档前后文内容的预测等，算法的表现不尽如人意。鉴于此，2006 年，全连接的循环神经网络(recurrent neural networks，RNN) 被 Elman (2006) 提出。我们把 CNN 比作"眼睛"，它是一种用来识别对象的图像处理器；相应地，RNN 则是用于解析语言模式的数学引擎，如同"耳朵"和"嘴巴"。

通俗来讲，RNN 是在 CNN 的基础上增加了一项记忆功能，CNN 某一时刻的输出只与前一时刻的输入有关，而 RNN 则是会考虑所有时刻的输入。循环神经网络，顾名思义它会考虑每一时刻的输入，某一时刻的输出与前面所有时刻的输入都有关系，即 RNN 的隐层之间的节点是有连接的，而 CNN 的隐层之间的节点则是无连接的。但 RNN 也有一个缺点，就是无法解决长时依赖问题，也就是说某一时刻的输出主要受前一时刻影响，而越向前一时刻，影响越小。

本章将首先介绍 RNN 的基本知识，然后再分别简要地介绍 4 种常用的 RNN，包括长短时记忆网络、门控循环单元，及双向长短时记忆网络以及双向门控循环单元。

6.1 循环神经网络

神经网络就像二元一次方程组一样，给出一个 x，就会得出相应的 y，其结构如图 6.1 所示。

我们可以看出神经网络结构为输入层—隐层—输出层，输出依赖激活函数，每一层都通过权值建立联系。激活函数要么是给定的，要么就是根据实际情况确定最合适的；权值则是由神经网络通过特定的模型训练而得。相比 CNN，RNN 不仅在各层之间建立了连接权，而且在层的神经元之间也建立了连接权，如图 6.2 所示。

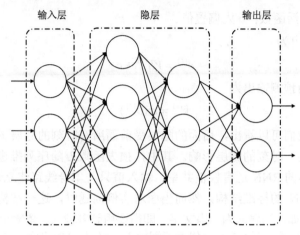

图 6.1　神经网络结构

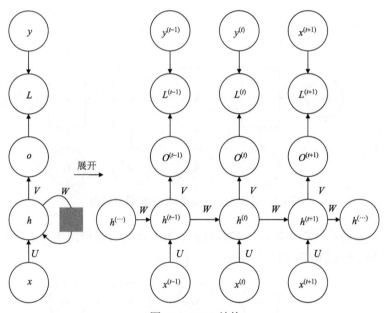

图 6.2　RNN 结构

在图 6.2 中，每个箭头代表一次变换。右边的部分是左边部分的展开，左侧 U 和 V 之间的循环箭头代表变换是在隐层中进行循环的。其中，x 对应输入；h 对应隐层；o 对应输出；L 对应损失函数；y 对应训练集的标签；每个字母右上角的符号代表 t 时刻的状态。有一点需要注意，h 的结果在受 t 时刻状态决定的同时，还受 t 时刻之前任一时刻的状态影响。U、V、W 代表的是权值，同一类型的连接权值相同。由以上可知，h 的结果为

$$h^{(t)} = \phi(Ux^{(t)} + Wh^{(t-1)} + b) \tag{6.1}$$

其中，$\phi(\cdot)$ 为激活函数；b 为偏置值。

t 时刻的输出为

$$o^{(t)} = Vh^{(t)} + c \tag{6.2}$$

最终模型的预测输出为

$$\hat{y}^{(t)} = \sigma(o^{(t)}) \tag{6.3}$$

从公式中我们可以看出，后面的隐层受前面所有时刻的隐层影响，而不是仅受前一时刻或某一时刻的隐层影响。其中，损失函数 L 随序列推进，不断积累。

另外，标准的 RNN 还有权值共享、输入值只与本身线路建立连接权等特点。

以上是 RNN 的标准结构，然而当面对实例问题时，这一结构并不能用于解决所有问题。例如，当输入为一串文字，即需要用到多输入、单输出的 RNN 模型，其结构如图 6.3 所示。图 6.3 中 x_i 代表不同输入，经过 RNN 训练后输出唯一的 y。

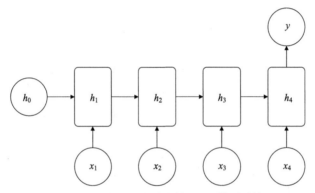

图 6.3　多输入、单输出的 RNN 模型结构

同样，有时也存在单输入、多输出的情况，此时可以使用图 6.4 所示结构。输入唯一的 x 经过 RNN 训练后输出一串序列 y_i。

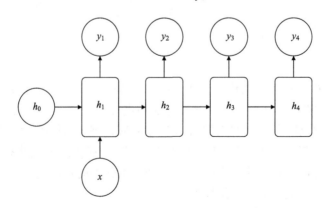

图 6.4　单输入、多输出的 RNN 模型结构

还有一种结构虽然输入是序列，但不能随序列变化，此时可以使用如图 6.5 结构，序列 x_i 不随时间进行变化，经过 RNN 训练后输出不同的 y_i。

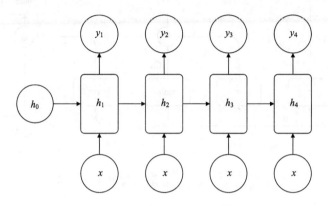

图 6.5 多输入、多输出的 RNN 模型结构

6.2 长短时记忆网络

长短时记忆网络 (long short-term memory，LSTM) 是一种常用的 RNN。Hochreiter 和 Schmidhuber (1997) 首次提出 LSTM，主要是为了解决梯度消失 (gradient vanishing) 和梯度爆炸 (gradient exploding) 两个问题。

LSTM 在基本的 RNN 算法上发展起来，用特别的"三层门"结构来代替 RNN 中间层的神经元结构。"三层门"即为输入门、输出门和遗忘门，它们是逻辑单元，功能与门的开关相似，在神经网络其他部分和记忆神经元的边缘处设置权重值，对传递过来的信息进行筛选，有选择性地对数据信息进行记忆存储，通过判断传递过来信息的强度和内容对信息能否通过进行决策。其权重值的调节机制与输入层和隐层相同，利用循环神经网络的训练和学习过程不断修正。总结来说，LSTM 结构的记忆单元可以根据估计、误差的反向传播以及梯度下降等方法来调整权重值的迭代，进而决定数据什么时候可以进入、输出和被舍弃。

6.2.1 LSTM 的内部结构

LSTM 内部结构图如图 6.6 所示。在图 6.6 中可以看到 LSTM 在 t 时刻的输入和输出。其中，输入有 3 个：细胞状态 C_{t-1} (有时也称单元状态，cell state)、隐藏状态 h_{t-1}，t 时刻输入向量 x_t；输出有 2 个：细胞状态 C_t、隐藏状态 h_t；同时，h_t 还作为 t 时刻的输出向量。

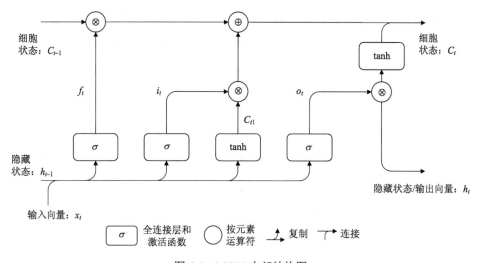

图 6.6　LSTM 内部结构图

细胞状态 C_{t-1} 的信息一直在上面的线上传递，t 时刻的隐藏状态 h_t 与输入向量 x_t 会对细胞状态 C_t 进行适时修改，然后传到下一时刻。

细胞状态 C_{t-1} 会参与 t 时刻的输出向量 h_t 的计算。

隐藏状态 h_{t-1} 的信息通过 LSTM 的"门"结构，对细胞状态修改，并且参与输出计算。

LSTM 的关键就是细胞状态，它类似于传送带，细胞状态信息一直在上面的线上传递，隐藏状态信息一直在下面的线上传递，它们通过 LSTM 的"门"结构进行少量的线性交互。

6.2.2　LSTM 的"门"结构

简单来说，LSTM 的"门"结构就是被设计出来的一些计算步骤，它可以对信息剔除或增加，从而影响细胞状态。也就是说，"门"可以让某些信息选择性通过，它包含一个 Sigmoid 函数神经网络层和一个 pointwise 乘法操作。通过这些计算步骤调整输入与 2 个隐层的值。

"门"的结构如图 6.7 所示。其中 σ、tanh 代表一个"神经元"，也就是 $w^{\mathrm{T}}x+b$ 的操作。两者的区别在于使用的激活函数不同，其中 σ 表示 Sigmoid 函数，它的输出在 0 到 1 之间；而 tanh 表示双曲正切函数，其输出在 –1 到 1 之间。

遗忘门结构图如图 6.8 所示。LSTM 相比于基本的 RNN 来说，它会通过一个遗忘门来决定应该丢弃哪些无用的信息，也就是删除一些无用的输入。该门会读取 h_{t-1} 和 x_t，通过激活函数层输出一个数值，这个数值的范围为 0~1。如果输出"0"，则代表需要舍弃；如果输出"1"，则代表保留，此过程为 LSTM 的第一步。

遗忘门处理所用公式为

$$f_t = \sigma\left(W_f \cdot [h_{t-1}, x_t] + b_f\right) \tag{6.4}$$

其中，h_{t-1} 表示上一个细胞的输出；x_t 表示当前细胞状态的输入向量；W_f 和 b_f 分别表示遗忘门的权重和偏置值。

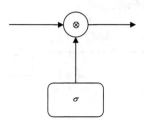

图 6.7　LSTM "门"结构

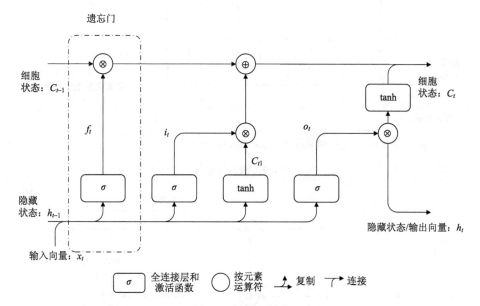

图 6.8　遗忘门结构

而输入门结构图如图 6.9 所示。LSTM 的第二步是筛选信息到细胞状态。首先，输入门的 Sigmoid 函数会筛选出需要被更新的信息，记作 i_t；接下来，tanh 层生成新的候选值向量，记为 C_{t1}；再将 i_t 和 C_{t1} 结合，更新细胞状态；最后将细胞状态 C_{t-1} 与 f_t 相乘，将不用的信息舍弃，然后加上 $i_t \cdot C_{t1}$，这就是新的候选值。输入门公式为

$$i_t = \sigma\left(W_i \cdot [h_{t-1}, x_t] + b_i\right) \tag{6.5}$$

$$C_{t1} = \tanh\left(W_c \cdot \left[h_{t-1}, x_t\right] + b_c\right) \tag{6.6}$$

$$C_t = C_{t-1} \cdot f_t + i_t \cdot C_{t1} \tag{6.7}$$

其中，W_i 和 b_i 分别表示输入门的权重和偏置值；W_c 和 b_c 分别表示 C_{t1} 的权重和偏置值。

输出门结构图如图 6.10 所示。

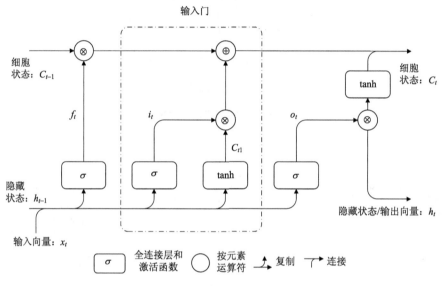

图 6.9　输入门结构

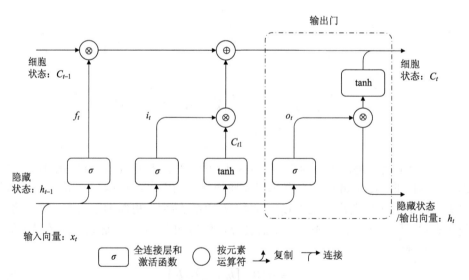

图 6.10　输出门结构

LSTM 的第三步是决定输出哪些信息。首先，用 Sigmoid 函数确定细胞状态的输出，记作 o_t；其次，把细胞状态 C_t 缩放处理后，与 o_t 相乘，相乘是为了让 LSTM 输出理想值。输出门公式为

$$o_t = \sigma\left(W_o \cdot [h_{t-1}, x_t] + b_o\right) \tag{6.8}$$

$$h_t = o_t \cdot \tanh\left(C_t\right) \tag{6.9}$$

其中，W_o 和 b_o 分别表示输出门的权重和偏置值。

6.3　门控循环单元

2014 年，Cho 等 (2014) 首次提出门控循环单元 (gated recurrent unit，GRU)。GRU 也是 RNN 的一种常用模型，作用和 LSTM 基本相同，主要针对长期记忆等问题。

相较于 LSTM，GRU 在很多情况下的实际表现与其相差无几。但由于容易训练且能够大幅度提高训练效率，GRU 被广泛使用。GRU 的这些优点均得益于其网络结构。与 LSTM 不同，LSTM 提出"三门"结构是为了对信息进行特殊处理，从而达到控制细胞状态的目的；而 GRU 则是将"三门"结构改良成了"两门"结构，也就是将遗忘门和输入门结合成为更新门 (update gate)，同时对细胞状态也进行了融合改进。

6.3.1　GRU 的网络结构

如图 6.11 所示，GRU 的整体网络结构由神经元模块通过链式结构逐个组成。和传统的 RNN 相比，GRU 的神经元 A 是复杂的门限结构，而不是简单的 tanh 或 ReLU 函数，图中 x 为当前时刻的输入，经过 GRU 处理 (神经元 A)，C 为细胞状态，h 为当前时刻的输出。

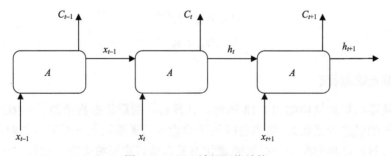

图 6.11　GRU 神经网络结构

6.3.2　重置门和更新门

重置门和更新门结构如图 6.12 所示。

从图 6.12 中我们可以得出以下结论，假设隐藏单元个数为 h，给定时间步 t 的小批量输入 $x_t \in \mathbb{R}^{n \times d}$（样本数为 n，输入个数为 d）和上一时间步隐藏状态 $h_{t-1} \in \mathbb{R}^{n \times h}$。重置门 $r_t \in \mathbb{R}^{n \times h}$ 和更新门 $z_t \in \mathbb{R}^{n \times h}$ 为

$$r_t = \sigma(W_r \cdot [h_{t-1}, x_t]) \tag{6.10}$$

$$z_t = \sigma(W_z \cdot [h_{t-1}, x_t]) \tag{6.11}$$

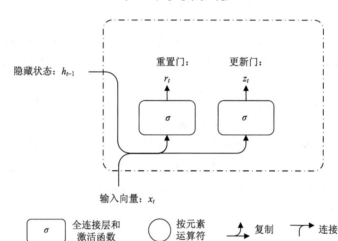

图 6.12　重置门和更新门结构

其中，权重参数的计算公式为

$$W_r = W_{xr} + W_{hr} \tag{6.12}$$

$$W_z = W_{xz} + W_{hz} \tag{6.13}$$

$$W_{xr}, W_{xz} \in \mathbb{R}^{d \times h} \tag{6.14}$$

$$W_{hr}, W_{hz} \in \mathbb{R}^{h \times h} \tag{6.15}$$

6.3.3　候选隐藏状态

候选隐藏状态结构如图 6.13 所示。计算后，隐藏状态需要通过 GRU 先计算前一时刻的候选隐藏状态,将当前时间步的输入元素乘以上一时间步的输入元素,再通过计算的结果判断上一时间隐藏状态元素是否需要被舍弃。重置门中的元素是判断隐藏状态是否需要被丢弃的关键因素，元素值接近或者等于 0 时，上一时间步的隐藏状态就自动被丢弃；而如果元素值接近或等于 1 时，上一时间步的隐

藏状态就会被保留下来。最后，通过激活函数 tanh 的全连接层，计算出候选隐藏状态，候选隐藏状态中元素的取值范围为–1～1。

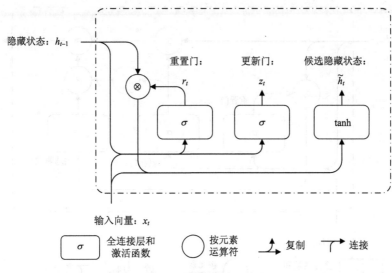

图 6.13　候选隐藏状态结构

时间步 t 的候选隐藏状态 $\tilde{h}_t \in \mathbb{R}^{n \times h}$ 的计算公式为

$$\tilde{h}_t = \tanh(W_{\tilde{h}} \cdot r_t \cdot (h_{t-1}, x_t)) \tag{6.16}$$

其中，权重参数为

$$W_{\tilde{h}} = W_{xh} + W_{hh} \tag{6.17}$$

$$W_{xh} \in \mathbb{R}^{d \times h} \tag{6.18}$$

$$W_{hh} \in \mathbb{R}^{h \times h} \tag{6.19}$$

从以上公式可以得出重置门主要控制上一时间步隐藏状态的输入，而每一时间步的隐藏状态都会包含这一时间步之前的全部输入信息，因此上一时间步隐藏状态会有很多无用信息，而重置门的作用就是根据设定或实际需求，丢弃无用的信息。

6.3.4　隐藏状态

时间步 t 的隐藏状态 $h_t \in \mathbb{R}^{n \times h}$ 的计算中，使用当前时间步的更新门 z_t 对上一时间步的隐藏状态 h_{t-1} 和当前时间步长的候选隐藏状态 $\tilde{h}_t$ 组合，公式为

$$h_t = (1 - z_t) \cdot h_{t-1} + z_t \cdot \tilde{h}_t \tag{6.20}$$

如图 6.14 所示，隐藏状态的更新主要由更新门决定。假设更新门在时间步 t' 到 t ($t' < t$)之间一直近似 1，那么，在时间步 t' 到 t 之间的输入信息几乎没有流入

时间步 t 的隐藏状态 h_t。这样设计的好处是可以解决梯度衰减问题，而且它在处理时间步距离较大的时间序列时可以起到很关键的作用。

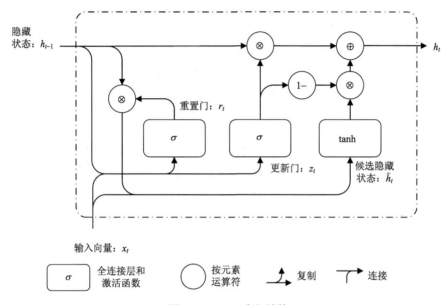

图 6.14　GRU 内部结构

输出为

$$y_t = \sigma(W_o \cdot h_t) \tag{6.21}$$

输出层的输入为

$$y_t^i = W_o \cdot h_t \tag{6.22}$$

输出层的输出为

$$y_t^o = \sigma(y_t^i) \tag{6.23}$$

单个样本某时刻的损失为

$$E_t = \frac{1}{2}(y_d - y_t^o)^2 \tag{6.24}$$

单个样本在所有时刻的损失为

$$E = \sum_{t=1}^{T} E_t \tag{6.25}$$

采用误差逆传播算法求得损失函数对各参数的偏导为

$$\frac{\partial E}{\partial W_o} = \delta_{y,t} h_t \tag{6.26}$$

$$\frac{\partial E}{\partial W_{xz}} = \delta_{z,t} x_t \tag{6.27}$$

$$\frac{\partial E}{\partial W_{hz}} = \delta_{z,t} h_{t-1} \tag{6.28}$$

$$\frac{\partial E}{\partial W_{\tilde{h}x}} = \delta_t x_t \tag{6.29}$$

$$\frac{\partial E}{\partial W_{\tilde{h}h}} = \delta_t (r_t \cdot h_{t-1}) \tag{6.30}$$

$$\frac{\partial E}{\partial W_{xr}} = \delta_{r,t} x_t \tag{6.31}$$

$$\frac{\partial E}{\partial W_{hr}} = \delta_{r,t} h_{t-1} \tag{6.32}$$

其中，各中间参数为

$$\delta_{y,t} = (y_d - y_t^o) \cdot \sigma' \tag{6.33}$$

$$\delta_{h,t} = \delta_{y,t} W_o + \delta_{z,t+1} W_{hz} + \delta_{t+1} W_{\tilde{h}h} \cdot r_{t+1} + \delta_{h,t+1} W_{hr} + \delta_{h,t+1} \cdot (1 - z_{t+1}) \tag{6.34}$$

$$\delta_{z,t} = \delta_{t,h} (\tilde{h}_t - h_{t-1}) \cdot \sigma' \tag{6.35}$$

$$\delta_t = \delta_{h,t} \cdot z_t \cdot \phi' \tag{6.36}$$

$$\delta_{r,t} = h_{t-1} \cdot [(\delta_{h,t} \cdot z_t \cdot \phi') W_{\tilde{h}h}] \cdot \sigma' \tag{6.37}$$

求出偏导以后，依次迭代，直到损失收敛。

我们可以看出 LSTM 和 GRU 都是通过各种门函数将重要特征保留下来。既不管在什么应用场景下，LSTM 和 GRU 都不会丢失重要特征。严格来说，两个神经网络的好坏不仅由门函数决定，还应考虑具体的应用场景，因此不能仅仅由于 GRU 比 LSTM 少了一个门函数，认为 GRU 逊色于 LSTM。

6.4 双向网络结构

6.4.1 双向长短时记忆网络

通过对 LSTM 的结构特点进行介绍，我们可知 LSTM 仅挖掘了前向数据的变换规律，并没有考虑到后向数据的变换对整体数据的影响。鉴于此，Graves 和 Schmidhuber (2005) 提出了双向长短时记忆网络模型 (bidirectional long short-term memory，Bi-LSTM)。Bi-LSTM 由前向 LSTM 和后向 LSTM 叠加组成，前向 LSTM 能够学习过去的历史信息，后向 LSTM 能够学习未来特征。因此 Bi-LSTM 不仅保留了 LSTM 能够处理长时间序列的特点，又考虑到了前后数据变换的影响，提高了特征提取的全局性。

在输入模型时，把训练数据按照前向和后向，分别输入到 LSTM 模块中，接着对前向隐藏状态的输出和后向隐藏状态的输出进行拼接。此方法能够通过前后向隐藏状态，同时学习过去和未来的关联信息，其拼接隐藏状态为

$$h_t = [\vec{h_t}, \overleftarrow{h_t}] \tag{6.38}$$

$$\vec{h_t} = \overrightarrow{\text{LSTM}}(\overrightarrow{h_{t-1}}, x_t) \tag{6.39}$$

$$\overleftarrow{h_t} = \overleftarrow{\text{LSTM}}(\overleftarrow{h_{t-1}}, x_t) \tag{6.40}$$

其中，h_t 是 t 时刻 $\vec{h_t}$ 和 $\overleftarrow{h_t}$ 合成的隐藏状态的输出；$\overrightarrow{h_{t-1}}$ 和 $\overleftarrow{h_{t-1}}$ 表示 $t-1$ 时刻 $\overrightarrow{\text{LSTM}}$ 和 $\overleftarrow{\text{LSTM}}$ 的隐藏状态的输出；$\vec{h_t}$ 和 $\overleftarrow{h_t}$ 表示 t 时刻 $\overrightarrow{\text{LSTM}}$ 和 $\overleftarrow{\text{LSTM}}$ 的隐藏状态输出。

图 6.15 为 Bi-LSTM 模型结构，水平和竖直方向分别代表前向和后向计算的 LSTM 序列和输入层—隐层—输出层的单向流动。其中，前向和后向 LSTM 序列对细胞状态的影响体现了时间序列的双向流动。

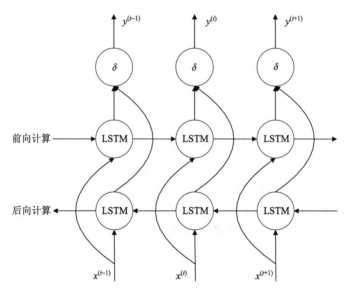

图 6.15　Bi-LSTM 的结构

6.4.2　双向门控循环单元

6.3 节对 GRU 进行了结构的介绍。和 LSTM 一样，GRU 只有从前向到后向的简单传播过程，使得其只能获得历史信息而不能获得未来信息。为了克服这一缺陷，图 6.16 给出了 Bi-GRU（双向门控循环单元）的结构图，其双向特性不仅提高了模型的灵活性，而且获得了更丰富的时间相关信息。

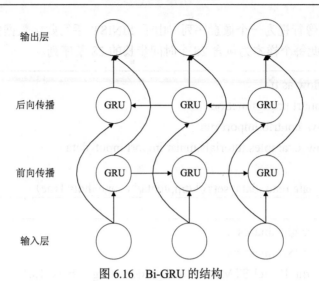

图 6.16　Bi-GRU 的结构

假设隐藏单元个数为 h，给定时间步 t 的小批量输入 $x_t \in \mathbb{R}^{n \times d}$（样本数为 n，输入个数为 d）输入到 Bi-GRU 中进行数据特征的提取。在 Bi-GRU 架构中，当前时间步的正向隐藏状态 $\vec{h}_t \in \mathbb{R}^{n \times h}$ 和反向隐藏状态 $\overleftarrow{h}_t \in \mathbb{R}^{n \times h}$ 公式为

$$\vec{h}_t = \phi(x_t W_{xh}^f + \vec{h}_{t-1} W_{hh}^f + b_h^f) \tag{6.41}$$

$$\overleftarrow{h}_t = \phi(x_t W_{xh}^b + \overleftarrow{h}_{t+1} W_{hh}^b + b_h^b) \tag{6.42}$$

通过连接双向的隐藏状态 $\vec{h}_t$ 与 $\overleftarrow{h}_t$ 得到最终的隐藏状态 $h_t \in \mathbb{R}^{n \times 2h}$；将隐层的结果输入到输出层计算，输出 o_t 为

$$o_t = h_t W_{hq} + b_q \tag{6.43}$$

其中，W_{xh}^f 为前向的输出到隐层的权重矩阵；W_{hh}^f 为前向的隐层到隐层的权重矩阵；b_h^f 为前向的偏置值；W_{xh}^b 为后向的输出层到隐层的权重；W_{hh}^b 为后向的隐层到隐层的权重；b_h^b 为后向的偏置值；W_{hq} 为隐层到输出层的权重矩阵；b_q 为隐层到输出层的偏置值；q 为输出个数。

6.5　上机实验：搭建循环神经网络

在第 4 章和第 5 章中，我们利用 MNIST 手写数字数据集学习了搭建 BP 神经网络和卷积神经网络。本章我们将学习搭建循环神经网络，并以 LSTM 为例对图像进行分类。

6.5.1　数据准备与模型搭建

首先，加载数据集，并将需要的子模块导入，为了使 LSTM 对图像进行分类，我们将每个图像行视为一个像素序列。由于 MNIST 手写数字数据集图像的大小为 28×28，因此每个样本为包含 28 个时间步长的 28 条序列。

```
import tensorflow as tf
from future import print_function
from tensorflow. contrib import rnn
from tensorflow. examples.tutorials.mnist import input_data

mnist = input_data.read_data_sets (" /tmp/data/"，one_hot=True)
```

```
def LSTM (x, weights,biases) :
    x = tf.unstack (x, timesteps，1)
    lstm_cell = rnn.BasicLSTMCe11 (num_hidden,forget_bias=1.0)
    outputs,states = rnn. static_rnn (lstm_cell，x，dtype=tf.float32)
    return tf.nn. softmax (tf.matmul (outputs[-1]，weights[' out']) + biases[' out'])
```

```
X = tf.placeholder ("float",[None，timesteps，num_input])
Y = tf.placeholder ("f1oat",[None，num_c1asses])
weights = {'out': tf.Variab1e (tf.random_norma1 ( [num_hidden，num_classes]) }
biases = {'out': tf.Variable (tf.random_norma1 ( [num_classes]) ) }
prediction =LSTM (x,weights，biases)
```

接着，我们通过两个占位符(placeholder)定义样本和标签数据，并初始化权重和偏置值。当前输入数据的尺寸为 (batch_size,timesteps,n_input)。为了匹配 LSTM 的输入，首先通过 unstack 操作获取尺寸为 (batch_size,n_input) 的时间步长张量，接着创建了一个神经元个数为 num_hidden 的 LSTM 单元，然后将每个细胞单元连成一个完整的 LSTM 网络，再通过 softmax 输出预测结果，最后定义网络的损失函数、优化函数和准确率。

```
loss_op = tf.reduce_mean (tf.nn. softmaz_cross_entropy_with_logits (
logits=logits,labels=Y) )
optimizer = tf.train.GradientDescentOptimizer (learning_rate=learning_rate)
train_op = optimizer.minimize (loss_op)
correct_pred = tf.equal (tf.argmax (prediction,1)，tf.argmax (Y，1) )
accuracy = tf.reduce_mean (tf.cast (correct_pred,tf.float32) )
```

6.5.2　结果检验

```
# 模型参数设置
learning_rate = 0.001
training_steps = 10000
batch_size = 128
display_step = 200
timesteps = 28
num_hidden = 128
num_classes = 10


init = tf.global_variables_initializer()
with tf.Session() as sess:
    sess.run(init)
    for step in range(1,training_steps+1):
        batch_x,batch_y = mnist.train. next_batch(batch_size)
        batch_x = batch_x.reshape((batch_size,timesteps, num_irput))
        sess.run(train_op,feed_dict={X: batch_x, Y: batch_y})
        if step % display_step == 0 or step == i:
            loss,acc = sess.run([loss_op, accuracy], feed_dict=X: batch_x, Y:
batch_y})
print("step " + str(step)+ ", Minibatch Loss= " + "{:.4f}".format(1oss)
+",Training Accuracy= " +"{:.3f}".format(acc))
    print ("Optimization Finished! ")
    # 计算测试集的 128 张图像准确率
    test_1en = 128
    test_data = mnist.test.images[:test_len].reshape((-1, timesteps, num_imput))
    test_1abe1 = mnist.test.labels[:test_len]
    print("Testing Accuracy:", sess.run(accuracy, feed_dict=&: test_data, Y:
test_label}))
    saver.save(sess,'./model.ckpt')
```

　　再接着，我们分别定义了模型的训练参数、网络参数、损失和优化函数。其中，学习率选取 0.001；为了清晰地看到模型训练效果，每训练 display_step 个批次，输出一次损失和准确率。通过训练集完成 LSTM 的训练后，我们从测试集选取 128

张图像进行验证，模型达到了 88.29%的预测精度；最后，将训练好的模型保存。

```
seed = np.random.choice (test_data.shape[0],16)
plt_img = test_data[seed]
with tf.Session () as sess:
saver.restore (sess, './model.ckpt')
    plt_y = np.argmax (prediction.eval (feed_dict={x:plt_img}), axis=1)

plt.figure (figsize=[8,8])
for i in range (16):
    plt.subplot (4,4,i+1)
    plt.imshow (plt_img[i].reshape ([20,20]),cmap='gray')
    plt.xticks ([])
    plt.yticks ([])
    plt.xlabel (str (plt_y[i]))
plt.show ()
```

  训练结束后，可通过上述代码读取训练好的模型，并随机选取测试集中的 16
张图像进行展示，图 6.17 为结果展示。从图 6.17 中，可以看出 LSTM 对于 MNIST
手写数字的识别工作也有较高的准确率。读者可以尝试采用其他种类的循环神经
网络和调解参数等来优化结果。

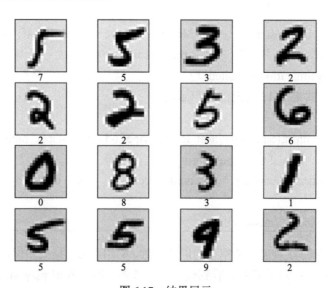

图 6.17　结果展示

思考练习题

1. 采用 BiLSTM 对 MNIST 手写数字数据集进行识别，并与单向的 LSTM 比较。

2. 从网络上下载 NDBC（National Data Buoy Center）浮标观测的海表温度时间序列数据，分别采用 RNN、LSTM、GRU 对其进行预测，并分析各自优缺点。

3. 从网络上下载 NDBC 浮标观测的海表温度时间序列数据，尝试搭建多层 LSTM 对其进行预测，并与单层网络进行对比分析。

4. 查阅资料，了解循环神经网络的其他应用场景。

第7章 海洋特征智能识别

随着算法的迅速发展，人工智能在越来越多领域得到运用，海洋科学与人工智能的结合也愈发深入。海洋中存在许多具有物理、生态、环境意义的特殊现象。从卫星资料或其他数据中识别和监测海洋涡旋、内波、溢油、海冰、绿洋藻类和船只等具有重要的理论意义和应用价值。传统的识别方法是通过物理或数学算法进行识别，其准确性和时效性具有很大的局限性。本章将介绍基于海洋遥感资料的海洋特征智能识别的发展现状，并使读者了解如何利用人工智能算法识别这些海洋特征。

7.1 海洋涡旋与智能识别

7.1.1 海洋涡旋

海洋涡旋是一种普遍存在的海洋特征，在全球能量和物质运输中发挥着重要作用，对海洋中营养物和浮游植物的分布发挥着重要作用(Chelton, et al.，2007；Dong, et al.，2014；McGillicuddy，2016；Brannigan，2016)。根据涡旋空间尺度的不同，可将涡旋分为中尺度涡旋和次中尺度涡旋，其中，中尺度涡旋的半径为 10～100 km 量级，即海洋中局地第一斜压罗斯贝半径量级；次中尺度涡旋的半径为 0.1～10 km 量级，即小于第一斜压罗斯贝半径且大于湍流边界层厚度。涡旋又分为气旋涡和反气旋涡：在地球自转诱导的科里奥利力作用下，气旋涡在北(南)半球呈逆(顺)时针旋转；而反气旋涡，在北(南)半球呈顺(逆)时针旋转。同时气旋涡(反气旋涡)中心诱发的上升流(下沉流)会使得涡旋表面的海水温度通常低(高)于周围的海水温度。因此，气旋涡(反气旋涡)又称为冷(暖)涡。

海洋涡旋携带极大的动能，其海水运动速度是海洋平均流速的几倍，甚至高出一个量级。涡旋的垂向深度会影响到几十米到几百米，甚至上千米，从而将海洋深层的冷水和营养盐带到表面；或将海表的暖水压到较深的海洋中，从而影响海洋中的上混合层、密度跃层甚至更深层的海洋。高旋转速度的涡旋，伴随着强剪切，具有很强的非线性，从而具有保持自身特征的记忆性和保守性，并在全球海洋物质、能量、热量和淡水等输运和分配中起着不可忽视的作用。因而，这些海洋中无处不在的高能量、强穿透性的涡旋对海洋环流、全球气候变化、海洋生物化学过程和海洋环境变迁中都有着非常大的影响。因此，对海洋涡旋开展研究具有非常重要的科学意义和应用价值(董昌明，2015)。

基于不同类型的海洋数据，一系列海洋涡旋探测方法应运而生，这些方法可分为欧拉方法(Nencioli, et al.，2010；Dong, et al.，2011a)、拉格朗日方法(Dong, et al.，2011b)和混合方法(Pessini, et al.，2018；Halo, et al.，2014)。但传统的涡旋识别方法应用在大面积海域时，计算速率较慢。近几年，深度学习算法开始应用于海洋涡旋的探测。Lguensat 等(2018)、Franz 等(2018)基于编解码器网络 U-Net，从海表面高度数据中识别海洋涡旋。Xu 等(2019)基于语义分割框架下的金字塔场景解析网络(PSPNet)对海洋涡旋进行识别，该网络引入了空洞卷积和金字塔池化模型，充分利用了全局和局部信息，捕获了更多的空间关系，在海洋涡旋识别中表现出很好的效果。张盟等(2020)提出了一种新的多涡旋识别模型，在解码-编码模型中引入稠密块结构，并基于 SSHA 数据进行涡旋识别。芦旭熠等(2020)基于深度学习 YOLOv3 算法，利用 SSHA 数据进行涡旋识别。Santana 等(2020)利用多种卷积神经网络，研究海面高度数据在涡旋智能探测中的表现效果。Xu 等(2021)利用深度学习语义分割的 3 种智能算法(PSPNet、DeepLabV3+和 BiSeNet)进行海洋涡旋的智能识别，研究还对 3 种算法识别涡旋的结果进行了一系列的比较和分析。

作为涡旋智能识别的应用个例，本节将基于 Xu 等(2019，2021)的研究成果，介绍几种不同深度学习算法在海洋涡旋智能识别中的应用。

7.1.2　基于 PSPNet 算法的海洋涡旋智能识别

1. 涡旋识别方法

本节应用的 PSPNet 网络结构已在第 5 章介绍过。在本节中，将带有海洋涡旋信息标识的海面高度异常(SSHA)数据作为训练数据集，输入到带有空间卷积的 101 层 ResNet 模型(ResNet101)中，提取不同层次的特征图，再使用金字塔池化模块获取不同层次间的融合信息，利用一个四层金字塔将不同层次的图像融合并与原始特征和卷积层连接，得到最终识别结果，该 PSPNet 网络结构见图 7.1。

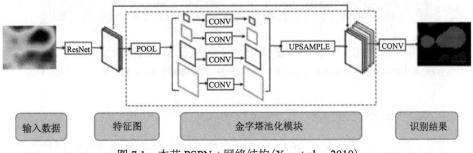

图 7.1　本节 PSPNet 网络结构(Xu, et al.，2019)

本节中涡旋的训练数据集是利用基于流场速度矢量几何(vector geometry, VG)的自动算法(Dong, et al., 2009; Nencioli, et al., 2010)完成的,这是一种根据海洋表面地转流场数据识别和跟踪涡旋的方法,其中地转流可以根据 SSHA 计算。涡旋中心由以下 4 个准则(Nencioli, et al., 2010)确定:①沿东西向截面,经向速度 v 在涡旋中心方向上必须反向,其大小必须在远离涡旋中心的方向上增大;②沿南北向截面,纬向速度 u 必须在涡旋中心方向上反转,且其大小必须在远离涡旋中心的方向上增大,旋转方向必须与 v 相同;③速度大小在涡旋中心有局部最小值;④在涡旋中心附近,速度矢量的方向必须不断旋转,两个相邻的速度矢量的方向必须位于相同或两个相邻的象限内。涡旋大小由涡旋中心周围的最大闭合流函数确定。通过比较涡旋中心在连续时间步长上的分布,可以进一步进行旋涡轨迹的追踪。

2. 研究数据

本节中采用的 SSHA 数据来源于法国哥白尼海洋环境监测服务中心(Copernicus Marine Environment Monitoring Service, CMEMS)(http://marine.copernicus.eu),该数据是多源卫星高度计观测数据融合的全球产品,空间分辨率为 0.25°×0.25°,时间分辨率为 1 天。为了进一步提高涡旋探测算法的精度,我们将 SSHA 数据线性插值到 0.125°×0.125°,使涡旋可以覆盖更多网格点(Liu, et al., 2012)。本节使用了 2011~2015 年期间的 SSHA 数据,其中,以 2011~2014 年带有涡旋信息标识的 SSHA 数据作为训练数据集,以 2015 年的 SSHA 数据作为验证数据集。本节重点关注北太平洋赤道逆流区(subtropical counter currents, STCC, 15°N~30°N、115°E~150°W),该区覆盖吕宋海峡以东至夏威夷群岛,如图 7.2 所示。作为示例,图 7.2 显示了 VG 算法探测到的该区域 2015 年 4 月 30 日的涡旋分布图。

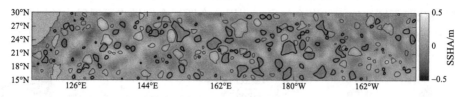

图 7.2　利用 VG 算法探测的 2015 年 4 月 30 日 STCC 区域的涡旋分布

注:其中粗线和细线分别表示气旋和反气旋涡的边界;阴影表示 SSHA;数据源自 Xu 等(2019)

3. 涡旋智能识别的结果

首先,利用 VG 算法基于 2011~2014 年的 SSHA 数据集对 STCC 区域的气旋涡和反气旋涡的边界进行识别和标注；然后，进行数据清洗，确保数据有效性和一致性；再利用 PSPNet 算法对训练数据集进行学习；最后，对 2015 年的验证数据集进行涡旋探测，并提取涡旋信息。

图 7.3 显示了使用 VG 算法和 PSPNet 算法在 2015 年 2 月 15 日 STCC 区域探测到的海洋涡旋。采用人工智能算法总共探测到 392 个海洋涡旋，其中气旋涡 136个，反气旋涡 256 个；而 VG 算法总共探测到 348 个海洋涡旋，其中 117 个气旋涡，231 个反气旋涡。由此可见，PSPNet 算法可比 VG 算法探测到更多的海洋涡旋，并且由图 7.3 不难发现，PSPNet 算法可以识别出更多小尺度的涡旋。

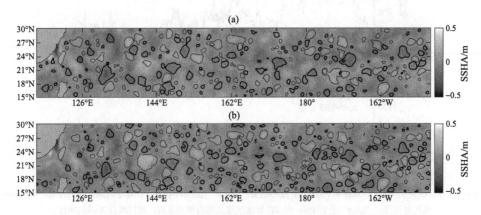

图 7.3　2015 年 2 月 15 日 STCC 区域两种不同算法探测的海洋涡旋比较

注：（a）VG 算法探测的海洋涡旋；（b）PSPNet 算法探测的海洋涡旋；粗线和细线分别代表气旋涡和反气旋涡的边缘；数据源自 Xu 等（2019）

将两种算法在 STCC 区域探测到的海洋涡旋数量进行比较（图 7.4），发现在2015 年，PSPNet 算法探测的海洋涡旋总数为 77 462 个，而 VG 算法探测的海洋涡旋总数为 68 010 个。前者探测的气旋涡数量和反气旋涡数量比后者都多。此外，由图 7.4 可以发现 PSPNet 算法探测的涡旋数量几乎每天都多于 VG 算法，除了10 月和 11 月的个别天。与传统 VG 算法探测的结果相比，PSPNet 算法平均每天可以多探测 25.90 个涡旋，每天探测到的涡旋数量最大相差 64 个，相对误差约为13.83%。两种方法探测到的涡旋数量日变化呈现较好的相关性，相关系数为 0.93。此外，VG 和 PSPNet 算法结果的差异也具有季节变化特征，其中 11 月和 12 月的差异较小。

图 7.5 显示了探测到的涡旋半径分布比较，发现两种算法探测的涡旋半径直方图分布相似。VG 算法和 PSPNet 算法的结果分别显示探测到的涡旋半径在 25～50 km 处均达到峰值。然而，PSPNet 算法识别出的半径小于 25 km 的涡旋数量是VG 算法的 3 倍以上，这说明 PSPNet 算法在小尺度涡旋（小于 25 km）的识别方面

具有优势；当涡旋半径大于 75 km 时，PSPNet 算法同样优于 VG 算法，可以探测到更多涡旋。

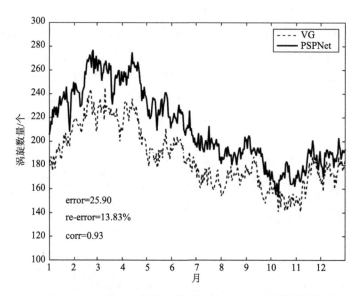

图 7.4　2015 年 STCC 区域两种算法每天探测的涡旋数量比较

注：虚线和实线分别代表 VG 算法和 PSPNet 算法的结果；“error”是 PSPNet 和 VG 算法结果之间的差值；“re-error”
是相对误差；“corr”是 PSPNet 和 VG 算法结果之间的相关系数；数据源自 Xu 等(2019)

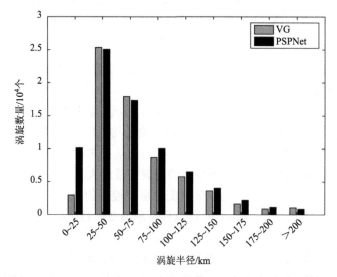

图 7.5　2015 年 STCC 区域内两种算法探测的海洋涡旋的半径分布

注：灰色和黑色分别代表 VG 和 PSPNet 的算法结果；数据源自 Xu 等(2019)

由于两种算法探测结果的差异最大处在于对小尺寸涡旋的探测，因此将半径小于 20 km 的涡旋探测结果去除，进一步对两种算法的结果进行比较，如图 7.6 所示。VG 算法和 PSPNet 算法分别识别出 66 956 个涡旋和 69 318 个涡旋。两种算法每天探测到的涡旋数量差异不大，这说明 PSPNet 算法比 VG 算法多探测到的涡旋多是小尺度涡旋。去除半径小于 20 km 的涡旋之后，PSPNet 算法识别的涡旋数量仍略多于 VG 算法，平均每天多识别 6.47 个涡旋，相对误差为 3.49%。此外，两种算法结果之间的差异也具有季节变化特征。

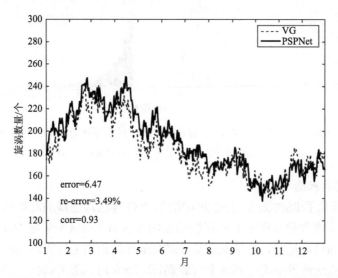

图 7.6　2015 年 STCC 区域两种算法每天探测的半径不小于 20 km 的涡旋数量比较

注：虚线和实线分别代表 VG 算法和 PSPNet 算法的结果；数据源自 Xu 等（2019）

涡旋的生命周期是另一个重要的特征参数。图 7.7 显示了两种不同算法探测到的涡旋的生命周期分布。PSPNet 算法探测的涡旋中，有 875 个涡旋生命周期大于 4 周，其中气旋涡 475 个，反气旋涡 400 个；而 VG 算法探测到 844 个涡旋生命周期大于 4 周，其中气旋涡 387 个，反气旋涡 457 个。此外，PSPNet 算法探测到的涡旋生命周期更长，这是由于基于人工智能的方法可以探测到较小尺度的涡旋，而涡旋在增长期和衰减期往往尺度较小。另外，PSPNet 算法探测到涡旋的最长生命周期也超过了 30 周，可以更好地表征海洋涡旋的整个生消演变过程。

两种算法的结果比较表明，PSPNet 算法均比 VG 算法能探测到更多的海洋涡旋，其原因主要有 3 个。

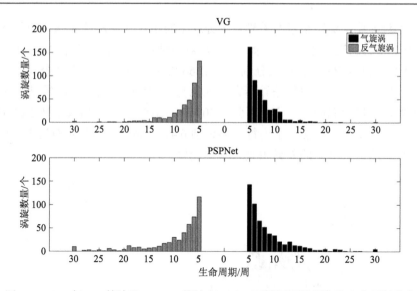

图 7.7　2015 年 VG 算法和 PSPNet 算法在 STCC 区域探测的涡旋的生命周期分布

注：黑色和灰色分别代表气旋涡和反气旋涡(Xu, et al., 2019)

1) 遗漏的涡旋

图 7.8 展示了 PSPNet 算法成功识别的，VG 算法却遗漏的海洋涡旋。2015 年 7 月 18 日，东南方位存在 1 个局部较低 SSHA 区域，该区域未被 VG 算法识别为涡旋[图 7.8(a)]。然而，这区域却被 PSPNet 算法识别为气旋涡[图 7.8(b)]，同时我们可以从地转流中验证到这个气旋涡[图 7.8(c)]。图 7.8(d)～(f)显示，2015 年 5 月 5 日也发现相似的，存在局部低 SSHA 的区域，PSPNet 算法可以识别出相应的气旋涡。这些遗漏的涡旋出现的主要原因是，VG 算法认定涡旋的中心是由速度场空间特征的 4 个标准确定的，图 7.8(c)和图 7.8(f)的涡旋中心没有算法可识别的速度最小值。因此，在图 7.8(a)和图 7.8(d)中，VG 算法忽略了这 2 个气旋涡。

2) 过大的涡旋

在 VG 算法中，最大闭合流函数曲线被定义为涡旋的边界，因此涡旋大小可能被高估，并可能在 1 个涡旋中包含多个涡旋中心。根据 VG 算法，在 2015 年 2 月 23 日和 2015 年 6 月 7 日识别的涡旋，如图 7.9(a)和 7.9(d)所示，发现涡旋边界内存在 2 个 SSHA 最大值。利用 PSPNet 算法，可以将被高估的涡旋边界划分出几个较小的涡旋[图 7.9(b)和图 7.9(e)]，这些涡旋更符合地转流的分布[图 7.9(c)和图 7.9(f)]。

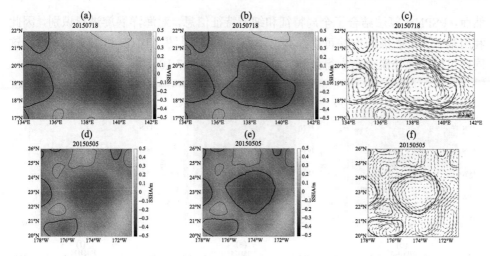

图 7.8　2015 年 7 月 18 日[(a)~(c)]和 2015 年 5 月 5 日[(d)~(f)]两种方法探测的涡旋比较

注：左列为 VG 算法的结果；中间列为 PSPNet 算法的结果；右列为地转流；粗线和细线分别代表气旋涡和反气旋涡边界；数据源自 Xu 等(2019)

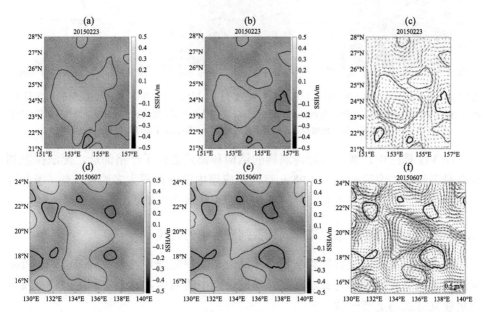

图 7.9　2015 年 2 月 23 日[(a)~(c)]和 2015 年 6 月 7 日[(d)~(f)]两种方法探测的涡旋比较

注：左列为 VG 算法的结果；中间列为 PSPNet 算法的结果；右列为地转流；粗线和细线分别代表气旋涡和反气旋涡边界；数据源自 Xu 等(2019)

3) 边界上的涡旋

由于研究数据分割，有时研究区边界上会出现半个涡旋，这样的涡旋在 VG 算法中因无法找到封闭的流函数曲线，而无法被识别出[图 7.10(a)和图 7.10(d)]。

然而，PSPNet 算法结合了全局特征和细节特征信息，对海洋涡旋进行识别，因此利用基于人工智能的方法可以探测出不完整的涡旋［图 7.10(b)和图 7.10(e)］，这同样可以从地转流分布中得到验证［图 7.10(c)和图 7.10(f)］。

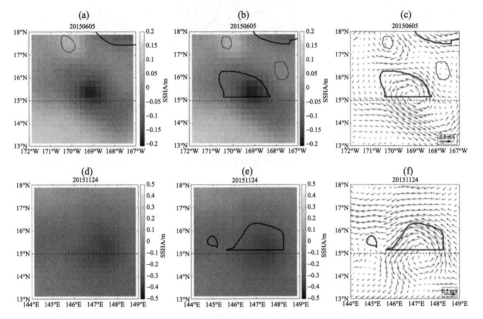

图 7.10　2015 年 6 月 5 日[(a)～c)]和 2015 年 11 月 24 日[(d)～(f)]两种方法探测的涡旋比较
注：左列为 VG 算法的结果；中间列为 PSPNet 算法的结果；右列为地转流；粗线和细线分别代表气旋涡和反气旋涡边界；黑色虚线表示选取数据范围的边界；数据源自 Xu 等(2019)

在 VG 算法中，算法对海洋涡旋的结构和模式进行了严格筛选，无法探测到没有显著特征的海洋涡旋。PSPNet 算法在应用中没有设置太多约束条件，因此可以识别生命周期较短或没有明显特征信息的那些海洋涡旋。

7.1.3　不同人工智能算法在海洋涡旋识别应用中的比较

为了说明不同人工智能算法在海洋涡旋识别中的差异性，本节将比较 PSPNet 算法和其他 2 种深度学习算法在海洋涡旋识别中的应用，本节中利用的数据及训练集建立方式与上节一致。

1)DeepLabv3+模型

DeepLabv3+模型(Chen, et al., 2017b)融入了空间金字塔池化模块编码解码结构，是用于语义分割的深度学习网络结构。空间金字塔池化模块利用拉普拉斯金字塔将输入图像变成多尺度，并利用多种比例和有效感受野对不同分辨率特征进行处理，进一步挖掘多尺度空间信息；编码器的高层次特征容易捕获更多的空间信息，在解码器阶段使用编码器阶段的信息，可以帮助目标的细节和空间维度恢

复，逐步重构空间信息，更好地捕捉涡旋边界。用于海洋涡旋智能识别的
DeepLabv3+模型如图 7.11 所示(Xu, et al.，2021)。

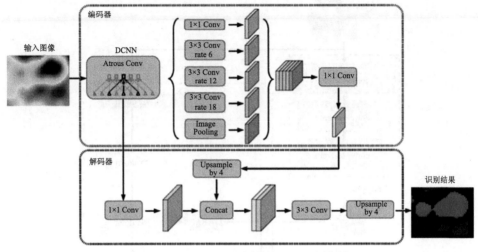

图 7.11　DeepLabv3+结构(Xu, et al.，2021)

2)BiSeNet 模型

BiSeNet(bilateral segmentation network)模型的整个结构分 3 个部分：空间路
径(spatial path)、上下文路径(context path)、特征融合模块(feature fusion module)，
(Yu, et al.，2018)。空间路径可以将从图像中捕获的丰富细节信息编码成空间信
息，上下文路径主要用于对语境信息编码，特征融合模块用于将两路网络获得的
空间信息和语境信息进行融合。针对不同层次的特征，首先将空间路径和上下文
路径的输出空间信息和语境信息串联，再采用批处理归一化的方法平衡特征信息
的尺度，再将连接的特征集合到 1 个特征向量，并计算权重向量，并根据权重对
特征信息进行选择和组合，最终得到结果。用于海洋涡旋智能识别的 BiSeNet 模
型如图 7.12 所示(Xu, et al.，2021)。

3)不同网络模型智能识别的涡旋

利用上节中提到的 2011～2014 年涡旋训练数据集,使用 3 种不同的人工智能
算法(PSPNet、DeepLabv3+和 BiSeNet)训练，并对 2015 年的验证数据集进行涡旋
智能识别。

图 7.13 对比了 2015 年 8 月 19 日 STCC 区域不同算法识别出的海洋涡旋。利
用传统 VG 算法，共识别出 172 个海洋涡旋，其中气旋涡旋 84 个，反气旋涡旋
88 个。然而，基于深度学习的其他 3 个算法都能够识别更多涡旋，其中，PSPNet
算法识别了 185 个涡旋(87 个气旋涡和 98 个反气旋涡)，DeepLabv3+算法识别了
184 个涡旋(87 个气旋涡和 97 个反气旋涡)，BiSeNet 算法识别了 188 个涡旋(89

个气旋涡和 99 个反气旋涡)。

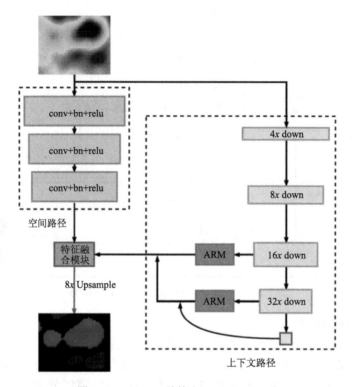

图 7.12　BiSeNet 结构(Xu, et al., 2021)

　　从涡旋数量、涡旋大小和寿命 3 个特征参数出发,对人工智能算法识别出的海洋涡旋进行了比较。图 7.14 显示了 2015 年 STCC 区域 VG、PSPNet、DeepLabv3+和 BiSeNet 算法每天识别出的涡旋数量对比。VG 算法共识别出海洋涡旋 68 010个,其中气旋涡 32 783 个,反气旋涡 35 227 个,比其他 3 种人工智能算法识别出的涡旋都要少。3 种人工智能算法中,PSPNet 算法探测到的海洋涡旋最多,共77 462 个,DeepLabv3+算法和 BiSeNet 算法分别识别出 72 264 个和 75 579 个涡旋。

　　与传统 VG 算法的结果相比,PSPNet 算法平均每天多识别 25.90 个涡旋,DeepLabv3+算法平均每天多识别 11.65 个涡旋,BiSeNet 算法平均每天多识别 20.74个涡旋。PSPNet 和 DeepLabv3+算法识别出的涡旋数量日变化与 VG 算法的结果具有较好的相关性,相关系数分别为 0.93 和 0.94。BiSeNet 与 VG 算法识别出的涡旋数量日变化结果相关性小于其他两种智能方法,相关系数为 0.86。在图 7.14 中,DeepLabv3+算法识别出的涡旋数量日变化曲线与 VG 算法的结果最为一致。此外,PSPNet 与 BiSeNet 算法的结果跟 VG 算法的差异均具有季节变化特征。PSPNet 算法在春季和夏季探测到的涡旋较多,而 BiSeNet 算法在冬季识别的涡旋较多。

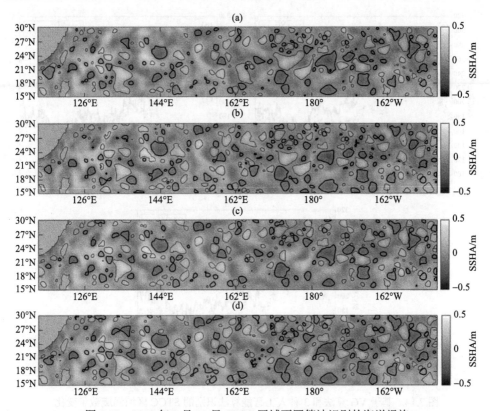

图 7.13　2015 年 8 月 19 日 STCC 区域不同算法识别的海洋涡旋

注：(a) VG；(b) PSPNet；(c) DeepLabv3+；(d) BiSeNet；其中粗线和细线分别表示气旋涡和反气旋涡的边界；数据源自 Xu 等 (2021)

对 4 种不同算法识别的海洋涡旋半径进行比较 (图 7.15)，除 DeepLabv3+算法识别的涡旋半径在 50～75 km 有峰值外，其他识别的涡旋半径的峰值都在 25～50 km。其中，PSPNet 算法在识别半径小于 25 km 的小尺度涡旋方面具有明显优势；DeepLabv3+算法在 50～100 km 半径范围内识别出的涡旋数量最多；BiSeNet 算法比其他 3 种算法识别出更多的大涡旋 (半径大于 100 km)。

剔除小尺度涡旋 (半径小于 25 km) 之后，再次对识别出的涡旋数量进行对比，如图 7.16。VG 方法识别出 64 586 个涡旋，PSPNet 算法识别出 65 034 个涡旋，DeepLabv3+算法识别出 66 023 个涡旋，BiSeNet 算法识别出 69 153 个涡旋。在 3 种基于人工智能算法中，BiSeNet 算法识别的海洋涡旋数量最多，相较于传统 VG 算法，平均每天多识别 12.51 个涡旋，相对误差为 7.74%，BiSeNet 算法在识别大尺度涡旋方面具有优势 (图 7.15)。而 PSPNet 算法多识别出的涡旋大多数都是小尺度的。

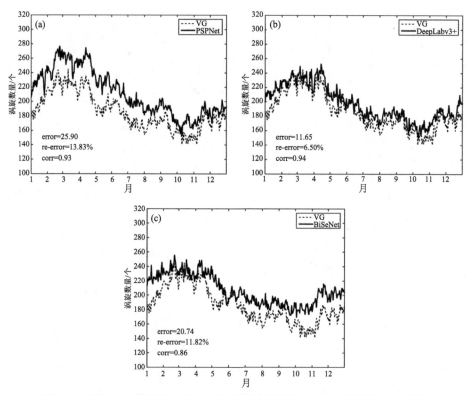

图 7.14　基于 VG 算法和 3 种人工智能算法识别的 STCC 区域涡旋数量变化

注：（a）PSPNet；（b）DeepLabv3+；（c）BiSeNet；其中虚线和实线分别表示 VG 算法和人工智能算法；"error"是
3 种人工智能算法的结果与 VG 结果的绝对误差；"re-error"是相对误差；"corr"是 3 种人工智能算法和 VG 算
法结果之间的相关系数；数据源自 Xu 等（2021）

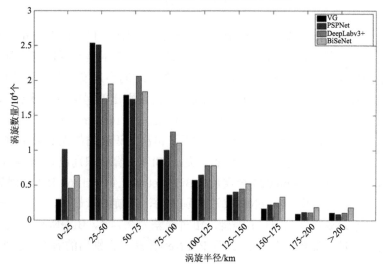

图 7.15　4 种不同算法识别出的 STCC 区域涡旋的半径分布

注：柱状图颜色由深至浅分别分别代表 VG、PSPNet、DeepLabv3+和 BiSeNet 算法的结果；数据源自 Xu 等（2021）

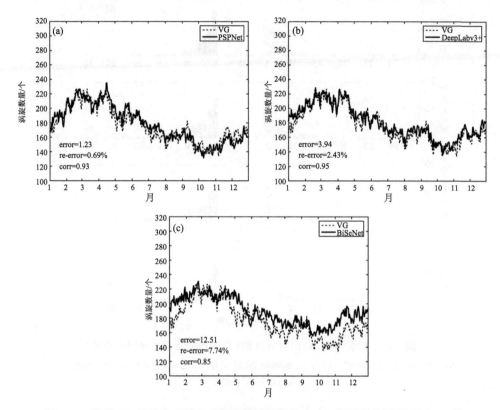

图 7.16 基于 VG 算法和 3 种人工智能算法识别的 STCC 区域半径不小于 25 km 的
涡旋数量变化

注：（a）PSPNet；（b）DeepLabv3+；（c）BiSeNet；其中虚线和实线分别表示 VG 算法和人工智能算法；"error" 是
3 种人工智能算法的结果与 VG 结果的绝对误差；"re-error" 是相对误差；"corr" 是 3 种人工智能算法和 VG 算
法的结果之间的相关系数（Xu, et al.，2021）

　　4 种不同算法识别出涡旋的生命周期分布如图 7.17 所示。传统 VG 算法共识
别出 844 个生命周期大于 4 周的涡旋，包括 387 个反气旋和 457 个气旋。基于人
工智能算法，PSPNet 算法、DeepLabv3+算法和 BiSeNet 算法分别识别出 875 个（400
个反气旋涡和 475 个气旋涡）、805 个（370 个反气旋涡和 435 个气旋涡）和 819 个
（383 个反气旋涡和 436 个气旋涡）生命周期大于 4 周的涡旋。这 3 种人工智能算
法识别出的涡旋比 VG 算法识别出的生命周期更长，这是由于人工智能算法更善
于识别处于生成阶段和衰减阶段的小尺度涡旋。在 3 种基于人工智能的方法中，
DeepLabv3+算法识别的涡旋生命周期小于其他两种算法的识别结果。

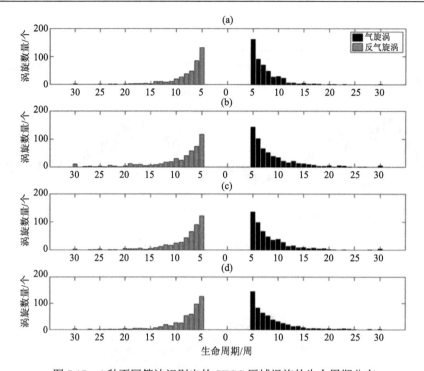

图 7.17　4 种不同算法识别出的 STCC 区域涡旋的生命周期分布

注：（a）VG；（b）PSPNet；（c）DeepLabv3+；（d）BiSeNet 算法的结果；灰色和黑色分别代表反气旋涡和气旋涡；数据源自 Xu 等（2021）

7.2　海洋内波与智能识别

7.2.1　海洋内波

海洋内波是一种发生在海水密度稳定层结的海洋内部波动，这种海洋波动几乎贯穿了整个海洋的所有深度，相对于其他海洋波动来说，海洋内波有着自己独特的性质。

海洋内波的形成必须要有两个条件：一个条件是海水密度稳定且存在分层，另外一个条件是要有相应的扰动能源。海洋内波的控制力主要为重力、浮力和地转科里奥利力，因此海洋内波也称为内重力波或内惯性重力波。海洋内波的频率介于惯性频率与浮性频率之间，频率较高的内波，其恢复力主要是重力和浮力之差；频率较低时，其恢复力主要是地转科里奥利力。

内波除了上述 2 种必要的形成条件，还可以通过大气和海洋中的多种过程激发产生，例如，海洋中的潮汐经过倾斜的海底地形、台风过程导致的海洋上层混合、潜艇的经过等都有可能激发内波。若从扰源对海洋内波进行分类，可以采用如下分类方法:由海洋潮流或海流经过变化的地形时生成的内波称之为潮致内波;由风的惯性振荡所引起的内波称之为惯性内波;由水下结构物的扰动所生成的内波为源致内波等。由此可见,内波的产生具有很强的随机性,因而其振幅、波长和周期可以分布在较宽的范围内。从特征尺度也可对海洋内波进行划分:第一类是高频内波,其生成源可以位于海洋上下边界或是海洋内部,通常高频内波空间尺度较小且表现为较强的随机性;第二类是内潮波,具有准潮周期,尽管它不像高频内波那样可随处激发,但当它在地形剧烈变化的地方被激发后,可以同时向深水区和浅水区传播相当远的距离,并且表现出较强的非线性以及较弱的随机性;第三类是内惯性波,其频率接近于惯性频率,此类内波的主要运动形式为内部振荡,周期通常在 12 小时以上,空间范围为几十千米以上,表现出较强的随机性。因此,总的来说,内波的存在具有普遍性,内波的运动具有复杂性、随机性等特点。

作为一种重要的海水运动形式,内波是转移大中尺度运动能量的重要环节,也是引起海水混合,形成细微结构的重要原因。内波反复地将海水由光照较弱的深层抬升至光照较强的浅层,促进了较深层海洋生物的光合作用,提高了海洋初级生产力。由潮汐引起的内波在大陆架边缘等地形变化的海域形成上升流,将营养丰富的深层海水输送到浅层,有利于浅层海水生物生长。同时,内波携带着巨大的能量,在海洋声学、近海工程和潜艇导航等方面具有十分重要的影响(程友良,2008),例如,海洋内波不仅会增加核潜艇航行中的阻力,还会降低核潜艇的机动性能;海洋内波会引起等密度面的大振幅起伏,导致位于此处的鱼雷脱靶、潜艇难以操作;对于声波探测而言,内波起伏也会导致海水温盐结构变化,从而使得海水声学特征发生改变,降低声波的探测效率。

总之,海洋内波对于海洋经济、国防活动都有着重大影响,对这种海洋波动现象进行深入研究十分有必要。内波的振幅并不到达海面,但内波的振荡会引起海面海水的流动,并对海表面波具有调制作用,因此内波在海表会引起局部的辐聚、辐散,使用卫星图像可以研究海洋内波,弥补现场观测的缺陷,更好地研究内波的产生、传播、演化和耗散过程。

在过去的几十年中,大量的研究使用基本图像处理方法从 SAR 图像中自动识别海洋内波的特征(Rodenas and Garello,1997,1998;Simonin, et al.,2009),如图 7.18 所示。SAR 是一种主动传感器(详见 2.4.2 节),可测量海面粗糙度,且不受云层影响,SAR 可以在全天候条件下以一到数十米的空间分辨率对海面进行成像,但 SAR 的覆盖范围很小,捕捉到内波特征的概率较低。科学家也尝试从空间分辨率较低(250~500 m)、时间分辨率较高(10 min)的地球同步卫星图像中提取内波信号,但云层覆盖和太阳照射使得从地球同步卫星图像中提取内波信号具有一定挑战(Lindsey, et al.,2018)。人工智能算法正在逐步应用于卫星遥感图像中,用于提取内波特征，下面将以从可见光红波段图像中智能提取内波特征为例进行介绍。

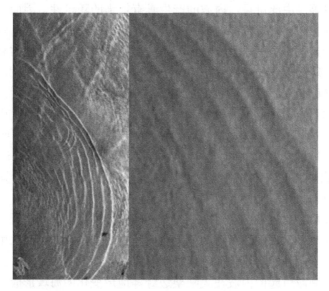

图 7.18　SAR 图像中的内波信号(董昌明，等，2019)

7.2.2　海洋内波的智能识别

同海洋涡旋智能特征识别一样，海洋内波的智能识别也需要有 3 个步骤：①通过某种方法在一定数量的海洋遥感图像样本中集中标定海洋内波特征；②选取适当的人工智能算法，利用标定的样本集进行算法训练，获得智能模型；③将训练好的智能模型用于验证集的内波探测。

目前机器学习方法在海洋内波探测方面刚刚起步。Li 等(2020)使用改进的 U-Net 神经网络智能算法，基于 Himawari-8 卫星观测的红波段图像，有效识别了南海北部东沙环礁周围的内波信号。从图像中提取内波信号实质上是像素尺度的二分类问题。例如将一张图片作为模型输入，如果这张图片识别为猫，则输出标签 1 作为结果；如果识别出不是猫，那么输出标签 0 作为结果。二分类问题就是找到一个以图片特征向量作为输入的分类器，其预测输出结果为 1 或 0。

Himawari-8 卫星是由日本气象厅运营的一颗新的地球静止气象卫星，于 2015 年 7 月 7 日开始运行。该卫星有 16 个观测波段，其中可见光波段、近红外波段的空间分辨率为 0.5～1 km，红外波段的空间分辨率为 2 km(Bessho, et al.，2016)，是监测和研究中国南海内波的有效工具(Gao, et al.，2018)。

U-Net 神经网络是一个经典的语义分割全卷积网络(Ronneberger, et al.，

2015)，包含压缩路径(contracting path)和扩展路径(expansive path)两部分，因其形状似"U"形而得名 U-Net，如图 7.19 所示。其中压缩路径由一系列卷积和最大池化构成，进行降采样操作，提取图像的特征信息；扩展路径对特征图进行反卷积，并与压缩路径对应的特征图进行归一化，得到最终分类结果。

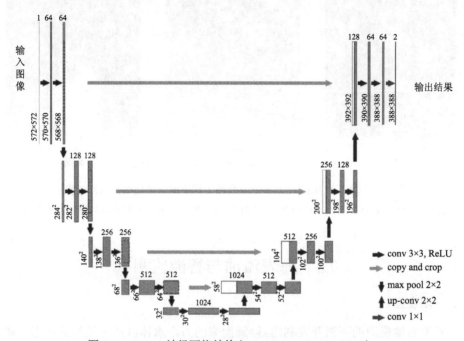

图 7.19　U-Net 神经网络结构(Ronneberger, et al.，2015)。

　　传统的 U-Net 模型中使用了交叉熵损失函数。但是内波信号仅存在于少量像素中，样本比例高度不平衡，交叉熵损失函数失去作用，因此在用于内波提取的 U-Net 模型中采用了 α-平衡交叉熵作为损失函数(Lin, et al.，2017)。为了在不丧失泛化能力的前提下，降低计算成本，我们可以将图像转换为灰度级，并分割成 256×256 像素的子图像。

　　本节收集了 2018 年 5 月和 6 月南海北部东沙环礁附近 160 幅包含内波的 Himawari-8 卫星红波段图像，分辨率为 1 km(图 7.20)。随机选择其中的 120 幅图像，通过目视解译的方式人工手动标注内波特征信息和背景环境，形成内波训练数据集，输入 U-Net 模型进行训练，其余 40 幅图像作为测试图像。经过 200 次迭代后，测试数据集的平均精度和召回率分别为 0.90 和 0.89。

　　图 7.20 显示了 40 个测试结果中的 3 个示例。可以看出，内波的海面特征不仅被不同类型的云层覆盖，而且还受太阳耀斑以及其他海洋过程引起的不均匀黑色噪声强烈影响。这些因素使得内波的目标特征相对较弱，并且难以被提取。但

是与手动注释的地面真实图相比，U-Net 模型显示出了良好的结果。图 7.20(a) 捕获了一组罕见的向东传播的反射内波，其统计结果表明 U-Net 模型可以在复杂成像条件下，从卫星图像中提取内波信息。

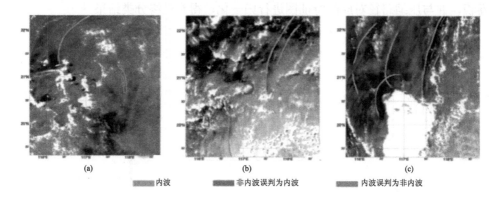

内波　　　　非内波误判为内波　　　　内波误判为非内波

图 7.20　输入的 Himawari-8 图像叠加了相应的训练模型提取的结果

注：(a)～(c)分别于 2018 年 5 月 26 日 05:20、5 月 21 日 06:00 和 6 月 26 日 05:10(UTC)获取(Li, et al.，2020)

7.3　海表溢油与智能监测

7.3.1　海表溢油

随着石油资源的不断开发利用,接踵而来的海洋水体溢油污染问题日趋严重,对人们的生产、生活造成严重危害。海洋污染科学研究组的调查和评估表明,石油是海洋环境中最普遍的污染物之一(陈贵峰，等，1997)。据统计，每年因突发溢油事故而流入江河、海洋的石油约为 $3 \times 10^{6} \sim 5 \times 10^{6}$ 吨(刘天齐，1997)。海洋溢油污染主要来自于工业、农业、运输业及生活污水的排放、油泄漏、逸入大气的石油烃沉降及海底自然溢油。其中,在海洋运输的溢油污染中,由油轮事故引起的污染最为严重(濮文虹，等，2005)。

在最近几十年中,几乎每年都会有溢油事故发生。1967 年,多佛海峡的托里峡谷溢油事件促成了防止溢油污染事故发生的第一部国际性法案诞生(Diez, et al.，2007)。然而,溢油事故并没有随着法案诞生而有所减少,相反大规模溢油事故相继发生,其中包括令人震惊的 1979 年 "ATLANTIC EMPRESS" 号油轮碰撞事件、2002 年 "Prestige" 号油轮下沉事件以及 2010 年 4 月美国墨西哥湾的半潜式钻井平台爆炸漏油事故(李艳梅，等，2011)。

近年来,中国近海海域的海洋石油污染隐患日趋严重。据统计,1979～1999 年,中国沿海共发生溢油事故 2000 多起。其中,溢油量在 50t 以上的重大溢油事故有 50 多起，总溢油量接近 30 000t。2002 年，天津"塔斯曼海"号油轮溢油事故，溢油量超过 200t；2004 年，珠江口撞船事故中一次性溢油量高达 1200 t；2006 年，舟山附近海域集装箱船碰撞船坞，泄漏进沿岸渔场重油约 390t；2010 年，大连发生输油管道爆炸事故，导致 430 km² 海域遭受污染；2018 年，"桑吉"号油轮在长江口以东海域发生碰撞后残骸沉没，漂浮海面的溢油扩散约 58 km²。

此外，海洋溢油污染对于生态环境和人类健康都有很大的影响。漂浮在海表和浅滩的石油会严重影响海洋牧场、水产养殖、野生生物、生态系统、海上旅游和航运运输等(于军，2008)。溢油在海洋环境中的归趋及其毒性效应可简单概括为：①溢油在海面会迅速扩散铺开，形成厚薄不均的油膜，油膜会隔绝空气中的氧气，使海洋中大量的浮游生物窒息而死；②在海水的机械搅动之下，部分溢油可分散混合入海水中，在海浪的作用下很容易被乳化成一种油水分层的褐色乳状物，乳化后的油污极易黏附在水生动物个体上，包括其呼吸器官等，对水生动物造成不可逆的伤害；③油块相对密度增大，有些继续在海面漂浮，有些则通过颗粒物的吸附而迁移，有些会被微生物降解，吸附在水体颗粒物上的油污可通过沉积作用形成可持久性的、难降解的多环芳烃(polycyclic aromatic hydrocarbons，PAHs)衍生物，对水生生物造成长期毒害作用(Diez, et al., 2007；Perez, et al., 2010；李艳梅，等，2011)。

从生态系统整体角度来看，溢油阻断了海洋生态系统与大气系统的气体交换，使海洋生态系统生产力降低，物质循环和能量流动异常，食物链端平衡被打破，这将导致生物多样性的巨大损失。从海洋生物个体角度来看，溢油表层漂浮物对浮游植物的影响作用是毁灭性的，直接阻碍了其光合作用和呼吸作用中的气体交换。PAHs 作为溢油主要化学毒性作用的输出，具有强烈的神经和遗传毒性，并在病理学水平上对海洋生态系统中的动物产生不可逆的损伤作用。从海洋生物群落角度来看，溢油污染必将导致生物种群和群落结构恶性变化，耐污性物种占比增大，底栖生物体内的 PAHs 持久性富集，必将成为海洋生物群落正常发展的隐患(李艳梅，等，2011)。

溢油污染对人类健康也构成了很大威胁。溢油污染对人类健康造成威胁的途径主要有 3 个：①溢油污染区域附近渔民和来往船只；②溢油污染修复工作中的暴露人群；③人类食用溢油高富集的鱼类、贝类和其他海产品等。石油中的主要成分能致癌。除此之外，研究发现溢油事故的暴露人群会出现背疼、头痛、呼吸道问题以及眼睛和皮肤刺激等急性症状；一部分人群体内的内分泌系统状态也发生改变，并具有明显的神经性中毒症状；一部分人群的泌尿系统出现问题，人体的新陈代谢过程发生变化(Pérez-Cadahía, et al., 2006；2007)。1~2 年内暴露人群还会出现哮喘、慢性支气管炎、慢性鼻炎和慢性咳嗽等慢性呼吸道症状(Zock, et al., 2007)。此外，溢油还有可能造成人群的心理问题，甚至具有明显的神经和遗传毒性(Palinkas, et al., 1993)。

7.3.2　海表溢油监测

多年来,国内外都在积极探索溢油污染精细监测方法,为溢油风险巡视、溢油污染监视 / 监测 / 预警及应急处置、溢油生态损害评估及修复提供技术支持。其中,遥感溢油监测技术是其中的研究热点之一(孙乐成,等,2019)。从遥感数据中准确地监测海表溢油,不仅可以帮助应急管理人员应对更有针对性,也可以帮助科学家更准确地预测溢油的移动和消散过程。SAR 是一种适用于溢油监测的有效手段,这是由于油膜抑制了海面毛细波,使其在 SAR 强度图像中呈现深色(Hu, et al., 2009;Li, et al., 2013)。此外,溢油区还可对极化 SAR 接收的表面信号进行调制(Zhang, et al., 2016),因此溢油区在全极化 SAR 图像中有明显特征。

人工智能技术具有从不同气象条件和系统参数下采集大量极化 SAR 图像中信息的潜力。Chen 等(2017a)利用深度神经网络框架优化极化 SAR 特征集,进行溢油监测和分类。Guo 等(2017)提出了一种基于深度神经网络的极化 SAR 图像识别方法,用于溢油区域的识别。随后,Guo 等(2018)采用 Segnet 语义分割模型监测溢油。本节将以 Guo 等(2018)的研究成果为例,介绍人工智能技术在溢油监测方面的应用。

7.3.3　海表溢油的智能监测

Guo 等(2018)利用 5 幅 RadarSat-2 精细全极化 SAR 图像识别溢油区域,如图7.21 所示。其中 No.1 和 No.4 图像分别拍摄于 2010 年 5 月 8 日和 2011 年 8 月 24日的墨西哥湾区域,No.2 和 No.3 图像分别拍摄于 2011 年 6 月 6 日和 9 日的欧洲北海区域,No.5 图像拍摄于 2009 年 9 月 18 日的中国南海区域。

基于这 5 幅溢油区域原始全极化 SAR 图像,通过以下 5 个步骤可以处理获得溢油特征数据集。

(1)为了确保每个采样窗口都包括溢油和海水特征,设置的窗口不能太小或太大,对全极化 SAR 图像均采用 500×500、1000×1000、1500×1500 和 2000×2000的网络窗口进行采样。采样后,每幅原始 SAR 图像得到 420 个样本子图像,共计2100 个样本。

(2)为增强训练模型的鲁棒性,从每幅原始全极化 SAR 图像采样得到的 420个子图像中随机选取 21 幅,分别添加 10 个级别的乘性噪声和 10 个级别的加性噪声,使每幅原始 SAR 图像的样本子图像增加至 840 个,总计样本子图像增加到4200 个。

(3)由于图形处理单元(GPU)功能限制,在步骤(1)和步骤(2)中获得不同大小的样本子图像被重采样为 256×256。

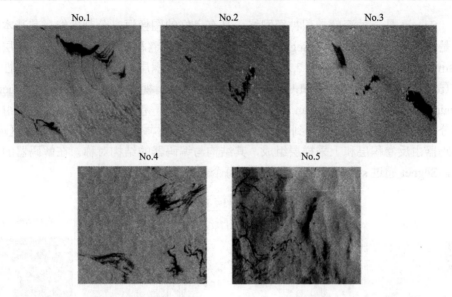

图 7.21　5 幅包含溢油特征的 Radarsat-2 卫星 SAR 图像（Guo, et al.，2018）

（4）基于全极化 SAR 图像的纹理特征和极化信息，对溢油特征进行标定。纹理特征描述了灰度的空间分布和空间相关性，溢油区域的纹理特征是连续的、光滑细腻的，而背景水体的纹理特征则是零散的、粗糙的、不连续的，可利用灰度共生矩阵提取纹理特征；全极化 SAR 图像具有极化信息，如极化矩阵、散射熵等。将纹理特征和极化信息通过一定的波段运算，设定阈值，对每一幅样本子图像进行溢油和背景水体的标记，建立数据集（图 7.22）。

（5）4200 个样本子图像按照 6∶1 的比例，随机分为训练集和测试集。训练集由 1800 个原始样本和 1800 个噪声样本组成，共计 3600 个；测试集由 600 个样本组成，其中原始样本 300 个，噪声样本 300 个。

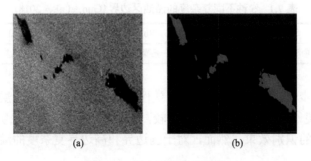

图 7.22　样本子图像的标记

注：（a）原始样本图像；（b）样本标记；灰色为溢油区，黑色为背景水体（Guo, et al.，2018）

Segnet 是一种深度卷积神经网络，具有良好的图像语义分割性能，其基本框架是编码器-解码器结构。Segnet 最重要的组件包括卷积层、池化层、上采样层和 softmax 激活函数层，如图 7.23 所示。编码器由卷积层、批量归一化层和线性单元 (rectified linear unit，ReLU) 组成，其结构类似于视觉几何组 (visual geometry group，VGG) 网络 (Simonyan and Zisserman，2014)；卷积层是编码器的主要组成部分，每个输出像素仅连接到下一个输入层的局部区域，从而形成局部感受区域。解码器由反卷积层和上采样层组成，其结构与编码器的结构对称。在解码器的末尾，Segnet 通过 softmax 激活函数输出每个像素的类别。

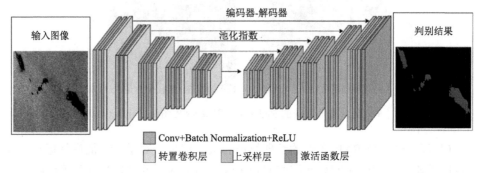

图 7.23　Segnet 模型的结构图 (Guo, et al.，2018)

基于溢油数据集，利用 Segnet 模型识别的部分结果如图 7.24 所示，其中图 7.24 (a)～图 7.24 (e) 分别展示了 5 种不同复杂度的溢油区边界，定义见表 7.1。其中，中等边界复杂度 [图 7.24 (a)] 和理想边界 [图 7.24 (c)] 的判别结果最好，强噪声 [图 7.24 (b)] 和高边界复杂度 [图 7.24 (d)] 的判别结果居中，弱边界 [图 7.24 (e)] 大体上可以有效进行溢油区的判别，但仍有一些背景水体的像素被误判为溢油区。

表 7.1　5 种不同复杂度的溢油区边界 (Guo, et al.，2018)

	(a)	(b)	(c)	(d)	(e)
边界状态	中等边界复杂度，中等噪声	强噪声	理想边界	高边界复杂度	弱边界

为了进一步说明 Segnet 模型的有效性，Guo 等 (2018) 将其溢油监测结果与 FCN 模型 (详见 5.5.2 节介绍) 进行了比较，如图 7.25 所示。结果表明，整体上 FCN 模型具有良好的识别效果。然而，对于弱边界和高边界复杂度的溢油图像，其性能仍有待提高。

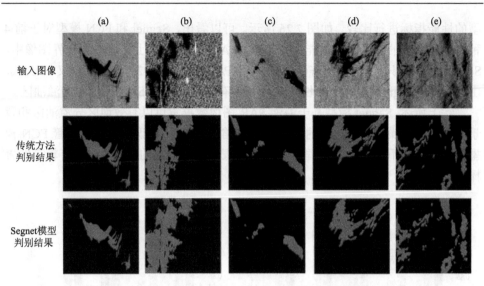

图 7.24　5 种具有不同边界复杂度的溢油图像的识别结果(Guo, et al., 2018)

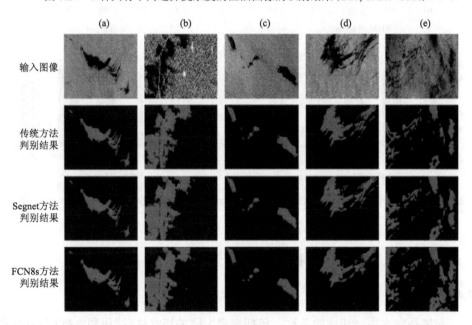

图 7.25　5 种具有不同边界复杂度的溢油图像的基于 Segnet 和 FCN 模型的识别结果(Guo, et al., 2018)

从像素分类精度(pixel-classification accuracy，PA)、平均精度(mean accuracy，MA)、平均交合比(mean intersection over union，MIoU)和频率加权交合比(frequency weighted intersection over union，FWIoU)4 个方面对 FCN 和 Segnet 模

型的性能指标进行比较，如图 7.26 所示。可以看出，Segnet 和 FCN 模型对于前 4 种边界复杂度的图像识别性能几乎相同，PA 均在 95%以上；而在弱边界图像中，Segnet 模型的识别效果优于 FCN 模型，其 PA 可达到 93.92%，而 FCN 仅 87.53%。由此可见，Segnet 模型可以比 FCN 模型更有效地监测出 SAR 图像中的溢油区。

　　综上所述，Segnet 模型基于溢油 SAR 图像数据集可以有效地区分溢油区和背景水体，对强噪声、弱边界的 SAR 图像也能获得较好的识别结果。尽管 FCN 模型的整体性能不如 Segnet 模型，但两者均表现出了较高的稳定性，具有较高的鲁棒性。

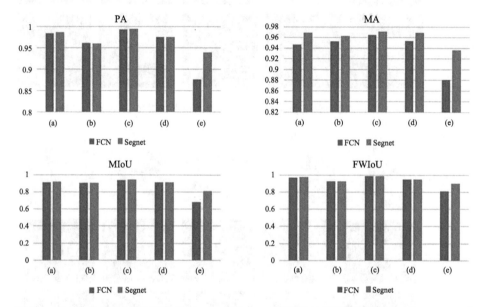

图 7.26　5 种不同边界复杂度条件下 FCN 和 Segnet 模型的性能指标比较(Guo, et al.，2018)

7.4　海冰与智能探测

7.4.1　海冰

　　海冰是海水中一切冰的总称，包括来自大陆的淡水冰(冰川和河冰)和由海水直接冻结而成的咸水冰。按海冰的发展阶段，可将其分为初生冰、尼罗冰、莲叶冰、初期冰、一年冰和多年冰；按运动状态则可将其分为固定冰和流冰两大类。

　　海冰的存在影响着多种重要物理过程，例如地球的辐射平衡、海洋与大气之间的热量和动量交换，以及深海水团的形成。由于海冰是白色的，它能将近 90% 的太阳辐射反射回大气，阻断了大气与海洋之间的能量和动量直接交换，在地球气候系统中扮演着重要角色。海冰覆盖状态的长期变化可能是更广泛气候变化(如全球变暖)的一个指标。在全球变暖的场景下,南北半球海冰面积逐渐缩小,海洋暴露面积增加,海水颜色较海冰更暗,海水可以吸收更多的太阳辐射,使海洋表层变暖,导致更多海冰融化,使海冰变化趋势形成正反馈。此外,海冰对区域气候、北极和南极环境中的海洋和沿海生物栖息地,以及极地海域内部和沿线的海洋运输、人类活动具有重大影响。为了更详细了解影响地球气候的大气、海冰和海洋间的各种相互作用和反馈机制,我们需要对表征海冰覆盖的各类参数进行长期探测(Dierking and Busche,2006)。

7.4.2　海冰探测

　　成像雷达是探测两极海冰覆盖空间的星载传感器网络的重要组成部分。SAR独立于太阳光照和云层条件,在海冰探测中发挥着重要作用。利用 SAR 图像进行海冰探测的关键是如何开发一个稳健的模型,根据后向散射特征区分海冰和海水。目前已发展了多种海冰探测模型,例如,基于后向散射阈值法(Fetterer, et al.,1997)、贝叶斯技术(Zakhvatkina, et al.,2013)等。这些利用 SAR 图像进行海冰探测的模型可用于冰类型分类(Steffen and Heinrichs,1994;Nghiem and Bertoia,2001)、从连续图像中确定冰漂移模式(Fily and Rothrock,1987;Kwok and Curlander,1990;Sun,1996),以及对边缘冰区(Livingstone and Drinkwater,1991;Liu, et al.,1991)和冰间湖(polynya,海冰中突然出现的海水暴露区域)(Dokken, et al.,2002;Drucker, et al.,2003)的观测。此外,SAR 图像在监测海冰融化和冻结、检索表征冰面地形参数、改进薄冰类型区分、冰厚度估计、确定冰上融水池覆盖率(Yackel and Barber,2000)等方面也具有重要的科学意义。

　　近年来,随着人工智能技术的迅速发展,越来越多的研究利用深度神经网络智能提取海冰特征,以提高海冰分类的准确性和效率。Xu 和 Scott(2017)利用早期的 CNN 模型 AlexNet 对海冰和开阔水域进行分类。Li 等(2017)基于中国高分 3号卫星图像,利用 CNN 模型对海冰和开阔水域进行分类。Gao 等(2019)将迁移学习和 DenseNet 相结合,形成了多级融合网络(multilevel fusion network,MLFN),用于海冰和开阔水域分类。越来越多的研究者试图建立基于深度学习的海冰模型,以实现更高精度和高效稳定的海冰探测。本节将介绍 Ren 等(2021)利用融合双attention 机制的 U-Net 算法,基于 SAR 图像的海冰智能探测。

7.4.3　海冰智能探测

　　Ren 等(2021)提出了一种基于 SAR 图像的海冰与开放水域分类模型,该模型将双 attention 机制融入 U-Net 中,命名为 DAU-Net(dual-attention U-Net),双attention 机制通过增强特征,提高 U-Net 分类精度(Fu, et al.,2019)。

1. DAU-Net 模型

DAU-Net 结构如图 7.27 所示，包括 5 个单元：输入单元、编码器单元、双 attention 结构、解码器单元和输出单元。

（1）输入单元，256×256 的 3 个通道的 SAR 图像，包括 VV 极化、VH 极化和入射角，见图 7.27（a）。

（2）编码器单元，采用 ResNet-34 来提取抽象的下采样特征图，编码器单元包括 1 个 3×3 卷积核的 0 填充层、1 个 CNN 层和 4 个 ResNet 层，见图 7.27（b），其中前 3 个 ResNet 层采用最大池化。经过编码后，输入的图像转换为 16×16×512 的特征图。

（3）双 attention 结构，对特征表征的精确判别是实现高精度分类的关键，因此在传统的 U-Net 中引入位置 attention 模型（position attention module，PAM）和通道 attention 模型（channel attention module，CAM），以改进海冰的特征表征，见图 7.27（c）。PAM 用于捕获空间维度中的长期依赖关系，CAM 则用于捕获任意两个通道之间的依赖关系。

（4）解码器单元，DAU-Net 有 5 个解码器模块[图 7.27（d）]，每个解码器模块包含 1 个上采样层和 2 个 CNN 层，5 个解码器模块的卷积核数分别为 256、128、64、32 和 16。解码后，将 16×16 的特征图恢复到与输入图像相同的尺寸。

（5）输出单元，包含 1 个 CNN 层和 1 个 Sigmoid 函数层，如图 7.27（e）。CNN 层将解码器的最后 1 个特征图转换成一个 256×256×1 的特征图。Sigmoid 函数层激活特征映射，并输出 0～1 间的值，其中，大于 0.5 的像素被判别为海冰，否则就被判别为开放水域。

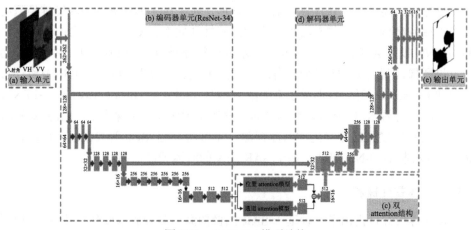

图 7.27　DAU-Net 模型结构

注：（a）输入单元，VV 极化、VH 极化和入射角；（b）编码器单元；（c）包含 PAM 和 CAM 的双 attention 结构；（d）解码器单元；（e）输出单元(Ren, et al.，2021)

2. 实验数据

实验数据为白令海峡区域，Sentinel-1A 卫星的干涉宽刈幅模式下 VV 极化和 VH 极化的高分辨率 SAR 图像。首先，我们利用 SNAP（Sentinel Application Platform）软件对图像进行辐射校正，并将图像缩小为原来的 1/3，图像分辨率为 30 m×30 m。接下来，我们通过目视解译对图像进行分类，获得地面真值，1 表示海冰，0 表示开阔水域。选取易于分类的图像构建训练集，但不可避免会存在一些错误像素，特别是一些小的海冰地物。这种错误标记像素只占所有像素的一小部分，并不影响模型的整体收敛。训练集包括 12 月到次年 4 月的 15 幅 SAR 图像，并以 256×256 的大小将图像切分，作为模型输入，可以获得 4684 幅图像，并输入训练模型。另选取 3 幅 VV 极化 SAR 图像作为测试集，分别为数据 1、数据 2 和数据 3，如图 7.28(a)、7.28(d) 和 7.28(g) 所示。

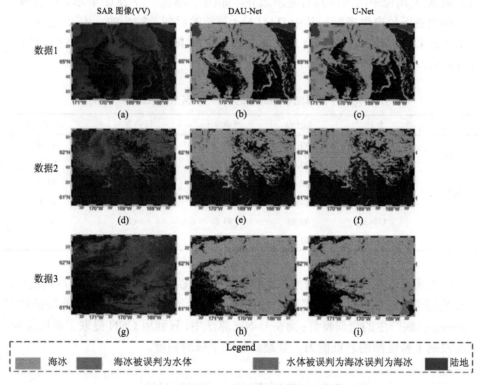

图 7.28 DAU-Net 算法和 U-Net 算法基于 SAR 图像的分类结果

注：(a)~(c) 数据 1；(d)~(f) 数据 2；(g)~(i) 数据 3(Ren, et al., 2021)

3. 海冰智能探测的结果

将 DAU-Net 算法结果与没有引入双 attention 机制的原始 U-Net 算法进行比较。

测试数据集识别结果图和指标如图 7.28 和表 7.2 所示。比较测试图像的识别结果，DAU-Net 算法识别结果的交并比(intersection over union，IoU)和准确度较高，不同的测试数据结果之间存在一些差异。数据 1 显示了一整块海冰中间包含了一片海水区域，并且图像的左上角存在一些暗像素；由图 7.28(c)可以发现，U-Net 算法缺测的海冰像素较多，而 DAU-Net 算法缺测的海冰像素数量少一些。如图 7.28(d)所示，数据 2 中包含许多小浮冰，这对冰/水分类器来说是一个挑战；图 7.28(f)显示 U-Net 算法将一些海水像元误判为海冰像元；图 7.28(e)显示 DAU-Net 算法对图像中间的误判进行了修正，并对右下角的判断结果进行了改进。数据 3 图像中的海冰具有复杂边界，如图 7.28(g)～7.28(i)显示，两种算法均在图像右下角产生虚判，其中 DAU-Net 算法的虚判是较少的。由表 7.2 可见，与 U-Net 算法相比，DAU-Net 算法对 3 幅图像的 IoU 分别提高了 7.48%、0.96% 和 0.83%。

表 7.2 两种不同算法识别海冰的指标[数据来自 Ren 等(2021)]

数据	算法	IoU/%	准确度/%	精确度/%	召回率/%
数据 1	U-Net	87.18	93.17	93.73	92.58
	DAU-Net	94.66	97.22	96.14	98.40
数据 2	U-Net	88.64	95.04	96.50	91.58
	DAU-Net	89.60	95.49	97.24	91.93
数据 3	U-Net	90.78	93.27	94.21	96.15
	DAU-Net	91.61	93.95	95.26	95.17

综上所述，在两种海冰智能识别算法中，DAU-Net 算法对海冰的判别较好，主要是因为 DAU-Net 算法提取的特征图中包含了 CNN 提取的局地特征和双 attention 机制产生的全局特征；而在 U-Net 算法中，只利用 CNN 提取了局地特征，从而限制了特征图的表征能力，并最终影响了探测精度。

7.5 海洋藻类与智能识别

7.5.1 海洋藻类

海洋中生长着多种藻类，主要有绿藻、黄藻、金藻、褐藻、甲藻、硅藻、红藻、蓝藻、眼虫藻等，其中，绿藻是海洋藻类中种类最多的一门藻类。而海洋环境研究中常见的浒苔和马尾藻分属于绿藻纲和褐藻纲，下面对浒苔、马尾藻这两种藻类进行介绍。

浒苔是一种大型浮游海藻，通常在我国东海和黄海海域春夏季爆发，主要集中在江苏近海和山东南部海域。一旦水质条件满足，浒苔便会发生大规模的增殖和聚集。自 2008 年以来，我国每年都会发生因浒苔大量扩散而造成的"绿潮灾害"，导致沿海、沿岸船只搁浅。浒苔的泛滥对船只交通、环境、沿海生态系统、公共卫生、旅游业等均产生巨大影响。对浒苔移动路径和分布情况的实时监测是对其进行管控、处理的有效手段。据《中国海洋灾害公报》统计，2008 年，南黄海绿潮对山东、江苏沿岸地区产生重大灾害影响，造成的直接经济损失达 13.22 亿元(宋晓丽，等，2015)。绿潮爆发时，正值 2008 年奥运会帆船比赛期间，青岛市政府组织大量人力、物力对浒苔进行打捞、清理，共计打捞浒苔约 40 万 t。2012年，绿潮威胁了在山东烟台举办的亚洲沙滩运动会，为消除绿潮影响，烟台市政府及烟台市海洋与渔业局布设围网拦截，组织船只打捞，累计打捞浒苔约 5 万 t(宋晓丽，等，2015)。绿潮灾害已成为黄海海域最严重的生态灾害之一，不仅影响海洋生态系统，而且造成了严重的社会影响和经济损失(Zhou, et al.，2015)，对绿潮灾害的防控治理迫在眉睫。

近几年，加勒比海沿岸出现了非典型的大规模远洋马尾藻，2015 年和 2018年夏季，墨西哥加勒比海沿岸地区的马尾藻异常增多。在加勒比海沿岸地区的许多海滩，人们都观察到了大量马尾藻的入侵(van Tussenbroek, et al.，2017)。自 2011年，近海马尾藻以前所未有的方式出现在巴西北部海岸海域，马尾藻爆发事件在非洲沿岸也发生过(Maréchal, et al.，2017)。2016 年，江苏省盐城市东沙紫菜养殖场受到海上漂浮的马尾藻入侵，据统计，在此次马尾藻入侵事件中，盐城、南通两地的紫菜行业直接损失总计 5 亿元。

海洋藻类具有独有的特征，其聚集和分散会改变水面反射率，因此能够通过MODIS 海表反射率图像观察海洋藻类。在海洋遥感图像中监测浮游藻类，大多采用多波段比值法，例如归一化植被指数(normalized difference vegetation index，NDVI)和浮游藻类指数(floating algae index，FAI)。这些方法具有合理的解释性和较低的错误率。人工智能算法正在应用于海洋藻类的智能识别，本节主要介绍Arellano-Verdejo 等(2019)提出的深度学习方法。

7.5.2　海洋藻类的智能识别

Arellano-Verdejo 等(2019)基于深度学习技术，利用卷积循环神经网络框架设计了一种深度神经网络 ERISNet，从遥感资料中监测墨西哥加勒比海沿岸的浮游马尾藻。

研究区位于墨西哥尤卡坦半岛(Yucatan Peninsula)东部的金塔纳罗奥海岸,研究选取了海滩沿岸的 MODIS 影像数据,空间分辨率为 1km。该地区是墨西哥的度假胜地,但 2015 年和 2018 年均发生了马尾藻的大量聚集(van Tussenbroek, et al.,2017)。

基于官方公布的马尾藻爆发时间,选取相应的 MODIS 影像数据,并对影像进行辐射校正、重投影等预处理,剔除其中云覆盖较大的影像,共获得 30 幅含有藻华现象和 29 幅不含藻华现象的多波段影像数据,研究中利用的影像波段为 412、469、555、645、859、1240 和 2130 nm。研究利用各波段的像素数据建立数据集,数据集包含 4515 个样本,其中 2306 个样本对应存在马尾藻的图像,2209 个样本对应不存在马尾藻的图像。

ERISNet 是专门设计用于识别沿海马尾藻的深度神经网络,主要包括卷积神经网络(CNN)和循环神经网络(RNN),如图 7.29 所示。

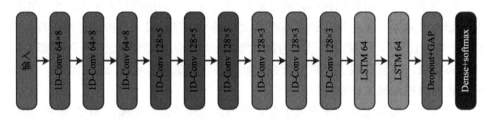

图 7.29　ERISNet 模型结构

注:包含 9 个一维卷积模块、2 个循环模块(LSTM64)、1 个 Dropout 模块以及 1 个 Dense 分类模块(Arellano-Verdejo, et al.,2019)

卷积模块的结构由 4 部分组成:卷积层、ReLU 激活函数、批处理归一化和 Dropout 操作。卷积模块的目标是从输入数据集中有效地提取特征,其主要组成部分是一维卷积模块。其中,Dropout 操作是神经网络中一种有效和常用的正则化技术,用于改善模型过拟合;批处理归一化可以提高网络性能。

循环模块的主要作用是为 ERISNet 模型提供内存。这里使用的循环神经网络 LSTM 拥有通过层连接的神经元记忆块,有助于长时间或短时间记忆。因此,在训练过程中,存储的值不会在时间上被迭代替换,梯度项也不会在进行反向传播时趋于消失。

将 ERISNet 模型训练测试马尾藻的结果与多层感知机(multilayer perceptron, MLP)(详见 4.2.3 节介绍)和全卷积神经网络(fully convolutional network,FCN)(详见 5.5.2 节介绍)模型的结果进行比较。由图 7.30(a)~7.30(c)可以看出,与 MLP 和 FCN 模型不同,ERISNet 模型的训练精度和验证精度曲线差异更小,说明其在训练过程中没有过拟合。图 7.30(d)为 3 个模型验证精度的变化曲线,可见 MLP 模型和 FCN 模型的结果非常相似,ERISNet 模型的结果优于其他 2 个模型。因此,

ERISNet 模型能够比其他 2 个模型更精确地对马尾藻进行识别。

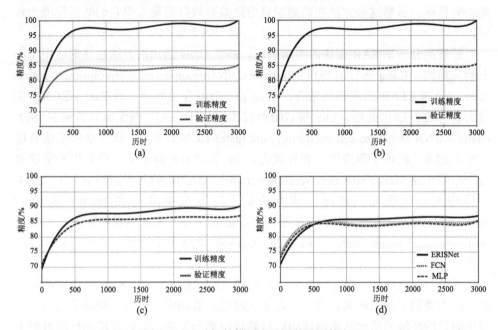

图 7.30　3 种智能模型对马尾藻识别的表现

注：（a）MLP；（b）FCN；（c）ERISNet；（d）3 种智能模型的验证精度对比（Arellano-Verdejo, et al.，2019）

7.6　海上船只与智能监测

7.6.1　海上船只监测

　　遥感图像中的船只监测是海洋监测和国防领域必不可少的一项基本任务，旨在对遥感图像中出现的船只进行分类和定位。合成孔径雷达（SAR）是一种主动微波传感器，可以在任何天气条件下获取高分辨率遥感图像，因此在船只监测领域得到了广泛的应用（Yang, et al.，2021）。面对日益增长的海上船只监测需求和日益丰富的 SAR 数据，我们必须使用专门的算法进行船只监测。

　　传统的船只监测方法主要依赖于统计分析，大多基于阈值（Yang, et al.，2021）。其中使用较多的是基于恒虚警率（constant false alarm rate，CFAR）的方法，该方法考虑了 SAR 图像的灰度特征，在船只监测中发挥了重要作用。例如，根据 SAR 图像建立特定的概率分布模型，采用 CFAR 监测器计算二值图；再从这些二值图中分离出特定的区域；最后，通过几何特征和电磁散射特征等进行船只识别。Leng 等（2015）引入了双边 CFAR 算法用于船只监测，降低了图像模糊和海表面杂波的影响。Kang 等(2017a)采用 CFAR 算法,基于目标和背景场的像素阈值,监测船只目标。虽然这些方法在监测船只方面具有较好表现,但它们的泛化能力较弱。

随着高分辨率 SAR 图像的不断出现,基于 CNN 的识别方法也逐渐应用于海上船只监测。Kang 等(2017b)将 Faster-RCNN(region-based convolutional neural networks)与 CFAR 监测器相结合,构建了一个混合监测器,对 Faster-RCNN 生成的目标进行细化处理。Lin 等(2019)提出了用于 SAR 图像船只监测的 SER Faster-RCNN(squeeze and excitation rank faster-RCNN)方法,该方法将三级特征图串联起来,提高了网络的代表性能力。Cui 等(2019)提出了一种名为密集注意力金字塔网络(dense attention pyramid network,DAPN)的两步监测器,用于 SAR 图像中的多尺度船只监测,该方法基于特征金字塔网络(feature pyramid network,FPN)的结构,密集连接不同层次的特征图,并采用卷积块注意力模块(convolutional block attention module,CBAM)滤除虚拟物体,抑制背景环境的噪声。

通过对网络结构、训练策略和锚点采样机制的精心设计,SAR 图像对船只监测的能力得到了明显提高。然而,在多尺度船只监测中还存在一些棘手的问题,近岸船只的环境通常比开阔海域中船只的环境更为复杂,有时环境的后向散射干扰比船只的后向散射更强,尾迹也可能与船只相似。这些问题对多尺度船只的精确定位和识别算法带来很大干扰,因此研究局部特征及其全局相关性之间的关系,抑制无用和混淆信息,对于提高利用 SAR 图像监测船只的能力至关重要。本节以 Zhao 等(2020)提出的一种多尺度船只智能监测算法为例,进行介绍。

7.6.2　海上船只智能监测

Zhao 等(2020)提出了一种名为注意力接受金字塔网络(attention receptive pyramid network,ARPN)的新算法,用于在 SAR 图像中对多尺度船只进行监测。该算法融合了接受野模块(receptive fields block,RFB)、卷积块注意力模块,以及金字塔结构。

ARPN 模型属于两步监测模型(图 7.31)。第一步,将 SAR 图像输入 ARPN,由骨干网(backbone network)和注意力接受模块(attention receptive blocks,ARBs)两部分组成,通过骨干网获取基本特征图,之后通过 ARBs 建立细粒度特征金字塔;在迭代融合不同层次的特征图时,RFB 和 CBAM 按顺序用于 ARBs;利用不同层次的细粒度特征金字塔获得两个不同尺寸的特征向量,用于编码类别标签(背景或目标)和位置。第二步,对特征图中的 ROI(region of interest)裁剪和调整,将这些 ROI 分别发送到分类网络和回归子网络中,进行识别和定位,对冗余的潜在目标进行合并和丢弃,获得最终监测结果。在构建细粒度特征金字塔时,ARPN

引入了 ARBs 的横向连接,改善了不同特征范围之间的关系,增强了对 SAR 图像中多尺度船只的识别能力。

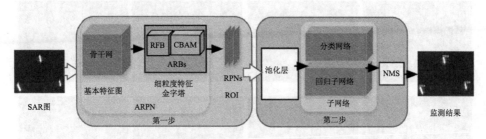

图 7.31　ARPN 模型的网络结构(Zhao, et al., 2020)

本节使用了 SAR 船只监测数据集(SAR ship detection dataset, SSDD),该数据集基于 RadarSat-2、TerraSAR-X 和 Sentinel-1 卫星图像建立,包含 1160 张图像和 2456 艘多尺度船只,每幅图像平均包含 2.12 艘船只。这些图像的分辨率为 1～15 m,样本如图 7.32 所示。将 SSDD 随机分成 3 部分,即训练集、验证集和测试集,比例为 7∶1∶2。调整输入图像尺寸,使其短边为 350 像素,并使用了随机裁剪、翻转、对比度转换和镜像等数据增强策略扩大样本数量,最后收集了 12 984 张训练图像进行模型训练。此外,所有图像均进行了批处理归一化,以平衡灰度值范围,从而实现稳定训练。

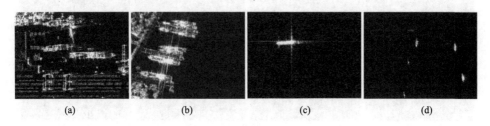

图 7.32　近岸和远洋船只在 SSDD 中的样本

注: (a)和(b)显示近岸船只受到建筑物和码头引起的干扰很明显; (c)和(d)显示多尺度的远洋船只(Zhao, et al., 2020)

将 ARPN 算法的船只监测结果与算法中各模块 ARPN-RFB、ARPN-CBAM 和 FPN 单独工作的监测结果进行比较(图 7.33),共选取了远洋船只组(图 7.33(a)～7.33(c))和近岸船只组(图 7.33(d)～7.33(f))的监测结果。

(1)RFB 和 CBAM 增强了对船只和环境特征的网络识别能力。在图 7.33(a)中,ARPN - RFB、ARPN - CBAM 和 FPN 的监测结果中均存在 1～2 个虚警,但 ARPN 模型的监测结果中不存在虚警。图 7.33(b)中,ARPN 模型监测到的 3 艘船只的概率比其他 3 种方法监测到的概率都要高,这是因为 RFB 增强了具有全局依赖性的局部特征，而 CBAM 则优化了显著特征。

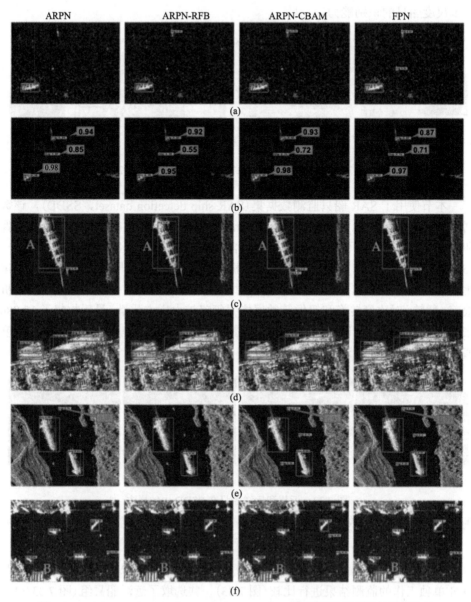

图 7.33 ARPN、ARPN-RFB、ARPN-CBAM 和 FPN 模型监测船只的结果比较

注：其中(a)～(c)为远洋船只组，(d)～(f)为近岸船只组(Zhao, et al., 2020)

（2）RFB 注重提取多尺度船只的代表性特征，加强非局部特征联系，提高船只定位的准确性和召回率。在图 7.33(c) 中，ARPN 模型监测的 A 船位置比 ARPN-FPN 和 ARPN-RFB 模型监测得更准确。在图 7.33(f) 中，ARPN 模型监测

到 B 区域密集排列的船只，而 ARPN-RFB 模型中没有监测到。

（3）CBAM 更注重特征的细化。在图 7.33（e）和图 7.33（f）中，ARPN 模型监测结果中存在的虚警比 ARPN-CBAM 模型少，ARPN 监测的误报概率低于 ARPN-CBAM 和 FPN 模型，其中 ARPN、ARPN-CBAM 和 FPN 模型监测的虚警概率分别为 0.78、0.91 和 0.99。

简而言之，RFB 和 CBAM 是 ARPN 算法中的两个重要模块。RFB 模块获得了多尺度船只的代表性特征，增强了非局部特征之间的联系；CBAM 模块对特征金字塔中不同层次的冗余特征进行了细化。综上，ARPN 方法通过合理组合，可以有效地监测出 SAR 图像中的多尺度船只。

7.7 上机实验：语义分割识别海洋涡旋

7.1 节介绍了人工智能算法在海洋涡旋识别中的应用，下面我们将尝试利用语义分割方法进行涡旋智能识别的上机实验。

7.7.1 数据准备

海洋涡旋是海洋中的一种重要物理过程，更多关于海洋涡旋的介绍可参照 7.1 节。海表面异常地升高或降低是涡旋的一大特征，因此，可以通过 SSHA 数据提取这一特征，从而达到识别涡旋的目的。SSHA 的数据主要来自于卫星高度计资料以及模式产出。但需要注意的是，考虑涡旋的生命周期和移动速度，选取逐日数据或周平均数据更佳。

获得数据后，考虑到陆地数据对语义分割网络模型结果的影响，并不推荐直接把数据输入模型。我们可以通过以下代码将数据转换为图片（以 nc 格式的数据为例）。因为我们只要提取海面高低，所以用单通道的灰度图就足以表示了，没必要转换为三通道的彩图。这可以节省很多工作量和计算量，便于我们的训练和识别。

和前面实验相似的，在开始真正处理前，需要先导入必要的库，然后将 nc 格式数据读入。

```
import os
import numpy as np
import datetime as dt
import cv2
from netCDF4 import Dataset
nc = Dataset ('./ssh.nc', 'r')
ssh = nc.variables['ssh'][:]
```

　　读取 nc 数据非常简单，只需要通过 Dataset（文件名）的方式就可以打开对应的 nc 数据了。通过 print 这个语句的返回值，就可以获取该 nc 数据中变量（variables）、维度（dimensions）和属性（attributes）等信息。再通过变量名为键名的字典方式寻访，即 nc.variables['变量名'][:]，即可获得对应变量数据的 numpy 矩阵。本例的代码中，以此读取了变量名为 ssh 的数据，在实际操作中应根据文件的具体变量名作修改。其中[:]的意思为全部读取，若只需要读取部分，应按需更改。以本数据集为例，若只要读取前 10 个时间维，则可将[:]改为[0:10,:,:]或简写为[:10]。

　　读取出来的数据并不能直接存为图像。我们可以通过 matplotlib.pylab 库中的 pcolor 或者是 imshow 等函数将其可视化，但是会同时生成坐标轴、坐标轴标签以及画布边缘空白等与识别无关的干扰项。此外，还需要尽量确保所有图像的颜色范围和每个颜色对应的数据一致。诚然，以上这些问题都可以通过各种编程手段去解决，但是更为方便的还是将数据映射到图像的像素点灰度，然后直接用 cv2 库中的 imwrite 函数存为图片。

```
# 归一化到 0～255
min_value = -0.5
max_value = 0.5
ssh[ssh<min_value] = min_value
ssh[ssh>max_value] = max_value
img_all = (ssh+max_value) / (2*max_value) * 255
```

　　这里仅给出一种映射的方法供参考。需要先了解的是，图像每个像素点的数值范围是 0～255，因为十进制中的 255 对应的二进制是 11 111 111，是 8 位二进制所能表达的最大值。因此，将数据映射到图像像素较好的做法是将数据归一化到 0～1 范围内再乘以 255。在本例中，数据总体来讲普遍分布在–0.5～0.5，为统一颜色映射，先将整个数据集中大于 0.5 或小于–0.5 的数据都强制剪切为 0.5 和–0.5，随后再按照公式归一化到 0～1。

$$v' = \frac{v+v_{\mathrm{m}}}{2 \times v_{\mathrm{m}}} \tag{7.1}$$

其中，v 是原数据；v_{m} 是原数据中的最大值；v' 为转换后的数据。该方法对于数据分布较为均匀，且最大值和最小值接近为相反数时，效果较好；而对于不满足条件的数据集，可求距平，再进行操作。

```
# 循环存图
save_path = './figure/'
```

```
factor = 4
if not os.path.exists (save_path) :
    os.mkdir (save_path)

for i in range (img_all.shape[0]) :
    base_name = dt.datetime.fromordinal (day[i]-366) .strftime ('%Y%m%d')
    fig_name = os.path.join (save_path,base_name+'.png')
    img = img_all[i]
    # 放大图像
    img = cv2.resize (img, (img.shape[1] * factor, img.shape[0] * factor) )
    cv2.imwrite (fig_name, np.flipud (img) )
    print ('save figure as ', fig_name)
```

映射完毕后，通过循环进行批量存图即可。需要注意的是，高度计数据的分辨率普遍是 (1/3)°或 (1/4)°，将其映射成图像后，会使得图像较小、分辨率较低，本例使用 cv2.resize 简单地放大图像、提高分辨率，亦可根据情况使用插值方法提高分辨率。

7.7.2　模型识别

在制作完样本后，就可以导入语义分割网络模型进行识别了。这里以 DeepLabv3+网络为例，我们提供了训练好的网络结构和权重，储存在 pb 格式的文件中。pb 文件是 TensorFlow 中，除了 ckpt 以外的另一种常用的保存模型的文件格式，它能保存下完整的网络结构和权重，并能轻松地重现出来。

```
import os
import glob
import cv2
import copy
from tensorflow.python.platform import gfile
import numpy as np
import tensorflow.compat.v1 as tf

os.environ["CUDA_DEVICE_ORDER"] = "PCI_BUS_ID"
os.environ['CUDA_VISIBLE_DEVICES'] = "-1"   # 指定 gpu, -1 表示使用 cpu
```

为方便对模型进行操作，我们一般会定义一个类，用类的__init__函数读取模型，再定义一些函数或使用__call__函数对模型执行运算操作（__init__函数和__call__函数可回顾 Python 语言中介绍类的部分）。本例中，我们定义了 run 和slide_run 两个函数进行模型运算，这是针对识别样本与原训练样本大小不一致而定义的。

因此，已生成的样本（图像）还不能直接用在模型上，还要对它的形状进行一些预处理，对于长宽小于原训练样本的图像，应进行外围补 0 填充；而对于长宽大于原训练样本的图片，应按照一定比例对原图进行切割，再分别识别。

```python
class DeepLabModel(object):
    """Class to load deeplab model and run inference."""

    INPUT_TENSOR_NAME = 'ImageTensor:0'
    OUTPUT_TENSOR_NAME = 'SemanticPredictions:0'
    INPUT_SIZE = 513
    FEA_CHA = 3

    def __init__(self, pbfile):
        """Creates and loads pretrained deeplab model."""
        self.graph = tf.Graph()

        with gfile.FastGFile(pbfile, 'rb') as f:
            graph_def = tf.GraphDef()
            graph_def.ParseFromString(f.read())
            # tf.import_graph_def(graph_def, name='')

        with self.graph.as_default():
            tf.import_graph_def(graph_def, name='')

        self.sess = tf.Session(graph=self.graph)

    def run(self, image):
        image = cv2.cvtColor(image, cv2.COLOR_BGR2RGB)
        width, height = image.shape[0],image.shape[1]
        resize_ratio = 1.0 * self.INPUT_SIZE / max(width, height)
        target_size = (int(resize_ratio * width), int(resize_ratio * height))
```

```
            resized_image = cv2.resize(image, (target_size[0], target_size[1]))
            batch_seg_map = self.sess.run(
                self.OUTPUT_TENSOR_NAME,
                feed_dict={self.INPUT_TENSOR_NAME:
[np.asarray(resized_image)]})
            seg_map = batch_seg_map[0]
            seg_map = np.argmax(seg_map, axis=2)
            return resized_image, seg_map

    def slide_run(self, image, stride_rate):
        image = cv2.cvtColor(image, cv2.COLOR_BGR2RGB)
        stride = int(np.ceil(self.INPUT_SIZE * stride_rate))
        pad_rows, pad_cols = image.shape[0], image.shape[1]
        h_grid = int(np.ceil((pad_rows - self.INPUT_SIZE) / stride)) + 1
        w_grid = int(np.ceil((pad_cols - self.INPUT_SIZE) / stride)) + 1
        data_scale = np.zeros((pad_rows, pad_cols, self.FEA_CHA))
        count_scale = np.zeros((pad_rows, pad_cols, self.FEA_CHA))
        for grid_yidx in range(h_grid):
            for grid_xidx in range(w_grid):
                s_x = grid_xidx * stride
                s_y = grid_yidx * stride
                e_x = min(s_x + self.INPUT_SIZE, pad_cols)
                e_y = min(s_y + self.INPUT_SIZE, pad_rows)
                s_x = e_x - self.INPUT_SIZE
                s_y = e_y - self.INPUT_SIZE
                img_sub = image[s_y:e_y, s_x:e_x, :]
                count_scale[s_y: e_y, s_x: e_x, :] = count_scale[s_y: e_y,
s_x: e_x, :] + 1

                batch_seg_map = self.sess.run(
                    self.OUTPUT_TENSOR_NAME,
                    feed_dict={self.INPUT_TENSOR_NAME:
[np.asarray(img_sub)]})
                out_prob = batch_seg_map[0]
                data_scale[s_y: e_y, s_x: e_x, :] = data_scale[s_y: e_y, s_x:
e_x, :] + out_prob
```

```
seg_map = data_scale / count_scale
seg_map = np.argmax(seg_map, axis=2)
return image, seg_map
```

下面的代码块定义了一个函数,用以切割或填充图片,并滚动输入到模型中。在 25 行中,使用了 vis_label 函数,这个函数是另一个尚未提及的自定义函数,会在 7.7.3 节中展示。

```
def run_visualization(filename,input_size,savename):
    """Inferences DeepLab model and visualizes result."""
    stride_rate = 2 / 3
    original_im = cv2.imread(filename)
    print('running deeplab on image %s...' % os.path.basename(filename))
    image_size = original_im.shape
    ori_rows, ori_cols = image_size[0], image_size[1]
    # resized_im, seg_map = None, None
    if ori_rows == input_size and ori_cols == input_size:
        resized_im, seg_map = MODEL.run(original_im)
    elif ori_rows < input_size or ori_cols < input_size:
        margin = [0, max(input_size - image_size[0], 0), 0, max(input_size - image_size[1], 0)]
        img = cv2.copyMakeBorder(original_im, margin[0], margin[1], margin[2], margin[3], cv2.BORDER_CONSTANT,
                                 value=[0, 0, 0])
        if img.shape[0] == input_size and img.shape[1] == input_size:
            resized_im, seg_map = MODEL.run(img)
        else:
            resized_im, seg_map = MODEL.slide_run(img,stride_rate)

    else:
        resized_im, seg_map = MODEL.slide_run(original_im, stride_rate)

    resized_im = resized_im[:image_size[0], :image_size[1]]
    seg_map = seg_map[:image_size[0], :image_size[1]]
    vis_label(resized_im, seg_map, savename)
```

7.7.3　结果显示

在涡旋的识别中，模型输出的结果应该是一个与输入图像同宽高的 3 通道矩阵，这个矩阵每一通道分别代表气旋涡、反气旋涡和背景场。对于每个像素点，只有对应通道上的值是 1，其余通道值为 0。要想将这样一个矩阵可视化出来，并与原图对比展示并不是一件易事，下面展示这一流程中要用到的函数。

```python
def create_pascal_label_colormap():
    colormap = np.zeros((256, 3), dtype=int)
    ind = np.arange(256, dtype=int)

    for shift in reversed(range(8)):
        for channel in range(3):
            colormap[:, channel] |= ((ind >> channel) & 1) << shift
        ind >>= 3

    return colormap

def label_to_color_image(label):
    if label.ndim != 2:
        raise ValueError('Expect 2-D input label')

    colormap = create_pascal_label_colormap()

    if np.max(label) >= len(colormap):
        raise ValueError('label value too large.')

    return colormap[label]
```

```python
def vis_label(img, pred, savename):
    img = cv2.cvtColor(img, cv2.COLOR_RGB2BGR)
    out = copy.deepcopy(img) #cv2.imread('2015_001_leftImg8bit.png')
    img_gray = cv2.cvtColor(img, cv2.COLOR_BGR2GRAY)
    image_size = pred.shape
    pred[pred == 255] = 0
```

```
    contours_all = []
    type_all = []
    center_all = []

    pred_green = pred.copy ()
    pred_green[pred_green == 1] = 255
    pred_green[pred_green == 2] = 0
    pred_green = np.asarray (pred_green, dtype=np.uint8)
    contours, _ = cv2.findContours (pred_green, cv2.RETR_TREE, cv2. CHAIN_
APPROX_SIMPLE)

    min_size = 4
    for j in range (len (contours)) :
        cnt = contours[j]
        _, _, w, h = cv2.boundingRect (cnt)
        if w < min_size or w < min_size or len (cnt) <5:
            continue
        ell = cv2.fitEllipse (cnt)
        iell0 = np.array (ell[0],dtype=np.int32)
        center_all.append (iell0)
        cnt = np.squeeze (cnt)
        contours_all.append (cnt)
        type_all.append (-1)

    pred_red = pred.copy ()
    pred_red[pred_red == 2] = 255
    pred_red[pred_red == 1] = 0
    pred_red = np.asarray (pred_red, dtype=np.uint8)
    contours, _ = cv2.findContours (pred_red, cv2.RETR_TREE, cv2. CHAIN_
APPROX_SIMPLE)

    for j in range (len (contours)) :
        cnt = contours[j]
        _, _, w, h = cv2.boundingRect (cnt)
        if w < min_size or w < min_size or len (cnt) <5:
```

```
            continue
        ell = cv2.fitEllipse(cnt)
        iell0 = np.array(ell[0],dtype=np.int32)
        center_all.append(iell0)
        cnt = np.squeeze(cnt)
        contours_all.append(cnt)
        type_all.append(1)

    for j in range(len(type_all)):
        cnt = contours_all[j]
        typ = type_all[j]
        cnt = cnt.reshape((-1, 1, 2))
        center = center_all[j]
        if typ ==-1:
            cv2.polylines(out, [cnt], True, (100, 10, 255), 2)
            cv2.circle(out, (center[0], center[1]), 1, (100, 10, 255), 2)
        else:
            cv2.polylines(out, [cnt], True, (255, 255, 0), 2)
            cv2.circle(out, (center[0], center[1]), 1, (255, 255, 0), 2)
    cv2.imwrite(savename, out)
```

对于步骤较多的系统性操作，且需要反复使用的功能，我们一般都会将其写成函数后再调用。上述的一些函数依次实现了标签的颜色定义、结果着色和结果可视化。

图 7.34～图 7.36 展示了可视化结果的流程，总体而言就是模型已经将图像上的每一个点都分了类别（通过对应通道为 1 的方式），后续需要做的就是为每个类别涂上颜色。在本例中，可将背景场设为灰色，气旋涡设为白色，反气旋涡为黑色，再通过 cv2 的 findContours 函数找到所分割涡旋的外圈，随后再将这些外圈绘制到输入图像上即可。

完成了上述一系列的步骤之后，我们只需要短短几行代码，就可以将目标 pb 文件以及 figure 中的所有文件读取出来，然后进行识别、可视化操作，如此便能通过如下代码完成从高度场中识别涡旋的操作。

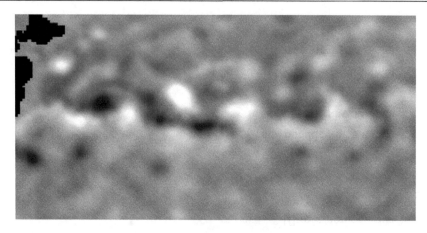

图 7.34　原始 SSHA 数据

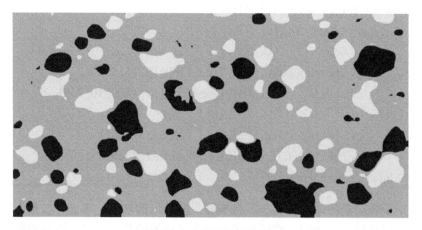

图 7.35　标签化着色示意

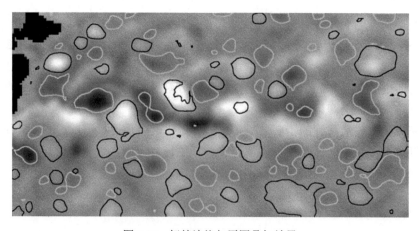

图 7.36　标签边缘与原图叠加效果

```
LABEL_NAMES = np.asarray(['background', 'xeddy', 'oeddy'])
FULL_LABEL_MAP = np.arange(len(LABEL_NAMES)). Reshape (len(LABEL_
NAMES), 1)
FULL_COLOR_MAP = label_to_color_image(FULL_LABEL_MAP)
pbfile = './frozen_model.pb'
MODEL = DeepLabModel(pbfile)
test_path = '../figure/*.png'
file_list = glob.glob(test_path)
for fname in file_list:
    date = os.path.basename(fname).split('.')[0]
    resultname = os.path.join('./results',os.path.basename(fname))
    run_visualization(fname,input_size,resultname)
```

思考练习题

1. 海洋特征识别智能识别的基本思路是什么？
2. 海洋特征识别智能识别中，一般采用哪些深度学习网络？
3. 根据介绍的上机实验，尝试实现利用语义分割识别海洋涡旋。

第8章 海洋参数智能预测

海洋系统是一个有噪声、非线性的复杂动态系统。目前,对海洋各种参数的预测都基于数值动力模式,其依赖模式对真实海洋过程动力刻画的准确性。同时,其对计算机系统的软硬件要求,随着模式分辨率提高而呈指数级增加,数值模式的推广应用面临着巨大挑战。人工智能技术通过对海洋大数据关键信息的高效挖掘,使得其在海洋参数预测方面存在巨大的应用前景。目前,海洋参数智能预测还刚刚起步,是一个崭新的,具有巨大潜力的研究方向。本章将基于相关文献,对人工智能算法在参数预测方面的应用做相对详细的介绍,包括海洋气候、近岸风暴潮、海洋波浪、海表面风速和海表温度等,期望起到抛砖引玉之用。

8.1 海洋气候预测

Ham 等(2020)在国际顶尖学术期刊 *Nature* 发表了国际上第一篇利用人工智能算法预测厄尔尼诺-南方涛动(El Niño-Southern Oscillation,ENSO)的文章。这篇文章引起了学术界的广泛关注,本节将对这一成果做简要介绍。

大尺度气候变化的预报能力很大程度上取决于 ENSO 的预报质量,这直接关系到经济建设和环境系统的保护。ENSO 是低纬度的一种海-气相互作用现象,表现为赤道东太平洋地区的风场和海面温度震荡,其强度通常用南方涛动指数或海面温度异常的强度表示。

目前,ENSO 预报模型可分为统计模型和海气耦合动力学模型,统计模型通过建立 ENSO 信号与预报因子之间线性或非线性的关系来进行预报,动力学模型求解海气系统的物理方程组来预报 ENSO。通过不断优化参数化方案和初始条件,ENSO 预报使用的海气耦合动力学模型要优于统计模型,但即使最先进的动力学预报模型对 1 年以上的 ENSO 预报效果也不理想。由于春季预报障碍(spring predictability barrier,SPB)现象的存在,两类模型的预测能力都会大幅度下降(McPhaden, et al.,2006;Ham, et al.,2020),即在跨越春季时预报效果呈现急剧下降的现象。因此,ENSO 的多年预报在科学界仍然是一个重大挑战。

ENSO中存在一些与海洋缓慢变化及与大气耦合有关的变化要素,表明 ENSO 多年预报也是有可能的。在几次拉尼娜事件中,赤道太平洋的异常现象持续了好几年(Gao and Zhang,2017)。高频赤道风是难以预测的,但赤道风缓慢变化的分量与海表温度则是可预测的。赤道太平洋以外区域的海温异常也可导致 ENSO 事件，其时间滞后超过 1 年(Izumo, et al.，2010)。这些研究表明，ENSO 预报仍有改进的空间。

随着大数据时代的到来，深度学习通过发现大数据中的复杂结构，在许多领域产生了巨大的影响。特别是 CNN 模型在处理具有空间结构的多维数组数据方面取得了突出的成果(Krizhevsky, et al.，2012；Oquab, et al.，2014)，可以很好地揭示三维预报场与预报指数之间的联系。因此可以使用一个基于 CNN 模型的统计模型来预报 ENSO 指数。

CNN 模型使用 0°～360°E，55°S～60°N 范围内连续 3 个月的海温和热含量(海洋上层 300 m 的垂直平均温度)异常图为预报因子，以 Nino3.4 指数(170°～120°W，5°S～5°N 区域内的平均 SST 异常)为预报结果，对未来 2 年 ENSO 发生的可能性进行预报(图 8.1)。

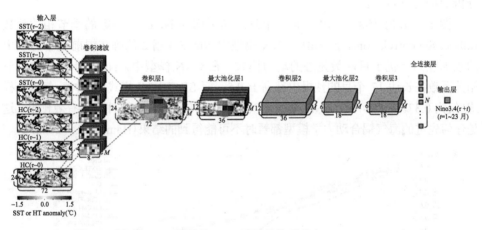

图 8.1　用于 ENSO 预报的 CNN 模型结构示意(Ham, et al.，2020)

将深度学习应用于气候预测的最大限制之一是观测期太短，无法进行适当训练。全球海洋温度分布的观测资料只是从 1871 年开始，这意味着每个月的样本数量都少于 150 个。为了增加训练样本的数量，CNN 模型的训练集利用了 CMIP5(coupled model intercomparison project，version 5)气候模式的输出，该模式可以在一定程度上真实模拟 ENSO，同时引入了 1871～1973 年的 SODA 再分析数据用于训练；选取 1984～2017 年的 GODAS 再分析数据对预测能力进行验证(表 8.1)。在训练数据与验证数据之间保留了 10 年的差距，以消除训练数据中的海洋记忆对验证期的 ENSO 可能产生的影响。

表 8.1　CNN 模型的训练和验证数据集

	数据	时间
训练数据集	CMIP5 历史数据	1871～2004 年
	再分析数据(SODA)	1871～1973 年
验证数据集	再分析数据(GODAS)	1984～2017 年

　　基于迁移学习技术,利用 CMIP5 输出数据和 SODA 再分析数据对 CNN 模型进行训练。迁移学习是指将某个领域或任务上学习到的知识或模型应用到不同但相关的领域或任务中。首先,使用 CMIP5 输出数据来训练 CNN 模型;然后,将训练好的权重作为初始权重;进一步用 SODA 再分析数据训练,确定最终的 CNN 模型。CNN 模型中反映了 CMIP5 样本的系统误差,需要在第二次训练后通过再分析数据进行校正。

　　图 8.2(a) 为 1984～2017 年 3 个月滑动平均的 Nino3.4 指数的季节相关系数(all-season correlationship skill)。CNN 模型中 Nino3.4 指数的确在提前 6 个月以上的预测能力上优于目前最先进的动力模式。在 CNN 模型中,Nino3.4 指数的季节相关系数在长达 17 个月的预报内都高于 0.5,而 SINTEX-F 模式(一种海-气耦合模式)仅为 0.37。由此可见,CNN 模型可以提前 1.5 年对 ENSO 事件提供有效预报,这是任何先进的海气耦合动力学模型都暂时不可能得到的结果(Ham, et al.,2020)。

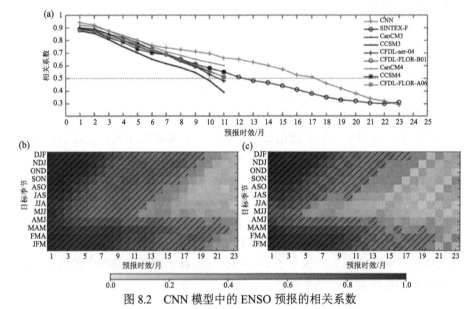

图 8.2　CNN 模型中的 ENSO 预报的相关系数

注:(a)在 CNN 模型中,SINTEX-F 模式和北美多个模式(NMME)中 3 个月滑动平均的 Nino3.4 指数的季节相关系数;(b)CNN 模型;(c)SINTEX-F 动态预测系统中预报的每季度 Nino3.4 指数与提前预报时间的相关系数;阴影线突出显示相关系数超过 0.5 的预报(Ham, et al.,2020)

与 SINTEX-F 相比,CNN 模型在几乎所有目标季节都显示出更高的与 Nino3.4 指数的相关系数[图 8.2(b)和图 8.2(c)]。相关系数的提高使得针对北方春季和秋季之间的预报更为有效。例如,针对 5～7 月(MJJ)的季节预报,SINTEX-F 模式中相关系数超过 0.5 的预报仅提前 4 个月,而 CNN 模型则提前了 11 个月。这减小了 CNN 模型在不同季节预报能力之间的差别,因此 CNN 模型受春季预报障碍的影响较小。

8.2 近岸风暴潮智能预测

风暴潮(storm tide),是一种由剧烈的大气扰动与天文大潮共同作用引起海区水位大幅上涨的现象。有时也用"风暴增水"(storm surge)来描述这一现象,这时大气扰动起到主要作用。因此,风暴潮是否成灾,主要取决于大气扰动所引起的潮位是否与天文大潮的潮期相叠。台风、温带气旋、寒潮大风等天气现象都可能导致对应海域发生风暴潮。根据风暴潮的诱因,通常也会将风暴潮分为温带风暴潮和台风风暴潮两种。温带风暴潮的增水较缓,增水高度一般不如台风风暴潮。台风风暴潮多发生于夏秋两季,来势快且破坏力强。据《中国海洋灾害公报》统计,台风风暴潮所造成的直接经济损失一直位居我国海洋灾害之首。2019 年的公报显示,风暴潮灾害造成的直接经济损失,达到了当年所有海洋灾害造成的直接经济损失的 99%。因此,及时、有效地预报和预警风暴潮在国家经济和社会民生方面都具有迫切的需求和重要意义。

传统的风暴潮预报方式分为两大类:经验预报和数值预报,需要预报的参数是沿岸水位的变化及其漫滩过程。经验预报方法通常是指依靠预报员的主观经验和经验统计的预报方法。随着计算机技术的快速发展,数值预报技术逐渐成为主流。美国国家海洋和大气管理局(National Oceanic and Atmospheric Administration,NOAA)与美国国家飓风中心(National Hurricane Center,NHC)等部门基于 SLOSH(sea, lake, and overland surges from hurricanes)模型研究了不同路径和强度等级的热带气旋引起的风暴潮灾害,并提供风暴潮概率产品和最大可能增水产品等,为政府等部门决策提供支持(Glahn, et al., 2009)。实际上,20 世纪 70 年代起,国际上就开始重点发展海洋动力灾害数值预报预警技术,并逐渐构建了较为完善的预报模式和系统,并在海洋与海洋气象学技术联合委员会(The Joint WMO/IOC Technical Commission for Oceanography and Marine Meteorology,JCOMM)等国际组织的支持推动下,对风暴潮、海啸等灾害具备了较好的数值预报能力(Kohno, et al., 2018)。

传统海洋数值预报模式方法需要耗费巨大的研究资源和计算时间。从这方面来讲,近年来兴起的机器学习预报方法显然更具优势,只需要一次性耗费训练时间，就可以用训练好的模型实现快速预报。此外，使用机器学习的方法预报还可以在使用过程中不断地优化模型，达到持续强化预报能力的效果。机器学习算法的兴起也带来了更多预报风暴潮的方法，例如 Lee（2006），Rajasekaran 等（2008）和 Hashemi 等（2016）将风速、风向、压强等台风要素作为输入，训练人工神经网络或是使用支持向量回归对风暴潮进行预报；雷森等（2017）利用相似的要素输入，使用 RNN 算法对风暴潮进行预报。下面将从风暴潮单点水位智能预测和风暴潮漫滩过程预测两方面进行介绍。

8.2.1 风暴潮单点水位智能预测

我们利用 CNN 模型直接提取二维的风场和气压场特征，与潮位时间序列融合，用于预测风暴潮单点水位。经过测试集检验表明，该模型不仅能用于一般海况下的水位预测，而且对风暴潮期间的水位异常增高也有着良好的响应，模型准确率较高，有更长的预测时效性。

为了得到充分的数据集，使用了 FVCOM 海岸海洋模型（an unstructured grid, finite-volume coastal ocean model，FVCOM）模拟台风引起的风暴潮增水过程。该模型共模拟了历史上 79 个袭击珠江口区域（21°N～23°N, 112°E～114°E），并造成漫滩过程的风暴潮，模拟得到的数据均被用于机器学习的网络训练、验证和测试。为确保机器学习模型在训练过程中获得正确的数据关系，使用的训练集和验证集的输入均为模式使用的驱动风场，输出标签均来自 FVCOM 模式输出的逐小时海面高度结果。

为了使机器学习模型能同时获得大气中的台风强度信息和局地的潮汐信号，在 CNN 模型的基础上，增加了一个输入端用于输入局地的水位序列，如图 8.3 所示，并使用全连接神经网络提取其特征，该特征与由 CNN 模型卷积层提取的特征合并后共同进入全连接隐层，最后输出局地水位时间序列完成预测。在卷积过程中，输入的张量大小被设定为 128×128×12，其中 12 个通道包含了经向和纬向风速，时间跨度各 6 h。卷积过程普遍采用了 3×3 的卷积核以及 2×2 的最大池化层，为了能在使用较少的参数下获得更大的感受野，在每个池化层前都连续进行两次卷积。在 CNN 模型的全连接隐层前，加入了 25 h 的水位序列输入，并与展平拉直后的卷积所得特征图共同进入全连接隐层。为了保证预测的质量和探究预测的时效性，输出的水位时间序列长度选择了 72 h，将模型分别应用于香港、珠海和深圳 3 个站点。

在如图 8.3 所示的网络模型构建下，以香港站为例，使用海面风场和局地水位序列作为模型输入，进行单点水位预测。每个从 6 h 风场加 25 h 水位序列的输入得到的 72 h 水位序列被作为标签的过程就可以生成一个机器学习的训练或者预测样本，再逐小时滚动，即可在 FVCOM 模拟的台风漫滩过程中生成 79 个样本。

如此，在所有训练数据都尽量接近真实有效，并且具有实际物理意义的情况下，近 100 倍地增加了训练的样本量，且不需要再耗费大量的计算资源，运算更多的模式结果。FVCOM 模拟的 79 个历史台风漫滩事件共生成了 7600 多个样本，其中前 71 个台风漫滩事件生成的样本(6887 个)被用于训练和验证。它们在打乱顺序后，按照 8∶1 的比例分割为训练集和验证集。剩余的台风漫滩事件生成的样本被用作测试集，即训练集、验证集和测试集的比例约为 8∶1∶1。

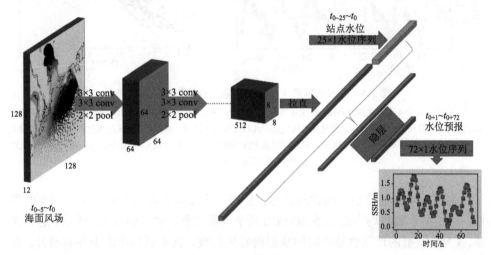

图 8.3　CNN 模型结构示意

注：左边的大图为输入场示意图，输入的是 $t_{0\sim5}\sim t_0$ 时刻的海面风场，因为有经向和纬向 2 个分量，所以总共是 12 个通道；每个方块代表卷积过程中生成的特征图，方块边上的数字代表特征图的长宽和通道数，3×3 conv 表示使用 3×3 的卷积核，2×2 pool 表示池化层选用 2×2 最大池化层；右侧的浅色长条表示站点输入，深色长条表示从卷积所得的特征图展平拉直后的结果，以及经过全连接隐层的结果，最后即可以生成 72 h 的水位时间序列预报

网络模型在 Keras 框架下搭建，损失函数使用的是平均绝对误差，优化方式采用 Adam，训练至验证集损失值不再下降时停止训练。将训练的模型用于测试集的预测，得到的结果如图 8.4 所示。在图 8.4(a)中展示了随机选取的 4 个测试样本的结果。图中横轴表示距离起报时刻的时间，纵轴表示站点水位。4 个测试样本的结果包含了漫滩过程中的 3 种情况：增水较稳定(左上、右上)、增水渐多(右下)和增水退去(左下)。大体上 CNN 模型能够较为准确地预测出与 FVCOM 贴合的结果。随着时间推移，两者差距会略有增大，尤其是在 48 h 以后，两者相差更加明显。图 8.4(b)展示了模型在所有测试集中的表现，提取了台风过程中增水最显著的阶段作为每个台风过程的代表样本，将其绘制成散点图。横坐标代表 FVCOM 模拟值，纵轴表示 CNN 的预测值。整体而言，两者相关系数为 0.94，均方误差(MSE)为 0.02 m。在水位较高的情况下，CNN 模型也能较好地模拟，并达到较好的预测结果。

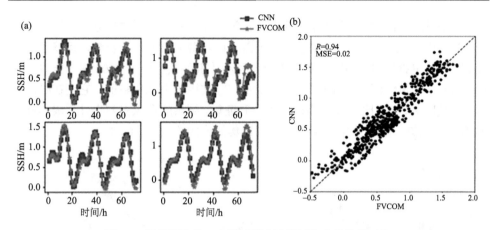

图 8.4　随机选取的 4 个测试样本及测试集中的数据对比

注：(a)随机选取的 4 个测试样本的预报结果作为展示，每个小图是 1 个测试样本的对比，灰色方格线条代表机器学习模型(CNN)预报的结果，黑色带星号线条代表 FVCOM 模拟的结果，横轴代表距离起报时刻的时间，单位是 h；(b)所有测试集中的数据对比散点图，横坐标代表 FVCOM 模拟值，纵轴是 CNN 的预报值，两者相关系数为 0.94，均方误差为 0.02m

　　为进一步评估该模型的预测能力，还统计了模型在测试集中整体的预测时效性，从相关系数和均方根误差(RMSE)两个方面进行评估，如图 8.5 所示。总体来说，CNN 模型的预测性能随时间衰退得较为缓慢，甚至偶尔出现少许的回升。在预测时长达到约 24 h 和 48 h 后，存在预测性能骤降的趋势。尤其是针对 48 h 后的水位预测性能迅速降低，但是能在约 60 h 后再次提升到一个较不错的水平，即使是在 72 h 的预测中模型仍能保持较高相关系数，且平均 RMSE 不到 0.22 m。因此，可以认为该模型在 48 h 内能提供较为准确的预测结果，在 72 h 的预测中仍有一定参考价值。本方法在 48 h 以前的表现极为突出。在前人的研究中，测试集的预测相关系数在 24 h 就往往不到 0.9；但本模型在 24 h 内的预测中，相关系数仍在 0.95 以上，即使是针对 48 h 的预测，相关系数仍能维持在 0.9 以上，RMSE 也仅为 0.15 m 左右。

　　CNN 模型在香港站位的水位预测中得到不错表现，将训练好的模型在珠海和深圳两个站点上进一步迁移学习，使用与香港站位同样的模型配置。训练、检验和测试模型使用的数据集分割选取与香港站位一致，但是训练前对样本重新打乱，风场输入、水位输入以及输出也和香港站相似，不同的只是水位数据分别使用的是 FVCOM 模式在当地的水位预测结果。

　　模型迁移到珠海和深圳两个站点分别学习后，在两个站点的预测也取得了不错效果。对应的预测时效性展示如图 8.6 所示。在短临的数小时预报中，模型取得的相关性非常接近，珠海和深圳预测结果的相关系数均在 0.95 以上，在 24 h

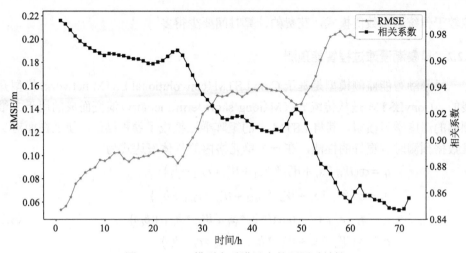

图 8.5　CNN 模型在香港站点的预测时效性

注：其中横轴表示距离起报时间的小时数；左边纵轴和灰色星号标记线条表示 RMSE；右边纵轴和黑色方块标记
线条表示相关系数

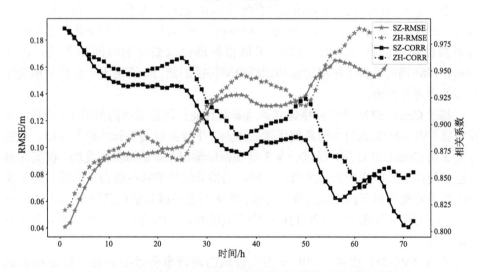

图 8.6　CNN 模型在深圳（实线）和珠海（虚线）站点的预报时效性

注：其中横轴表示距离起报时间的小时数，左边纵轴和灰色星号标记线条表示 RMSE，右边纵轴和黑色方块标记
线条表示相关系数

的预测中也能维持在 0.9 以上，相比香港站的表现稍微差一些。但针对这两个站点的预测模型，RMSE 随时间增长的速度与幅度都比香港站小，在 72 h 的预测过程中，从 0.04 m 增长到了 0.18 m 左右。

该深度学习模型对于不同站点的应用均有较好的扩展性。可以认为针对单点水位的预测过程中，模型在 24～48 h 的预测可以产出和模式较为一致的结果，但相较于传统动力数值模式，花费的计算时间要少得多。

8.2.2 风暴潮漫滩过程智能预测

风暴潮智能监测模型是基于 ConvLSTM（convolutional LSTM network）模型开展的。ConvLSTM 是从传统 LSTM（long short term memory）演变而成的用于二维预测的深度学习模型，其将 LSTM 中的矩阵乘法换成了卷积操作，使之在面对二维数据预测时有更好的性能，在一个单元格内的具体表达式为

$$i_t = \sigma\left(W_{xi} * x_t + W_{hi} * h_{t-1} + W_{ci} \circ c_{t-1} + b_i\right)$$
$$f_t = \sigma\left(W_{xf} * x_t + W_{hf} * h_{t-1} + W_{cf} \circ c_{t-1} + b_f\right)$$
$$c_t = f_t \circ c_{t-1} + i_t \circ \tanh(W_{xc} * x_t + W_{hc} * h_{t-1} + b_c)) \tag{8.1}$$
$$o_t = \sigma\left(W_{xo} * x_t + W_{ho} * h_{t-1} + W_{co} \circ c_t + b_o\right)$$
$$h_t = o_t \circ \tanh(c_t)$$

其中，i_t 代表输入门；f_t 代表遗忘门；c_t 表示当前时刻的状态，c_{t-1} 表示上一时刻的状态；o_t 表示输出门；h_t 表示最终的输出；W 表示权重系数；b 表示相应的偏置值；σ 为 Sigmoid 函数；$\circ$ 代表哈达玛乘积；$*$ 代表卷积。卷积操作可以很好地提取数据的空间特征，而 LSTM 可以很好地提取数据的时间相关性，因此 ConvLSTM 同时具备了时序建模和刻画空间特征的能力，适用于一些时空相关性较强的物理量预测。

基于 ConvLSTM 神经网络建立的风暴潮智能预测模型结构如图 8.7 所示。本模型将 FVCOM 生成的海面高度场数据作为 3 个连续时间步长的输入数据，分别通过 3 层 ConvLSTM 层，经过一个 3 维卷积层输出未来的海面高度场。模型的每一层都使用 ReLU 作为激活函数，使网络获得非线性的映射能力。同时，为了模型能够更好地刻画不同空间尺度的特征，将 4 层卷积核分别设置为 5×5、3×3、1×1 和 3×3。在模型训练时使用 RMSE 作为损失函数，训练至验证集的损失值不再下降后停止。

使用 FVCOM 模拟的 79 个历史台风的漫滩事件数据训练、验证和测试 ConvLSTM 模型。其中，训练集、验证集和测试集样本量的比值约为 8∶1∶1，每个样本的输入是起报时刻前 3 h 的海面高度场，输出是后 3 h 的漫滩情况，均来自于 FVCOM 模式输出结果。ConvLSTM 经过训练集数据的训练后，在测试集中取得了不错的表现。以 1995 年 9 月 1 日 13~15 时的预测结果为例，展示于图 8.8。可以看出，ConvLSTM 能较好地捕获海面高度的动态变化特征，作出和 FVCOM 相似的海面高度分布预测。在漫滩区域的预测方面，ConvLSTM 也能较好地再现 FVCOM 海水漫滩的覆盖情况，漫滩的数值预测与 FVCOM 相比，也能维持在低于 0.2m 的误差，只在少数个别地区达到 0.4m 左右的误差。

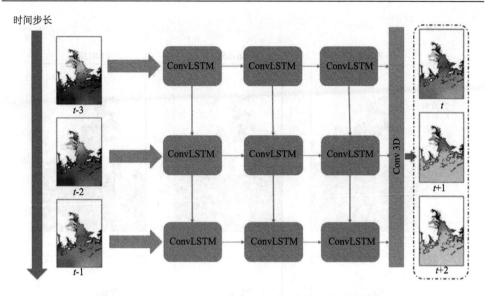

图 8.7　基于 ConvLSTM 建立的风暴潮智能预测模型结构

注：左侧 3 张图分别代表前 3 h 的海面高度场输入；中间为 ConvLSTM 的单元格串联示意图；再经过 3 维卷积
(Conv3D) 后，网络输出结果为右侧的未来 3 h 海面高度场

为了进一步评估考察 ConvLSTM 在多个样本中的预报能力，在所有测试样本中分别计算了 ConvLSTM 3 个小时预测结果与 FVCOM 之间的绝对误差，并求样本平均得到两者间平均绝对误差 (MAE) 的空间分布，如图 8.9 所示。ConvLSTM 预报的误差主要集中在河口近岸区域，可能的原因是没有直接的地形数据作为输入，ConvLSTM 只能根据海面高度变化特征作推测。在地形影响较大的区域，这样预测产生的误差自然较大。此外，误差较大的情况还存在于所选研究范围的边缘区域，这可能是 ConvLSTM 无法有效接收边界外变化信息所导致。对于 ConvLSTM 而言，其输入和输出的域数据是从 FVCOM 模拟结果裁剪所得，因此 ConvLSTM 无法直接获取区域外的海表面高度变化信号，只能从区域内已有的输入数据外推。

在本节中，按照预测参数的不同介绍了两种风暴潮智能预测应用：一种是基于 CNN 的风暴潮单点水位智能预测模型，可以有效地融合大气信息和站点水位信息，从而对站点水位做出预测；另一种是基于 ConvLSTM 的风暴潮二维漫滩预测，通过提取海面高度场的时空变化特征，实现漫滩过程的预测。这些模型需要的计算时间非常少，在台风来临时，有助于相关部门在短时间内做出有效的预警和政策部署。

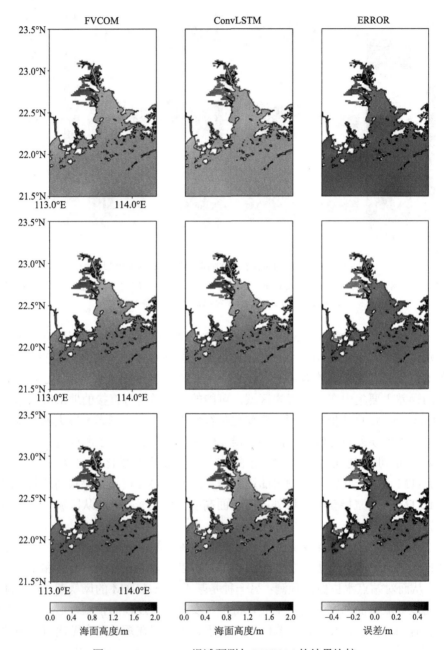

图 8.8　ConvLSTM 漫滩预测与 FVCOM 的结果比较

注：其中从左到右分别代表了 FVCOM、ConvLSTM 预测的海面高度及两者的误差；从上到下分别表示的是 1h、
2h、3h 的预报结果

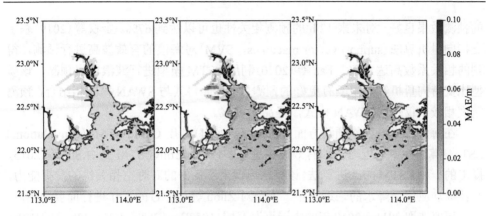

图 8.9　ConvLSTM 预测与 FVCOM 样本平均绝对误差空间分布情况

注：从左到右分别是预报 1h、2h 和 3h 的 MAE 空间分布情况

8.3　海洋波浪智能预测

海浪是发生在海洋表面，具有非线性特征的海洋现象，对海洋工程、海上船只作业、船舶通行等都具有重要影响。海浪作为一种表面重力波，通常可以根据其形成机制的差异分为风浪和涌浪。海浪一般被分解为许多波长和周期不同的随机波用于分析。海浪的主要参数(波高、波长、周期等)受风场强度、水深、内部摩擦等诸多因素影响。目前国内外应用较广的海浪数值预测模式有：美国国家环境预报中心的 Wave Watch III 模式(WW3)、荷兰代尔夫特大学的 Simulating Waves Nearshore(SWAN)模式、中国自然资源部第一海洋研究所袁业立院士团队开发的 LAGFD-WAM 模式、中国海洋大学文圣常院士团队开发的混合型海浪数值预报模式等。传统的海浪数值模式在基本的海浪控制方程组基础上，采用网格化的离散处理，用差分代替微分，不可避免地产生了数值误差，将面临数值计算不收敛、甚至不稳定的问题；同时，海浪数值模式对模拟区域的地形(尤其是近岸浅水区域)、边界等条件要求高，需要输入的外界强迫变量多，这些外部变量的不确定性引入了额外的模式误差，进一步影响了模式的准确性。海浪数值模式需要相当的计算机资源的支撑，在紧急情况下难以满足及时预测的需要。这些因素是制约当前海浪快速准确预报的瓶颈问题。

近年来，迅速发展的人工智能技术以其良好的自适应性和非线性映射能力，为解决物理机制复杂的非线性问题提供了技术保障。目前，人工智能技术在海浪单点和二维场的预测领域进行了一些尝试。Londhe 和 Panchang(2006)利用人工神经网络(artificial neural network，ANN)技术对已有的海浪数据集进行模型训练，借助 ANN 技术对浮标观测的海浪数据进行 24 h 预测，结果显示该方法对未来 6 h

的预测效果良好,对未来 12 h 的预测相关性也可以达到 67%。金权等(2019)基于支持向量机算法(support vector machines,SVM)对海浪的有效波高进行预测,得到的相关系数高达 99%。Fan 等(2020)利用 LSTM 模型进行波浪单点预测,该模型比支持向量机等模型具有更好的预测效果,如将其与 SWAN 模式相结合,预测精度相较于仅使用 SWAN 模式,提高了 65%。

在海浪二维场智能预测方面,Zhou 等(2021)利用 ConvLSTM(convolutional LSTM)算法对中国近海波浪有效波高进行了预测。ConvLSTM 是由 Shi 等(2015)提出的一种 LSTM 的改进算法,该算法展现出了良好的对时空相关性的捕捉能力,并被成功应用于降水的临近预报。本节对 Zhou 等(2021)的工作进行简要介绍。

研究选取 2011~2019 年的中国近海海域(105°E~126°E,4°N~43°N)的 WW3 模式有效波高再分析数据,数据的时间分辨率为 1h,空间分辨率为 0.5°×0.5°。考虑到波浪的时效性,使用的输入数据为 3 个连续时间步长的波浪场数据,并根据预测时长的不同制作相应的数据集。

基于 ConvLSTM 神经网络建立的波浪预测模型结构如 8.10 所示。ConvLSTM 与 LSTM 的主要区别在于将矩阵乘法换成了卷积,卷积操作可以更好地提取数据的空间特征,而 LSTM 则可以很好地提取数据的时间相关性。因此,ConvLSTM 同时具备了时序建模和刻画空间特征的能力,适用于一些时空相关性较强的波浪预测。本模型将 3 个连续时间步长的有效波高数据作为输入数据,分别通过 3 层 ConvLSTM 层,再经过 1 层卷积层输出未来某个时刻的有效波高数据。该模型每一层都使用 ReLU 作为激活函数,提高了模型的非线性表达能力,循环步骤使用 hard_Sigmoid 作为激活函数。同时,为了模型能够更好地刻画不同空间尺度的特征,将 4 层的卷积核分别设置为 5×5、3×3、3×3 和 5×5,在模型训练时使用 RMSE 作为损失函数。

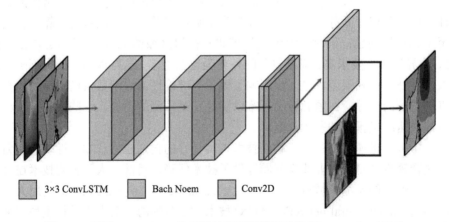

图 8.10　基于 ConvLSTM 的有效波高预测模型结构(Zhou, et al.,2021)

　　Zhou 等(2021)分别对正常和极端海况下有效波高进行 24 h 预测。在一般海况条件下，6、12 和 24 h 预测的相关系数分别为 0.98、0.93 和 0.83，平均绝对百分比误差分别为 15%、29%和 61%。在极端条件(台风)下，6 h 和 12 h 的相关系数分别为 0.98 和 0.94，平均绝对百分比误差分别为 19%和 40%，优于所有数据训练的模型。结果表明，ConvLSTM 对二维波浪预测是可行的，且具有较高的精度和效率。

8.4　海面风速智能预测

　　风速是指空气相对于地球某一固定地点的运动速度，常用单位是 m/s，是重要的环境要素之一。海面风速的大小对海上航行、渔业生产、生态环境以及能源开发等具有重要影响。作为较为稳定的一种风能资源，海上风能得到广泛关注。因此准确的风速预测具有十分重要的经济价值和应用价值。

　　风速预测按其时效来分可以划分为长期预测、中期预测和短期预测。长期预测是指预测未来几年的风速变化，中期预测是指预测未来几周或几个月的风速变化，短期预测是指预测未来几小时到几天的风速变化。传统风速预测主要以数值模式为主，如大气模式 WRF(weather research and forecasting)等，但数值模式不断优化，时空分辨率不断提高，导致计算所需的时间和算力成本也大幅增加。特别是在短期预测方面，受限于计算速度，数值模式并不能在短时间内提供预测结果。

　　为了获得更快速、准确的短期预测结果，前人曾使用 BP 神经网络(Wang, et al.，2018)、RBF 网络(Huang, et al.，2018)和支持向量机(Mohandes, et al.，2003)等神经网络算法对风速及风电功率预测展开研究。而以 RNN 为基础的时序预测问题被作为深度学习领域的重要分支，在其基础上，LSTM 算法、TCN 算法(temporal convolutional network)等模型也被相继提出并应用于风速预测(周楚杰，2019)，预测的准确性和精度得以提高。LightGBM 是一种基于梯度提升树(gradient boosting decision tree，GBDT)的数据模型，可以在占用较少内存并提高预测精度的同时，大幅度提高预测速度。目前，LightGBM 算法已经广泛应用于降水的预测订正、风电功率预测(孙光宇，2020)以及大气海洋数据重构等领域。

　　基于 TCN-LightGBM 算法的风速预测订正模型使用 TCN 算法预测风速，使用 LightGBM 算法订正，研究成果可将 24h 内的风速预测 RMSE 提升约 25%，能够更快地得到更为准确的风速预测结果。

　　TCN 算法可以实现时间序列的卷积，性能要优于循环神经网络，曾被应用于风速预测，其采用一维卷积网络，包括因果卷积、扩张卷积和残差模块。相较于传统的 LSTM，TCN 引入的因果卷积考虑了上下层之间的因果关系，其使用的残差模块和扩张卷积可有效避免梯度消失和梯度爆炸，具有梯度稳定、并行性良好、占用内存低和感受野灵活等优点，从而提高了预测的精度。因果卷积如图 8.11 所示，对于上一层 T 时刻的值，只依赖于下一层 T 时刻及其之前的值。膨胀卷积则允许卷积时的输入间隔采样，采样率受图 8.11 中的空洞卷积参数 d 控制，随着层级变大，有效窗口大小随之呈现指数级增长，以便获得较大的感受野。

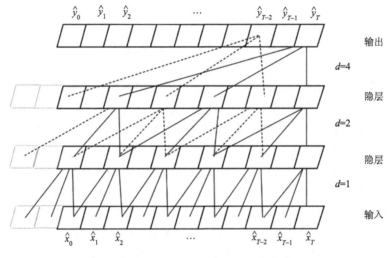

图 8.11　TCN 算法中扩展的因果卷积结构

　　LightGBM 采用带有深度限制的 Life-wise 增长策略，而非其他决策树算法常采用的按层生长策略(图 8.12)。Life-wise 增长策略在所有遍历叶子中，找到分裂收益最大的叶子节点，进行分裂，如此往复。与其他决策树算法按层生长的策略相比，该策略在相同的增长次数下可以获得更好的精度，并能有效地减少对收益较低节点的分裂计算，从而节省计算资源。但是可能会生成较深的树，为此，该方法限制了决策树的最大深度，在保证算法精度的同时，有效防止过拟合现象的出现。

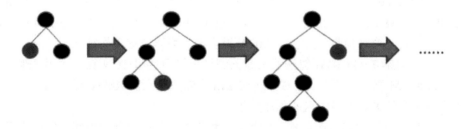

图 8.12　Life-wise 增长策略的决策树

本节利用 TCN-LightGBM 模型对海面风速进行预测，并与真值和 TCN 模型进行比较，图 8.13 展示了基于 TCN-LightGBM 的风速智能预测订正模型在江苏近海八仙角的预测效果，最大的预测步长为 96 h，时间分辨率为 15min。图 8.13 (a) 为两种预报模型 RMSE 随预报时间步长的变化。可以看出随着预测时间步长增加，RMSE 增加，预测时间步长为 12h 后误差变化不明显。同时通过对比可知，LightGBM 算法的引入可以有效地降低 RMSE，提升了预测准确度。为了更加直观地说明，图 8.13 (b) 展示了加入 LightGBM 订正模块后 RMSE 降低的百分比，下降了约 20%。

基于 TCN-LightGBM 算法的风速预测订正模型相对于单一模型，虽然训练和计算时间有所增加，但较传统的数值预测模式来说，速度仍有大幅度提升。同时基于机器学习的风速智能预测订正算法在使用中摆脱了计算资源的限制，可以迁移到普通的计算机上运行，为风速预测个性化和轻便化需求计算提供了可能。

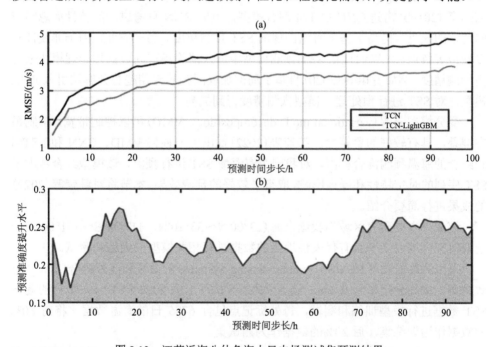

图 8.13　江苏近海八仙角海上风电场测试集预测结果

注：(a) 风速预测 RMSE 随预测时间步长的变化；(b) 预测准确度提升水平随预测时间步长的变化

8.5　海表温度智能预测

海表温度 (sea surface temperature，SST) 是反映海水冷热状况的物理量，对海气之间能量、热量交换起到重要作用；同时也会密切影响热带气旋的形成以及区域气候的变化。因此，掌握 SST 的时空变化规律和精准预测技术，对海洋学、气象学、航海等领域影响深远。

目前 SST 预测方法主要包括数值预测和基于数据驱动的方法。前者基于理论知识建立复杂的热力学和物理学方程组来预测 SST；后者通过建立模型自主学习 SST 数据内部规律，实现智能预测。这方面的研究还刚刚起步，本节对 SST 智能预测已开展的工作进行简单地回顾和介绍。

目前 SST 的智能预测主要采用 LSTM、CNN-LSTM 模型，以及其他混合模型（Xiao, et al., 2019a；2019b；贺琪，等，2020；韩莹，等，2022 等）。传统 RNN 模型的学习能力弱，易产生过拟合现象，研究发现混合模型可以提高预测精度。一方面，将 RNN 与其他预测模型结合，例如 Xiao 等（2019a）将自适应提升算法（adaptive boosting，AdaBoost）融入 LSTM，进行我国东海海域 SST 的单点预测；Xiao 等（2019b）构建 CNN-LSTM 混合模型，克服 RNN 只考虑时间特性而忽略空间特性的缺点，提高了基于海温图像的 SST 预测精度。另一方面，由于非线性和多噪声等特点，可以通过在 SST 预测模型中加入消除噪声的数据预处理模块来提高预测精度，例如贺琪等（2020）将基于局部加权回归的周期趋势分解法引入 RNN 模型，对 SST 进行预处理，模型预测精度得到提高。

变分模态分解（variational mode decomposition，VMD）可以控制带宽，抑制模态混叠，具有较好的鲁棒性。韩莹等（2022）提出了一种将 VMD、CNN 和 LSTM 相结合的海温预测混合模型，对我国东海海域 SST 进行预测，该模型综合考虑了 SST 序列的时空特性和噪声影响，取得了较好的预测效果。本节将对韩莹等（2022）的成果进行简要介绍。

该成果主要研究区域为我国东海（23°00′N～33°10′N，117°11′E～131°00′E），选取研究区域内 7 个具有代表性地点的数据进行相关模型的训练和测试。

采用的数据来自 REMSS（remote sensing systems）的微波和红外融合（MW_IR）数据集，空间分辨率为 9 km。选取 2002 年 6 月 1 至 2020 年 12 月 31 日的逐日 SST 数据进行模型训练和测试，每处标记点包含 6785 日的海温数据，将前 80% 的数据作为训练集，后 20% 的数据作为测试集。

VMD 是一种完全非递归的模态变分和信号处理方法，解决了经验模态分解（empirical mode decomposition，EMD）对噪声和采样信号敏感的局限性。VMD 可以确定模态分解的个数，并自适应地搜寻每种模态的最佳中心频率和有限带宽，实现固有模态分量（intrinsic mode functions，IMF）的有效分离和信号的频域划分。VMD 的核心思想是构建和求解变分问题。

模型采用滑动窗口进行预测，对于选定的标记点，每一处都包含一个 SST 序列。通过指定步长的滑动窗口生成观测窗口和预测窗口，进而从原始的 SST 时序数据中提取历史和未来数据序列，而后将提取的海温数据输入 VMD-CNN-LSTM 模型中进行预测。图 8.14 为 VMD-CNN-LSTM 海温预测模型整体框架图。

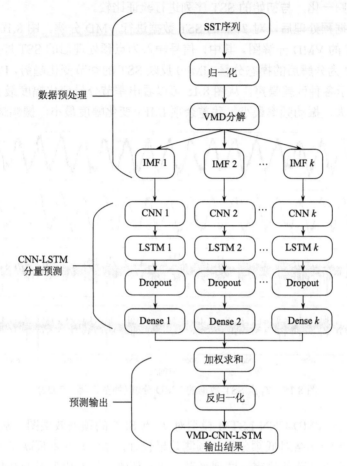

图 8.14　VMD-CNN-LSTM 海温智能预测模型框架图(韩莹，等，2022)

具体步骤如下：

(1)数据归一化，由于季节变化和气候影响，SST 温度变化较大且短时间变化剧烈。因此，对初始 SST 序列进行归一化预处理，将 SST 值限制在 0～1 内，这将有利于模型快速收敛。

(2)数据分解去噪，将归一化的数据输入 VMD 模块进行分解，得到多个模态分量。每一个模态分量代表不同频率的时间序列，同时具备不同的物理意义，减少了噪声对预测模型的影响。

(3)基于 CNN-LSTM 的分量预测，CNN-LSTM 神经网络由 CNN 层、LSTM 层、Dropout 层和 Dense 层组成。将分解的各模态分量依次输入 CNN 层、LSTM

层和 Dropout 层进行特征提取，最后经过 Dense 层输出预测结果。

(4)预测输出，将各模态分量的预测结果加权求和，得到 SST 序列的预测结果；进行反归一化，与初始的 SST 序列进行验证比较。

经过数据预处理后，对 T_1 点的 SST 数据进行 VMD 分解。图 8.16 为 T_1 点前 1000 天 SST 的 VMD 分解图。其中，信号输入为点预处理后的 SST 序列；IMF0、IMF1、IMF2 为分解后的模态分量，IMF0 反映 SST 的季节变化趋势，IMF1、IMF2 为余项，表示各种残差噪声。从图 8.15 可以看出季节分量变化幅度最大，其对应的频谱值最大，振动频率最小，残差余项 IMF1 变化幅度最小，振幅最大。

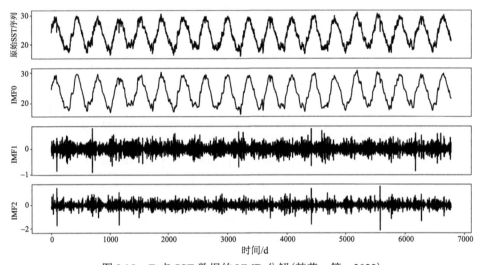

图 8.15　T_1 点 SST 数据的 VMD 分解(韩莹，等，2022)

图 8.16 为 VMD-CNN-LSTM 模型对 T_1 点 SST 的预测效果图。从图 8.16(a)可以看出，神经网络对低频分量的预测效果较好，IMF0 基本反映了初始数据的状况，并且剔除了残差噪声，序列平滑，便于预测。虽然模型对 IMF1、IMF2 的拟合效果一般，但它考虑到了实际噪声，提高了整个模型的预测精度。由图 8.16(b)可以看出，VMD-CNN-LSTM 模型对 SST 的整体拟合效果好，且对异常变化幅度较小处具有较好的预测效果。

为了说明 VMD-CNN-LSTM 模型的有效性，对选取的 7 个标记点分别进行 SST 预测，并将预测结果与传统支持向量机回归(support vector regression，SVR)、LSTM 和门循环单元(gated recurrent unit，GRU)模型进行比较。以 5 天的时间步长预测结果为例，其中各标记点的 RMSE 和 MAE 如图 8.17 所示。以 T_1 点为例，VMD-CNN-LSTM 模型的 RMSE 值比 SVR、LSTM、GRU 分别减少了 73.64%、63.07%、64.5%，MAE 值分别减少了 74.31%、61.89%、64.01%。结果表明 VMD-CNN-LSTM 模型表现最优，LSTM 表现略优于 GRU，SVR 表现最差。

VMD-CNN-LSTM 模型在 T_1 点表现明显优于其他 3 个模型，并且在选取的其他 6 个标记点上仍表现最优，说明了 VMD-CNN-LSTM 模型具有较好的鲁棒性和预测效果。

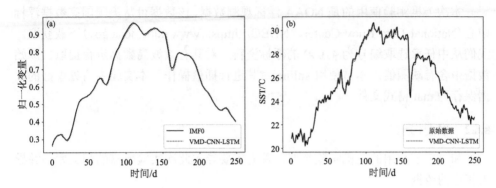

图 8.16　VMD-CNN-LSTM 模型对 T_1 点 SST 的预测效果

注：(a) IMF0；(b) SST（韩莹，等，2022）

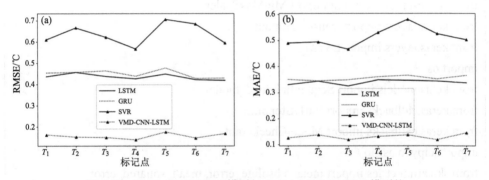

图 8.17　VMD-CNN-LSTM 模型与 SVR、LSTM、GRU 模型的
预测结果对比（韩莹，等，2022）

综上所述，VMD-CNN-LSTM 模型对初始 SST 时间序列进行 VMD 分解，减少噪声对于模型预测的影响；采用 CNN-LSTM 模型对分解的多个模态分量进行特征提取，加快模型收敛速度，提高预测精度；以我国东海海域 SST 为例，采用不同时间步长和不同点的 SST 数据进行验证。结果表明，VMD-CNN-LSTM 模型的预测精度优于其他模型，并且在时间和空间上具有很好的鲁棒性，在海洋科学领域具有一定的参考价值。

8.6　上机实验：有效波高智能预测

为了使读者更加深入理解海洋参数智能预报，本节将使用 LSTM 算法搭建一个简易的网络，对浮标观测的有效波高数据进行智能预测。

8.6.1 数据准备

本次上机实验使用的是 NOAA 浮标观测数据，该数据可从美国国家数据浮标中心（National Data Buoy Center，NDBC）（https://www.ndbc.noaa.gov）下载获取。我们从中任意选取编号为 41049 的浮标资料，对其有效波高数据进行提取。原始数据中含有缺测值，本节使用 spline 对其进行插值操作。本实验中将处理好的数据保存为.mat 格式文件。

8.6.2 模型构建

和 7.7 节介绍的上机实验类似，首先需要导入此次实验所需的相关库，并导入相应的数据。

```
import numpy
from sklearn.preprocessing import MinMaxScaler
from keras.layers import Dense, Dropout
from keras.layers import LSTM
import os
from keras.models import Sequential, load_model
from keras.callbacks import EarlyStopping
from keras.callbacks import ModelCheckpoint
import scipy.io as sio
from sklearn.metrics import mean_absolute_error, mean_squared_error
import matplotlib.pyplot as plt
data = sio.loadmat('test.mat')
```

数据读取完毕后，需要制作相应的训练集和测试集，我们将其定义为两个数据处理的函数，其中对输入数据进行了 0~1 的标准化处理，而对输出数据没有进行标准化处理。在创建训练集的代码中，默认时间是连续的，选取 6 个连续时刻作为输入数据，预测时间步长是 3 h，大家可以根据需要自行调整。本次实验中训练集和测试集的比例为 7∶3。具体代码为

```
look_back = 6
k = 3

def create_dataset(dataset, dataset2, look_back, k):
```

```
        dataX, dataY = [], []
        for i in range (len (dataset) -look_back-1-k) :
            a = dataset[i: (i+look_back) ]
            dataX.append (a)
            dataY.append (dataset2[i + look_back + k])
        return numpy.array (dataX) , numpy.array (dataY)


def tansfor (data_variable) :
        data_variable = data_variable.astype ('float32')
        scaler = MinMaxScaler (feature_range= (0, 1) )
        dataset_noMinMaxScaler = data_variable
        dataset = scaler.fit_transform (data_variable)
        trainlist = dataset
        trainX, trainY = create_dataset (trainlist, dataset_noMinMaxScaler, look_back, k)
        trainX = numpy.reshape (trainX, (trainX.shape[0], trainX.shape[1], 1) )
        return trainX, trainY


data_wave = data['data']
X_wave, Y_wave = tansfor (data_wave)
train_x = X_wave[:int (len (X_wave) * 0.7), :]
train_y = Y_wave[:int (len (X_wave) * 0.7), :]
test_x = X_wave[int (len (X_wave) * 0.7) :len (X_wave), :]
test_y = Y_wave[int (len (X_wave) * 0.7) :len (X_wave), :]
```

本次实验采用一层 LSTM 层和一层 Dense 层，激活函数为 ReLU，损失函数为 MSE，优化器为 Adam，Epoch 设置为 200，batch_size 为 240。保存最优的模型到预设路径中，命名为 'test.hdf5'。具体代码为

```
model = Sequential ()
model.add (LSTM (4, activation='relu', input_shape= (train_x.shape[1], train_x.shape[2]) ) )
model.add (Dense (1) )
model.compile (loss='mse', optimizer='adam')    # adam
model.summary ()
```

```
location = '/data/zsy/GT/P1/model/test.hdf5'
early_stopping = EarlyStopping(monitor='val_loss', patience=30, verbose=1)
model_checkpoint = ModelCheckpoint(location, monitor='val_loss', verbose=1,
save_best_only=True, mode='auto')
model.fit(train_x, train_y, epochs=200, batch_size=240, verbose=1, shuffle=True,
validation_split=0.3,
          callbacks=[model_checkpoint, early_stopping])
```

8.6.3 结果展示

使用 8.6.2 节训练好的模型预测测试集中的数据，计算其 RMSE 和 MAE。最终得出测试集结果，其中，RMSE 为 0.33m，MAE 为 0.11m，绘制部分测试集结果，如图 8.18 所示。

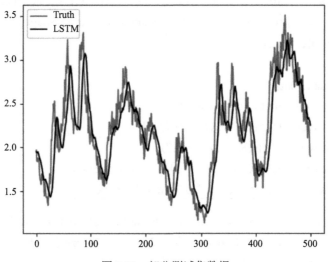

图 8.18　部分测试集数据

```
model = load_model(location)
Predict = model.predict(test_x)
RMSE = numpy.sqrt(mean_squared_error(test_y, Predict))
MAE = mean_squared_error(test_y, Predict)
print("MAE：   " + str(MAE))
print("RMSE：   " + str(RMSE))
#%%
```

```
A = 2000
B = 2500
plt.plot(test_y[A:B], label='Truth', color='red')
plt.plot(Predict[A:B], label='LSTM', color='black')
plt.legend()
plt.show()
```

思考练习题

1. 海洋参数智能预测的基本思路是什么？

2. 对海洋参数进行智能预测的常用人工学习算法有哪些？

3. 从网络下载 NDBC 浮标观测的海表面高度数据，利用 LSTM 网络实现海表面高度的智能预测。

4. 根据 8.6 节介绍的内容，尝试完成有效波高的智能预测。

第9章　动力参数智能估算和模式误差智能订正

　　海洋数值模式是海洋科学研究中的重要手段，海洋环流模式的准确性直接影响全球气候模式的可靠性。数值模式通常采用离散网格点的计算来表征现实中连续发生的物理过程，但由于网格分辨率的限制，小于网格尺度的物理过程往往无法通过数值模式模拟。这样的过程通常称为次网格过程，其对数值模式结果的准确性起到重要影响。在复杂的海洋中，人们对许多物理过程的动力机制认识尚不足，因此需要通过参数化方案来表达次网格过程和机制认识不足的物理过程。在数值模式中，考虑这些次网格尺度过程的发生、发展、衰亡的具体细节，将这些过程产生的影响使用模式已经确定的参数通过简化的函数表达出来，这种方法就叫作参数化方法，而这一简化的函数就被称为参数化方案。

　　目前，海洋模式中常用的垂向混合方案包括 Mellor-Yamada 二阶半湍流封闭方案（Mellor and Yamada，1982）、PP 方案（Pacanowski and Philander，1981）、KPP方案（k-profile parameterization）（Large, et al.，1994）、Hybrid 方案（Chen, et al.，1994）、次中尺度过程诱导的混合参数化方案（Fox-Kemper, et al.，2008）、对称不稳定诱导的混合参数化方案（Dong, et al.，2021）等；而水平混合方案包括类比分子混合的 Smagorinsky 方案（Smagorinsky，1963）和沿等密度面的 GM 方案（Gent and McWilliams，1990）等。这些混合方案对海洋内部的中尺度和次中尺度过程、海浪和内波等小尺度过程对大尺度环流运动的作用进行参数化处理，但关键物理过程的参数化仍有很大的不确定性，是海洋数值模式未来发展的核心问题。由于海洋模式参数化方案对物理过程的描述存在一定偏差和不确定性，参数调优使得模拟预测结果逼近观测显得尤为重要（宋振亚，等，2019）。

　　目前，海洋数值模式中混合参数化方案的选取和调试主要依赖统计回归和启发式经验，费时、低效。机器学习可以从大量参数实验中寻找规律并预测最优参数的取值（Zhang, et al.，2016；Jiang, et al.，2018），或从海量观测数据和高分辨率模式结果中寻找规律并建立新的参数化方案模型（Bolton and Zanna，2019），进而提高海洋模式的模拟和预测能力。Kutz（2017）已成功将神经网络用于雷诺平均湍流模型的开发。Bolton 和 Zanna（2019）利用高分辨率的海洋理想模型，基于 CNN算法实现海洋数据诊断和次网格动力参数评估。当前大气模式参数化智能估算也处于起步阶段，Krasnopolsky 等（2013）利用神经网络估算了数值气候模型中随机对流参数化的非绝热增温和云分布等特征参数。Gentine 等（2018）利用深度神经网络智能估算通用大气模型中的云和辐射过程；Rasp 等（2018）成功地将基于神经网络的参数化耦合到大气环流模型(general circulation models，GCM)中，并进行了多年气候预测；Han 等(2020)基于深度卷积残差网络(residual network，ResNet)，利用 SPCAM(the super parameterization version of community atmosphere model) 模式数据智能估算了大气中的湿物理过程。

本章将分别介绍海洋模式和大气模式中动力参数智能估算的方法，以及数值模式偏差的智能订正。

9.1　海洋模式次网格动力参数的智能估算

海洋模式需要一系列的参数化方案来表征由于网格分辨率限制而未能表征的物理过程，以及模式本身不能表现的物理过程。本节将介绍利用人工智能算法进行海洋模式参数化估算的最新进展。需要提醒读者的是，这方面的研究是一个完全崭新的、快速发展的交叉学科领域，这里介绍的方法很可能会快速更新迭代。希望本节介绍的内容能给对本研究方向感兴趣的读者提供参考。

基于 Bolton 和 Zanna(2019)的研究成果，本节从涡旋可分辨准地转海洋模式的输出结果出发，通过低通滤波得到低分辨率的模式结果，然后利用人工智能算法获得必要的参数化方案。

9.1.1　准地转海洋模式

本节研究使用 PEQUOD(Pacific equatorial ocean dynamics)模型来求解三维斜压准地转(quasi-geostrophic，QG)位涡方程，在 β 平面上引入恒定的风强迫。该理想模式的设置会推导出两个大尺度环流被一个纬向强流分隔的状态，例如，北太平洋的黑潮延伸区，进一步表现出与强平均流相互作用的涡旋。

位势涡度 q 的表达式为

$$q = \nabla^2 q + \beta y + \frac{\partial}{\partial z}\left(\frac{f_0^2}{N^2}\frac{\partial \Psi}{\partial z}\right) \tag{9.1}$$

其中，$f = f_0 + \beta y$ 为行星涡度，f_0 为科里奥利参数，$\beta = \dfrac{\mathrm{d}f}{\mathrm{d}y}$ 为 Rossby 数；$\nabla = \left(\dfrac{\partial}{\partial x}, \dfrac{\partial}{\partial y}\right)$ 为水平梯度算子；$N = \sqrt{-\dfrac{g}{\rho}\dfrac{\mathrm{d}\rho}{\mathrm{d}z}}$ 为浮性频率，g 为重力加速度，ρ 为密度；Ψ 为水平速度 $\boldsymbol{u} = \left(-\dfrac{\partial \psi}{\partial y}, \dfrac{\partial \psi}{\partial x}\right)$ 的流函数。

模式垂向设置为 3 层，其厚度分别为 250、750 和 3000 m，每一层的预测方程可以解析为

$$\frac{\partial q}{\partial t} + (\boldsymbol{u} \cdot \nabla)q = D + F \tag{9.2}$$

其中，$D = \upsilon\nabla^4\psi - r\nabla^2\Psi\delta_{m,3}$ 为耗散；$F = \dfrac{(\nabla \times \tau)_z}{\rho_0 H_1}\delta_{m,1}$ 为风应力旋度强迫；δ 为 Kronecker 函数。该模式的水平分辨率为 7.5 km，即涡旋可分辨模式。耗散的第 1 项相当于 Laplacian 黏度的 4 阶项，带有黏度系数 υ；第 2 项的参数化再现了带有底摩擦系数 r 的 Ekman 层。施加在表层的风应力旋度强迫可表示为

$$F(x,y) = \begin{cases} -\tau_0 \dfrac{0.92\pi}{L\rho_0 H_1} \sin\left(\dfrac{xy}{g(x)}\right) & y \leqslant g(x) \\[4mm] \tau_0 \dfrac{2\pi}{0.9L\rho_0 H_1} \sin\left(\dfrac{x\left[2y - g(x)\right]}{L - g(x)}\right) & y > g(x) \end{cases} \tag{9.3}$$

其中，$g(x) = \dfrac{L}{2} + 0.2\left(x - \dfrac{L}{2}\right)$，$L$ 为 3840 km，是区域的长度；ρ_0 为参考密度。

当模型从静止状态运行到稳定状态后，保存 10 年双环流湍流模式输出的逐日结果训练神经网络，但首先需要降低数据分辨率，使其类似于现场观测或低分辨率模式。

9.1.2　降低数据分辨率

使用空间二维低通滤波器对高分辨率 QG 模式输出的数据进行降分辨率处理，得到类似于卫星测高或具有较大耗散的模式输出数据。利用滤波后的模式输出数据估算模式未解析的小尺度湍流过程强迫。

在数据的每一个时刻的特定层，将空间二维低通滤波器应用于高分辨率的变量 a，过滤后的变量表示为 $\bar{a}$，则滤波后变量的偏差 $a' = a - \bar{a}$。那么函数 $a(x,y)$ 经过低通滤波算子 $G*a$ 后，其在 (x_0, y_0) 处的表达式为

$$\begin{aligned} \bar{a}(x_0, y_0) = G*a &= \iint a(x,y)G(x_0, y_0, x, y)\mathrm{d}x\mathrm{d}y \\ &= \frac{1}{2\pi\sigma^2}\iint a(x,y)\mathrm{e}^{-\left[(x-x_0)^2 + (y-y_0)^2\right]/2\sigma^2}\mathrm{d}x\mathrm{d}y \end{aligned} \tag{9.4}$$

其中，$\sigma = 30$ km 为低通滤波器的标准差，它决定了某个空间尺度以下的信息将被过滤掉，即该滤波器可以从数据中去除空间尺度小于 30 km 的动力学过程信息。

基于式（9.4）对低通滤波器的定义，可以将未解析涡旋过程的变量（低分辨率）对可解析涡旋过程变量（高分辨率）的影响表达出来，忽略垂直效应，则水平动量方程可表示为

$$\frac{\partial \boldsymbol{u}}{\partial t}+(\boldsymbol{u}\cdot\nabla)\boldsymbol{u}+f\boldsymbol{k}\times\boldsymbol{u}=\boldsymbol{F}+\boldsymbol{D} \tag{9.5}$$

其中，$\boldsymbol{F}$ 和 $\boldsymbol{D}$ 分别表示动量强迫和耗散。对式 (9.5) 进行低通滤波，在等式的两侧加上 $(\bar{\boldsymbol{u}}\cdot\nabla)\bar{\boldsymbol{u}}$ 可得

$$\frac{\partial \bar{\boldsymbol{u}}}{\partial t}+(\bar{\boldsymbol{u}}\cdot\nabla)\bar{\boldsymbol{u}}+f\boldsymbol{k}\times\bar{\boldsymbol{u}}=\bar{\boldsymbol{F}}+\bar{\boldsymbol{D}}+\left[(\bar{\boldsymbol{u}}\cdot\nabla)\bar{\boldsymbol{u}}-\overline{(\boldsymbol{u}\cdot\nabla)\boldsymbol{u}}\right] \tag{9.6}$$

$$\frac{\partial \bar{\boldsymbol{u}}}{\partial t}+(\bar{\boldsymbol{u}}\cdot\nabla)\bar{\boldsymbol{u}}+f\boldsymbol{k}\times\bar{\boldsymbol{u}}=\bar{\boldsymbol{F}}+\bar{\boldsymbol{D}}+\boldsymbol{S} \tag{9.7}$$

通过低通滤波运算，在式 (9.7) 中增加了被过滤的涡动量强迫项 $\boldsymbol{S}$，$\boldsymbol{S}=(\bar{\boldsymbol{u}}\cdot\nabla)\bar{\boldsymbol{u}}-\overline{(\boldsymbol{u}\cdot\nabla)\boldsymbol{u}}$ 为未解析的涡动量强迫，即雷诺应力的散度。矢量 $\boldsymbol{S}=(S_x,S_y)$ 表示小尺度涡与大尺度海流的相互作用。

9.1.3　智能估算模型

利用 CNN 模型估算未解析的涡动量强迫 (图 9.1)，该模型的输入数据是经过过滤的海洋理想模式输出的海洋上层流函数 $\bar{\varPsi}$，输出数据是涡动量强迫 $\boldsymbol{S}$ 纬向分量 S_x 和经向分量 S_y。除了验证是否可以通过训练神经网络来估算涡动量强迫之外，模型还将分析不同区域的训练数据对估算结果的影响。因此在理想模式结

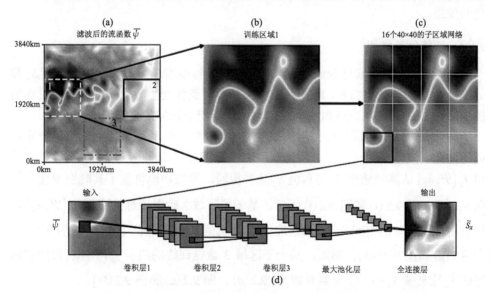

图 9.1　CNN 模型估算未解析的涡动量强迫

注：(a) QG 模式输出的流函数，包括 3 个神经网络的训练区域，其中，区域 1 (白色虚线) 是西边界，区域 2 (黑色固体) 是东部边界，区域 3 (灰色点虚线) 为南部环流；(b) 训练区域 1 内滤波后的流函数；(c) 训练区域 1 被分割成 16 个 40×40 的子区域网格；(d) 每个神经网络的输入是流函数，输出是涡动量强迫的纬向分量或经向分量 (Bolton and Zanna，2019)

果数据中构造了 3 个不同的子区域数据集，子区域中的动力学特征差异很大，其中，区域 1 靠近西边界，存在一个强纬向急流；区域 2 位于急流延伸区下游的东部边界附近，动力学性质更像波浪；区域 3 位于南部环流的中心，比区域 1 和区域 2 活跃度低。

将 3 个子区域的 10 年逐日数据从时间上分为训练数据集和验证数据集，前 9 年（~3300 天）的数据用于训练神经网络，最后 1 年（~350 天）的数据用于验证。为了减少计算成本和每个 CNN 的参数数量，在空间上将每个子区域从最初的 160×160 网格分割成 16 个 40×40 的网格区域，如图 9.1 (c) 所示。这样可以减少训练权重的数量，从而减少计算成本。

利用 3 个不同子区域的数据来训练 CNN 模型分别得到 S_x 和 S_y，这样就总共有 6 个模型。每个 CNN 模型可以用 $f_i(\overline{\Psi}, w_R)$ 表示，其中，$i=(x,y)$ 表示涡动量强迫 S 的纬向分量 S_x 和经向分量 S_y；$\overline{\Psi}$ 表示流函数；w_R 表示神经网络的训练权重，$R=(1,2,3)$，代表 3 个不同的子区域。

每个 CNN 模型包含 3 个卷积层、1 个最大池化层和 1 个全连接层[图 9.1 (d)]。最大池化层通过选择 2×2 格点区域内的最大值降低前一层的维度，为了使神经网络具有学习非线性函数的能力，在各层之间添加了 SELU 函数（scaled exponential linear unit）作为激活函数，将数据扩展到 0 均值和单位方差，达到批处理和归一化的效果。

9.1.4　智能估算结果

如图 9.2 所示，通过 Snapshot、时间平均和标准差 3 个指标来验证真值 S_x 和估算值 $\tilde{S}_x$ 的时空变化特征。真值 S_x 的空间和时间变化均主要受到急流动力过程的控制[图 9.2 (a)、图 9.2 (e) 和图 9.2 (i)]，西边界向东延伸的强流清晰可见。

利用 3 个不同子区域的数据训练的 CNN 模型均再现了真值 S_x 的空间分布特征，如图 9.2 (b)~图 9.2 (d)，但是数值上差异较大。基于子区域 1 数据训练的模型 $f_x(\overline{\Psi}, w_1)$ 估算的结果 $\tilde{S}_x$ 与真值 S_x 几乎相同，即成功地再现了其时空变化，如图 9.2 (b)、图 9.2 (f) 和图 9.2 (j) 所示。基于子区域 2 数据训练的模型 $f_x(\overline{\Psi}, w_2)$，尽管再现了正确的空间分布，但估算值 $\tilde{S}_x$ 与真值 S_x 相比低估了约 50%[图 9.2 (c)、图 9.2 (g) 和图 9.2 (k)]。然而，基于子区域 3 数据训练的模型 $f_x(\overline{\Psi}, w_3)$ 得到的估算值 $\tilde{S}_x$ 比真值 S_x 小了 1 个数量级[图 9.2 (d)、图 9.2 (h) 和图 9.2 (l)]。

进一步计算真值 S_x 和智能估算值 $\tilde{S}_x$ 之间的相关性，发现 $f_x(\overline{\Psi}, w_1)$ 和 $f_x(\overline{\Psi}, w_2)$ 两个模型的智能估算值 $\tilde{S}_x$ 在西边界急流区与真值 S_x 高度相关（$r>0.9$），但在东部边界附近相关性趋于 0 或呈负相关[图 9.2 (m) 和图 9.2 (n)]；$f_x(\overline{\Psi}, w_3)$ 模

型智能估算值 $\tilde{S}_x$ 在环流区和其他静态区域呈现正相关[图 9.2(o)]。

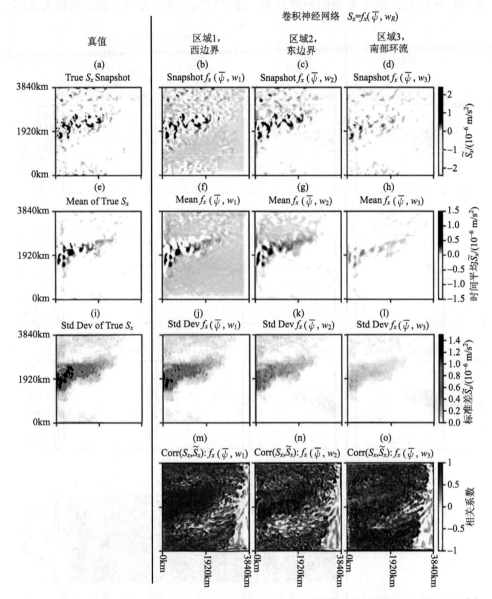

图 9.2 涡动量强迫纬向分量真值 S_x 与基于 3 个不同子区域数据训练模型的智能估算值 $\tilde{S}_x$

注：(a)～(d) 为 Snapshot，(e)～(h) 为时间平均；(i)～(l) 为标准差；(m)～(o) 为真值 S_x 与智能估算值 $\tilde{S}_x$ 的相关性；第 1 列表示真值 S_x，第 2～4 列分别表示基于区域 1、区域 2 和区域 3 数据训练的模型智能估算值 $\tilde{S}_x$（Bolton and Zanna，2019）

　　经向分量 S_y 的时空变化也显示出了相似结果，如图 9.3 所示。急流的蜿蜒使得经向分量 S_y 产生了复杂的空间分布，通过时间平均，发现在急流两侧 S_y 的符

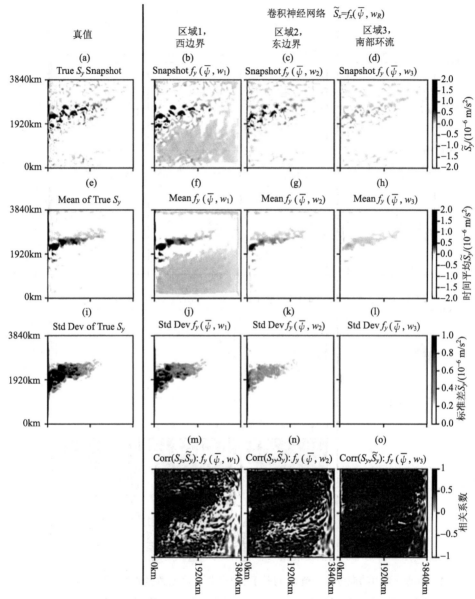

图 9.3　涡动量强迫经向分量真值 S_y 与基于 3 个不同子区域数据训练模型的智能估算值 $\tilde{S}_y$

注：(a)～(d) 为 Snapshot；(e)～(h) 为时间平均；(i)～(l) 为标准差，(m)～(o) 为真值 S_y 与智能估算值 $\tilde{S}_y$ 的相关性；第 1 列表示真值 S_y，第 2～4 列分别表示基于区域 1、区域 2 和区域 3 数据训练模型的智能估算值 $\tilde{S}_y$（Bolton and Zanna，2019）

号相反。通过对比可以发现，$f_y(\overline{\varPsi}, w_1)$ 模型可以最有效地再现真值 S_y，但在整个区域内存在一定的正偏差[图 9.3(f)]，$f_y(\overline{\varPsi}, w_2)$ 和 $f_y(\overline{\varPsi}, w_3)$ 模型的估算结果均不存在这样的偏差。经向分量真值 S_y 与估算值 $\tilde{S}_y$ 之间的相关性与纬向分量相似，$f_y(\overline{\varPsi}, w_1)$ 和 $f_y(\overline{\varPsi}, w_2)$ 两个模型智能估算的结果在急流区呈现高相关($r > 0.8$)。尽管，$f_y(\overline{\varPsi}, w_3)$ 模型未能再现急流区的时空变化，但其估算结果在整个区域内均表现出很好的正相关性。

模型智能估算结果的相关性均在东部边界处较低，部分原因是该区域中的涡动量强迫比其他区域低几个数量级。东部边界较大的空间尺度导致小尺度变化很小，涡动量强迫趋于 0，因此模型的估算能力下降。

9.2　大气模式湿物理参数的智能估算

大气模式中，湿物理过程涉及云和对流。云在地球系统的辐射收支和水文循环中起着重要作用，云的潜热释放和对流与大气环流相互作用，影响全球物质和能量的输运和分布。然而，云和对流却是气候模型中最难表现的过程。云相关过程的空间尺度可以从形成云滴的微米尺度到热带扰动的数千千米尺度不等，其中的云微物理过程必须参数化。此外，目前的大气环流模式分辨率较粗，不能分辨对流过程，因此对流过程也需要进行参数化。目前云和对流的参数化已成为大气环流模式中的研究核心。

云和对流的参数化方案是基于有限的观测以及一些经验关系得到的。在这些参数化方案中，云和对流被理想化为单个千米级尺度的个体。虽然目前大多数云和对流参数化方案可以定性地反映热量和水分的对流输送和冷凝加热，但许多重要的特征并没有得到反映。

20 世纪 80 年代以来，云解析模式(cloud‐resolving models，CRM)一直用于模拟对流，CRM 年的不断发展使其能够更真实地模拟对流；CRM 也一直用来表现大气环流模式中的对流过程，被称为超参数化。Khairoutdinov 等(2005)开发了美国国家大气研究中心通用大气模型(National Center for Atmospheric Research Community Atmosphere Model，NCAR CAM)的超参数化版本(superparameterized version，SPCAM)，该模型在大气环流模式的对流特征方面表现得较好。然而，如果对未来的气候进行预测，需要花费长达 1 个世纪的时间，模型计算成本太高。

在过去的几年中，数据驱动的机器学习在大气科学中得到应用。Krasnopolsky 等(2013)利用 CRM 输出的热带西太平洋数据，基于神经网络开发了一种用于数值天气预测和气候模式的随机对流参数化方案，该参数化方案可以模拟 NCAR

CAM4 中的非绝热加热和云分布等主要特征。Gentine 等(2018)开发了一种深度神经网络,用于预测基于 SPCAM 数据训练的云和辐射过程。Rasp 等(2018)成功地将基于神经网络的参数化耦合到大气环流模式中,并进行多年预测模拟,很好地再现了 SPCAM 的模拟结果。O'Gorman 和 Dwyer(2018)利用融入常规对流参数化方案的大气环流模式的输出数据开发了基于随机森林决策树的对流参数化方案。Han 等(2020)使用深度卷积残差网络(ResNet)模拟 SPCAM 中具有实际全球陆地-海洋分布意义的湿物理过程。本节将对 Han 等(2020)的研究成果进行简要介绍。

9.2.1　湿静力能量守恒

在湿物理过程(对流和云凝结)中,大气的湿静力能量在没有结冰的情况下是守恒的。从对流和冷凝的温度和湿度变化趋势可以看出

$$c_p\left(\frac{\partial T}{\partial t}\right)_{mp} = -\frac{\partial \overline{\omega' s'}}{\partial p} + L_v\left(c - e\right) + L_f c_f \tag{9.8}$$

$$L_v\left(\frac{\partial q}{\partial t}\right)_{mp} = -L_v\frac{\partial \overline{\omega' q'}}{\partial p} - L_v\left(c - e\right) \tag{9.9}$$

其中,$\frac{\partial T}{\partial t}$ 和 $\frac{\partial q}{\partial t}$ 分别表示湿物理过程(mp)引起的温度变化和湿度变化;$\overline{\omega' s'}$ 和 $\overline{\omega' q'}$ 分别表示通过对流引起的热量输运和水分输运;$c - e$ 代表云凝结和降水过程中的冷凝减去蒸发;c_f 为冷凝物结冰的比例;c_p 为空气的热容量;L_v 为冷凝的潜热;L_f 为结冰的潜热。将式(9.8)和式(9.9)相加,并从地表到模型顶部进行质量积分,忽略地表的湍流通量,可以得到湿静力能量 $h = c_p T + L_v q + gz$ 的表达式为

$$\frac{1}{g}\int_{pt}^{pb}\frac{\partial h}{\partial t}\mathrm{d}p = \frac{1}{g}\int_{pt}^{pb}L_f c_f\mathrm{d}p \tag{9.10}$$

换句话说,在不考虑结冰的情况下,h 的柱状积分在湿过程中是守恒的。

9.2.2　神经网络设置和数据

基于 ResNet 开发的次网格尺度参数化模型如图 9.4 所示。模型利用一维卷积提取垂直廓线特征,如对流时的系统动力平流或不稳定的垂直温度和湿度结构;并利用它们从湿物理过程中预测次网格尺度的温度和湿度变化趋势等。考虑到计算效率,使用的 ResNet 在深度和宽度上都是中等的,模型包含 10 个残差单元,深度为 22 层;使用含有 128 个特征向量的一维卷积层,以及 128 个卷积核大小为 3×3 的滤波器,通过在两端填充 0,使得所有层的特征向量长度保持不变。每个残差单元内采用 ReLU 作为激活函数,输出层的最后一个激活函数采用 tanh 函数。

整个模型的目标是基于 SPCAM 中二维 CRM 输出数据智能估算湿物理过程的各种参数，该 ResNet 被简称为 ResCu。

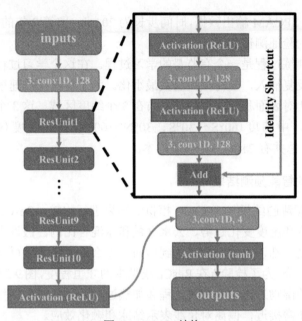

图 9.4　ResCu 结构

注：它由许多残差单元组成，每个残差单元（黑框）包含 2 个激活函数、2 个卷积层和 1 个快捷方式；一维卷积层
有 128 个核，卷积核大小为 3×3（Han, et al., 2020）

模型以 ResCu 和 SPCAM 得到的 h 变化趋势的积分之差的二范数 $\dfrac{1}{g}\displaystyle\int_{pt}^{pb}\dfrac{\partial h_{\mathrm{SPCAM}}}{\partial t}\mathrm{d}p - \dfrac{1}{g}\displaystyle\int_{pt}^{pb}\dfrac{\partial h_{\mathrm{ResCu}}}{\partial t}\mathrm{d}p_2$ 作为损失函数，使 ResCu 的 h 变化趋势的柱状积分与 SPCAM 相匹配，从而将 h 守恒融入湿物理过程中。因此损失函数为

$$\mathrm{loss} = \hat{y} - y_2 + \lambda \frac{1}{g}\int_{pt}^{pb}\frac{\partial h_{\mathrm{SPCAM}}}{\partial t}\mathrm{d}p - \frac{1}{g}\int_{pt}^{pb}\frac{\partial h_{\mathrm{ResCu}}}{\partial t}\mathrm{d}p_2 \tag{9.11}$$

其中，y 表示 SPCAM 的目标域；$\hat{y}$ 表示 ResCu 的输出；λ 为拉格朗日算子，用于加强 h 守恒和准确性。基于 ResCu 开发过程中的大量实验，$\lambda = 5 \times 10^{-7}$ 时，可以达到 h 守恒和最优的预测准确性。

ResCu 的训练数据为驱动 SPCAM 的参数，包括温度（T）和湿度（q）的垂直廓线、大尺度温度和湿度变化趋势 $\left[\left(\dfrac{\partial T}{\partial t}\right)_{\mathrm{l.s.}} \text{和} \left(\dfrac{\partial q}{\partial t}\right)_{\mathrm{l.s.}}\right]$、行星边界层扩散、地表的潜热通量（$\mathrm{SLHF}/L_v$）和感热通量（$\mathrm{SSHF}/c_p$），以及地表气压（$p_s$）。利用 4 个时间步长（20 min）的 SPCAM 数据进行训练，这意味着 1.5h 之前的大气状态可以

影响当前的对流和云层。ResCu 输出为湿物理过程引起的温度和湿度变化趋势（$\frac{\partial T}{\partial t}$ 和 $\frac{\partial q}{\partial t}$）、云水含量（$q_c$）和云冰含量（$q_i$）。该数据为 1998 年 1 月 1 日至 2001 年 3 月 31 日的 SPCAM 输出数据，时间步长为 20 min，取第 2 年的数据为训练集，第 3 年的数据为验证测试集。

ResCu 的训练过程是一个有监督的学习过程。在这个学习过程中，数据通过逆误差传播，反复输入，使得损失函数最小化。为了提高训练速度，选取了 800 个网格点，按相对表面积的比例随机分布在 3 个纬度区域。这 3 个区域包括热带（30°S～30°N）、中纬度（60°S～30°S、30°N～60°N）和高纬度（90°S～60°S 和 60°N～90°N），总共有 2100 万个训练样本。

9.2.3　ResCu 的智能预测结果

将 ResCu 预测的结果与 SPCAM 模拟的结果进行比较，ResCu 预测了湿物理过程引起的温度和湿度变化趋势、云水含量和冰混合比例。假设大气柱中所有凝结水减去蒸发之后都以降水的形式落到地面，那么地表降水就可以诊断为湿度变化趋势的垂向积分。为了检验 h 在 ResCu 模型中的守恒程度，图 9.5 比较了 SPCAM 和 ResCu 模拟的湿物过程中的增湿过程和加热过程的垂向积分。对比后不难发现，两者的散点图非常接近，偏离对角线表示结冰和融化效应。

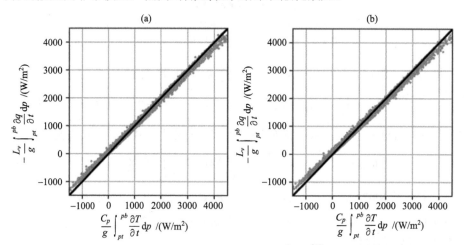

图 9.5　SPCAM 和 ResCu 得到的增湿过程垂向积分（$-\frac{L_v}{g}\int_{pt}^{pb}\frac{\partial q}{\partial t}\mathrm{d}p$）和加热过程垂向积分

（$-\frac{C_p}{g}\int_{pt}^{pb}\frac{\partial T}{\partial t}\mathrm{d}p$）的散点图比较

注：(a) 为 SPCAM；(b) 为 ResCu

　　ResCu 很好地再现了 SPCAM 中对流和大规模冷凝产生的非绝热加热和增湿过程。图 9.6(a) 和图 9.6(b) 显示了由湿物理过程引起的年平均加热和增湿过程的纬度-高度横断面。SPCAM 显示热带地区的高层大气中存在加热和减湿过程,进一步诱导深对流;在亚热带地区的低层大气中存在加热和增湿过程,导致副热带的浅对流、层云和层积云;在中纬度地区,由于中纬度气旋的影响,400 hPa 以下的高度出现加热和减湿过程。ResCu 很好地捕获了所有这些特征[图 9.6(c) 和图 9.6(d)]。在大多数地区,ResCu 和 SPCAM 之间的差异小于 10%[图 9.6(e) 和图 9.6(f)],ResCu 对热带对流层中层的加热过程存在少许低估,而对热带和亚热带对流层低层的增湿过程存在少许高估。

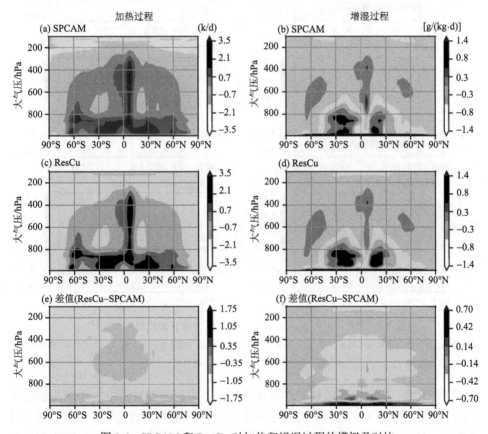

图 9.6　SPCAM 和 ResCu 对加热和增湿过程的模拟及对比

注:　SPCAM[(a)、(b)]和 ResCu 模拟[(c)、(d)]年纬向平均的加热(左列)和增湿过程(右列)的纬度-高度截面;
以及两模型之间的差值[(e)、(f)](Han, et al., 2020)

　　不同于其他基于神经网络的参数化,ResCu 仅反映湿物理过程,不包括辐射加热过程,因此还可以预测辐射传输方案的云冷凝物(云水和云冰)含量。图 9.7

显示了年平均云水含量和云冰含量的纬度-高度截面，以及 ResCu 和 SPCAM 之间的差异。ResCu 模拟的云水含量和云冰含量与 SPCAM 模拟的结果非常接近。云水集中在对流层中下层，云冰集中在对流层上层。ResCu 预报的误差主要出现在云水含量和云冰含量较大的地区，但相对误差不到 5%。

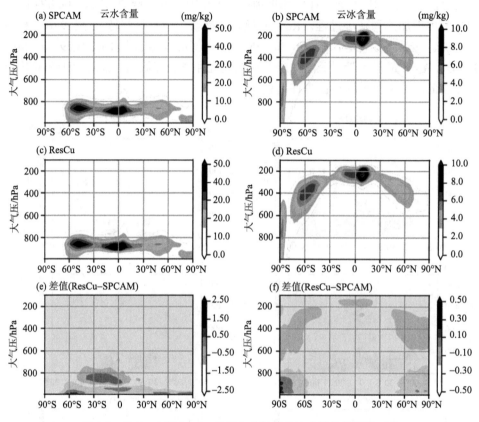

图 9.7　SPCAM 和 ResCu 对云水含量和云冰含量的模拟及对比

注：SPCAM[(a)、(b)]和 ResCu 模拟[(c)、(d)]年纬向平均的云水含量(左列)和云冰含量(右列)的纬度-高度截面；以及两模型之间的差异[(e)、(f)](Han, et al., 2020)

　　综上所述，ResCu 可以较好地再现 SPCAM 中湿物理过程中的非绝热加热和增湿过程的全球分布。此外，对云水含量和云冰含量的预测也非常准确。表 9.1 使用 R^2、偏差和 RMSE 3 个指标总结了 ResCu 的总体性能。4 个输出变量的 R^2 都很高，从增湿过程的 0.877 到云冰含量的 0.998；与 SPCAM 模拟相比，全球平均相对偏差只有几个百分点；每个预测参数的 RMSE 均小于标准偏差的 35%。

　　湿物理过程(对流和云)参数化是气候模拟和未来气候预报中最大的不确定来源之一。未来还可以通过深度学习模型智能估算大气辐射计算中需要的云的其他参数, 如云滴数浓度和云滴半径等。

表 9.1　ResCu 输出的 4 个参数(Han, et al., 2020)

	增湿过程	加热过程	云水含量	云冰含量
R^2	0.877	0.928	0.959	0.998
偏差	−0.024(5.7%)	0.0244(8.3%)	0.129(2.8%)	0.040(4.6%)
RMSE	1.621(34.9%)	1.539(26.8%)	4.340(20.2%)	0.485(4.5%)

9.3　数值模式误差智能订正

数值模式作为海洋和大气科学领域的重要工具, 对于理解海洋大气相关物理过程、模拟和预报、预测、预估研究具有关键意义。虽然数值模式的发展已经取得长足进步(Shu, et al., 2013; Bauer, et al., 2015), 但由于初始条件和边界条件的不准确、对物理过程认识的不足、参数化方案的不完善和分辨率的限制等, 模式的模拟和预测较观测仍存在一定偏差(宋振亚, 等, 2019; Cho, et al., 2020)。模式结果的误差后处理订正对于提高模式准确率就显得格外重要。

模式误差订正在大气科学领域起步较早, 在海洋科学领域还刚刚起步。大气领域传统的误差订正模式多采用 MOS(model output statistics)(Glahn and Lowry, 1972)和 PP(perfect prog)(Klein, et al., 1959)。两者都是通过建立模式与观测的线性关系修正模式偏差, 能力有限。随着计算机计算能力的提高, 机器学习特别是深度学习技术越来越多地应用于地学领域。在模式误差订正方面, 机器学习能从大量模式与观测数据中学习规律, 建立线性和非线性模型, 达到订正模式误差的目的(宋振亚, 等, 2019)。Cho 等(2020)使用随机森林、支持向量机回归、人工神经网络和多模式集合方法分别订正模式输出的次日最高气温和最低气温, 并对各种方法进行了综合评估。Han 等(2021)使用 CU-Net 的深度学习方法对 ECMWF 模式输出的 4 种天气变量(2m 气温、2m 相对湿度、10m 风速和 10m 风向)的 24～240h 预报结果进行订正, 同时与传统方法进行对比, 将误差订正问题转化为图像对图像的问题。Kim 等(2021)将模式预测结果和观测数据与深度学习误差订正方法结合, 以提高 MJO(Madden-Julian oscillation)预测技巧。本节将以 Kim 等(2021)的研究结果为例, 介绍人工智能在模式误差订正方面的应用。

Kim 等(2021)使用来自国际次季节到季节预测和次季节试验项目的长期再预测数据, 统称季节到次季节再预测数据, 该数据提供了 8 个再预测模式的信息, 包括初始化间隔、集合大小、再预测周期和样本大小。为识别 MJO 事件, 利用 ECMWF Interim 再分析数据计算 850hPa(U850)和 200hPa(U200)的日平均纬向风,利用来自 NOAA 的 AVHRR 数据计算向外长波辐射,利用两者确定实时多变量 MJO 指数(real-time multivariate MJO indices,RMM)并以此作为观测数据。

对 MJO 的订正采用了长短时记忆网络,即 LSTM。LSTM 的网络结构在本书 6.2 节已详细介绍,在这里不做赘述。在训练期间,输入变量为某一时刻模式模拟的 RMM1 指数和 RMM2 指数,输出变量为同一时刻观测的 RMM1 指数和 RMM2 指数。虽然 LSTM 通常用于时间序列的数据预测,但这里关注模式与观测的同时关系,利用 LSTM 订正模式中的系统误差来提高建模数据的质量。为了使模型简单高效,最终的误差订正模型使用的 LSTM 结构为一个有两个节点的输入层,一个有 10 个节点的隐层和一个有两个节点的输出层。

在误差订正过程中,本节研究使用的是留一法,即留出一年数据进行交叉验证。例如,在 1997 年修正模式结果时,利用其余 19 年(1998~2016 年)MJO 事件的模式和观测数据训练 LSTM 模型。然后,将训练期训练得到的模型直接用于 1997 年这一目标年的 MJO 事件的订正。

图 9.8 给出了观测、模式预测和 LSTM 模型订正后的 RMM 多模式平均合成相空间图,其作为 MJO 初始阶段的函数,并提前预测第 1~28 天的实时多变量

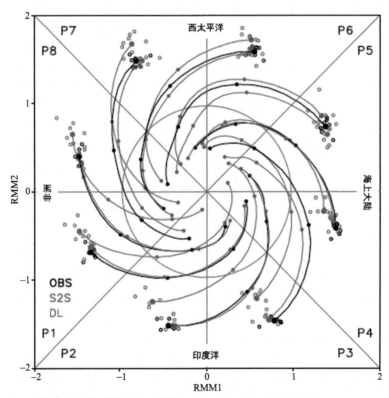

图 9.8　观测、模式预测和 LSTM 模型订正后的 MJO 合成图(Kim, et al.,2021)

MJO 指数。8 个单独的模式在第 1 天的预测用空心圆表示，多模式平均结果用大的实心圆表示，小的实心圆表示从第 1 天开始的 7 天间隔。可以看出第 1 天预测和观测结果之间存在明显差异，大多数模式预测的振幅较弱的相位(相位 2 和相位 3)或者较强的相位(相位 6 和相位 7)相对于观测存在较大偏移，而 LSTM 订正后的结果减小了这些系统误差。

　　图 9.9 给出了订正前后模式预测和观测的 RMM 指数之间的二元均方根误差(bivariate root-mean-squared error，BMSE)。振幅误差在模式预测中主要出现相位 2 和相位 3[图 9.9(a)]，经过 LSTM 模型订正后，振幅误差在不同相位的不同提前期均显著减小[图 9.9(c)]。大多数模式预测显示 MJO 相位存在较大误差[图 9.9(b)]，通过 LSTM 模型订正后，所有模式预测的相位误差均显著减小[图 9.9(d)]。

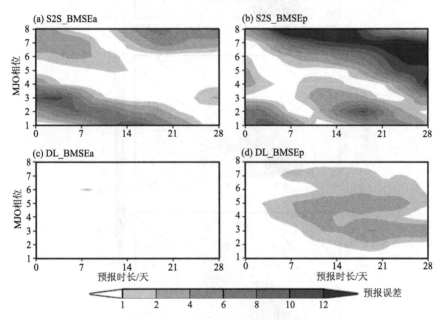

图 9.9　多模式平均预测和 LSTM 订正后的二元均方根误差(Kim, et al.，2021)

　　数值模式一直难以准确预测海上大陆上空的 MJO 传播，特别在印度洋(相位 2 和相位 3)进行初始预测时。图 9.10 显示了观测、预测和 LSTM 订正后的 MJO 传播特征。与观测中穿过海上大陆并传至西太平洋的向东传播的 MJO 信号[图 9.10(a)]相比，模式中预测最好的 ECMWF-Cy43r3 中的 MJO 信号在对流异常到达海上大陆(约 120°E)之前显示出快速的衰减[图 9.10(b)]，经过 LSTM 订正，对 MJO 的振幅和相位的预测得到改进，MJO 的传播与 2 周后的观测结果更加接近[图 9.10(c)]。

　　综上所述，LSTM 模型有效地订正了 MJO 预测过程中出现的系统误差，振幅和相位误差都得到了大幅度减小。由于模型简单高效，基于 LSTM 的订正方法可以应用到实时的 MJO 预测，帮助用户规避与 MJO 相关的风险事件。值得注意的是，模式误差订正只是对模式结果的后处理，但要使 MJO 预测达到其 7 周的潜在可预报性，必须要研发模式预报系统，改善相关物理过程的模拟和预测，才能尽量减小系统误差。

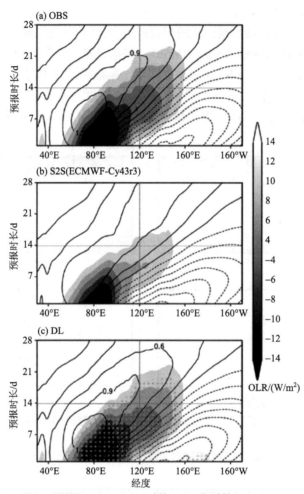

图 9.10　观测、预测和 LSTM 订正后的 MJO 传播特征(Kim, et al.，2021)

思考练习题

1. 本章介绍了几种模式动力参数智能估算的应用，进行动力参数智能估算的基本思路是什么？

2. 机器学习修正数值模式偏差原理是什么？

3. 除了本章介绍，还有哪些人工智能方法修正数值模式偏差的例子？

参 考 文 献

陈贵峰, 杜铭华, 戴和武, 等. 1997. 海洋浮油污染及处理技术[J]. 环境保护, 1: 10-13.

陈惟昌. 1991. 生物神经元网络与人工神经网络[J]. 科技导报, 3: 41-44.

程友良. 2008. 海洋内波研究现状及展望[C]. 杭州: 中国可再生能源学会海洋能专业委员会成立大会暨学术讨论会.

邓湘宁. 2021. 人工智能在高校心理问题自我诊疗及健康教育中的创新应用[J]. 吉林医药学院学报, 6: 427-428.

董昌明. 2015. 海洋涡旋探测与分析[M]. 北京: 科学出版社.

董昌明, 王锦, 李春辉, 等. 2021. 海洋数值模拟[M]. 北京: 科学出版社.

韩莹, 孙凯强, 张栋, 等. 2022. 一种基于深度学习的海表温度混合预测方法[J]. 海洋环境科学, 已接收.

贺琪, 查铖, 宋巍. 2020. 基于 STL 的海表面温度预测算法[J]. 海洋环境科学, 6: 918-925.

洪阳, 侯雪燕. 2016. 海洋大数据平台建设及应用[J]. 卫星应用, 6: 26-30.

黄冬梅, 邹国良. 2016. 海洋大数据[M]. 上海: 上海科学技术出版社.

金权, 华锋, 杨永增. 2019. 基于 SVM 的海浪要素预测试验研究[J]. 海洋科学进展, 37(2): 199-209.

雷森, 史振威, 石天阳, 等. 2017. 基于递归神经网络的风暴潮增水预测[J]. 智能系统学报, 12(5): 640-644.

李艳梅, 曾文炉, 余强, 等. 2011. 海洋溢油污染的生态与健康危害[J]. 生态毒理学报, 4: 345-351.

林春霈, 左常圣, 蔡俊华, 等. 2020. 基于无人机的海表环境智能监测系统设计与应用[J]. 海洋信息, 35(2): 17-24.

刘帅, 陈戈, 刘颖洁. 2020 海洋大数据应用技术分析与趋势研究[J]. 中国海洋大学学报: 自然科学版, 1: 154-164.

刘天齐. 1997. 环境保护概论[M]. 北京: 高等教育出版社.

芦旭熠, 单桂华, 李观. 2020. 基于深度学习的海洋中尺度涡识别与可视化[J]. 计算机系统应用, 29(4): 65-75.

濮文虹, 周李鑫, 杨帆, 等. 2005. 海上溢油防治技术研究进展[J]. 海洋科学, 6: 73-76.

宋晓丽, 黄蕊, 苑克磊, 等. 2015. 山东半岛东部沿海绿潮灾害的发生特点[J]. 海洋环境科学, 3: 391-395.

宋振亚, 刘卫国, 刘鑫. 2019. 海量数据驱动下的高分辨率海洋数值模式发展与展望[J]. 海洋科学进展, 37(2): 161-170.

孙光宇. 2020. 基于卷积神经网络和多模型融合的超短期风电功率预测的研究[D]. 北京: 华北

电力大学.

孙乐成, 周青, 王娟. 2019. 海洋溢油遥感探测技术现状及预见[J]. 海洋开发与管理, 3: 49-53.

王鹏涛, 章紫桐. 2021. AI 驱动下学术出版服务自然科学知识生产的机制分析[J]. 出版科学, 6: 12-19.

伍亚舟, 陈锡程, 易东. 2022. 人工智能在临床领域的研究进展及前景展望[J]. 陆军军医大学学报, 44(1): 89-102.

于军. 2008. 海上溢油的环境化学行为分析[J]. 资源与环境, 1: 60-61.

张盟, 杨玉婷, 孙鑫, 等. 2020. 基于深度卷积网络的海洋涡旋检测模型[J]. 南京航空航天大学学报, 52(5): 708-713.

周楚杰. 2019. 基于 LSTM 和 TCN 混合深度学习的风速短期预测模型[D]. 兰州: 兰州大学.

周苏, 冯婵, 王硕苹. 2016. 大数据技术与应用[M]. 北京: 机械工业出版社.

周志华. 2016. 机器学习[M]. 北京: 清华大学出版社.

Alyuruk H. 2019. R and Python for Oceanographers: A Practical Guide with Applications[M]. Amsterdam: Elsevier.

Arellano-Verdejo J, Lazcano-Hernandez H E, Cabanillas Teran N. 2019. ERISNet: deep neural network for Sargassum detection along the coastline of the Mexican Caribbean[J]. Peer J, 7, e6842.

Bauer P, Thorpe A, Brunet G. 2015. The quiet revolution of numerical weather prediction[J]. Nature, 525(7567): 47-55.

Bessho K, Date K, Hayashi M, et al. 2016. An introduction to Himawari-8/9 Japan's new-generation geostationary meteorological satellites[J]. Journal of the meteorological society of Japan ser II, 94(2): 151-183.

Bolton T, Zanna L. 2019. Applications of deep learning to ocean data inference and subgrid parameterization[J]. Journal of advances in modeling earth systems, 11(1): 376-399.

Brannigan L. 2016. Intense submesoscale upwelling in anticyclonic eddies[J]. Geophysical research letters, 43(7): 3360-3369.

Broomhead D S, Lowe D. 1988. Multivariable functional interpolation and adaptative networks[J]. Complex systems, 2: 321-355.

Chelton D B, Schlax M G, Samelson R M, et al. 2007. Global observations of large oceanic eddies[J]. Geophysical research letters, 34(15): 87-101.

Chen D, Rothstein L M, Busalacchi A J 1994. A hybrid vertical mixing scheme and its application to tropical ocean models[J]. Journal of physical oceanography, 24(10): 2156-2179.

Chen G, Li Y, Sun G, et al. 2017a. Application of deep networks to oil spill detection using polarimetric synthetic aperture radar images[J]. Applied sciences, 7(10): 968.

Chen L C, Papandreou G, Kokkinos I. 2014. Semantic image segmentation with deep convolutional nets and fully connected CRFs[J]. arXiv 1412. 7062.

Chen L C, Papandreou G, Kokkinos, I. 2016. DeepLab: Semantic image segmentation with deep convolutional nets, atrous convolution, and fully connected CRFs[J]. IEEE transactions on pattern analysis and machine intelligence, 40(4): 834-848.

Chen L C, Papandreou G, Schroff F, et al. 2017b. Rethinking atrous convolution for semantic image segmentation[J]. arXiv: 1706. 05587.

Cho D, Yoo C, Im J, et al. 2020. Comparative assessment of various machine learning - based bias correction methods for numerical weather prediction model forecasts of extreme air temperatures in urban areas[J]. Earth and space science, 7: e2019EA000740.

Cho K, Merrienboer B V, Gulcehre C. 2014. Learning phrase representations using RNN encoder-decoder for statistical machine translation[J]. arXir: 1406. 1078.

Cui Z, Li Q, Cao Z, et al. 2019. Dense attention pyramid networks for multi-scale ship detection in SAR images[J]. IEEE transactions on geoscience and remote sensing, 57(11): 8983-8997.

Dean J, Ghemawat S. 2004. MapReduce: simplified data processing on large clusters[J]. Communications of the ACM, 51(1): 137-150.

Dean M, Stephen R, Russ D, et al. 2004. Autonomous profiling floats: workhorse for broad-scale ocean observations[J]. Marine technology society journal, 38(2): 21-29.

Dierking W, Busche T. 2006. Sea ice monitoring by L-band SAR: an assessment based on literature and comparisons of JERS-1 and ERS-1 imagery[J]. IEEE transactions on geoscience & remote sensing, 44(4): 957-970.

Diez S, Jover E, Bayona J M, et al. 2007. Prestige oil spill III: fate of a heavy oil in the marine environment[J]. Environmental science and technology, 41(9): 3075-3082.

Dokken S T, Winsor P, Markus T, et al. 2002. ERS SAR characterization of coastal polynyas in the Arctic and comparison with SSM/I and numerical model investigations[J]. Remote sensing of environment, 80(2): 321-335.

Dong C, Mavor T, Nencioli F, et al. 2009. An oceanic cyclonic eddy on the lee side of Lanai Island, Hawaii[J]. Journal of geophysical research oceans, 114: C10008.

Dong C, Nencioli F, Liu Y, et al. 2011a. An automated approach to detect oceanic eddies from satellite remotely sensed sea surface temperature data[J]. IEEE geoence & remote sensing letters, 8: 1055-1059.

Dong C, Liu Y, Lumpkin R, et al. 2011b. A scheme to identify loops from trajectories of oceanic surface drifters: An application in the Kuroshio Extension Region[J]. Journal of atmospheric & oceanic technology, 28(9): 1167-1176.

Dong C, McWilliams J C, Yu L, et al. 2014. Global heat and salt transports by eddy movement[J]. Nature communications, 5(1): 3294.

Dong J, Fox-Kemper B, Zhu J, et al. 2021. Application of symmetric instability parameterization in the coastal and regional ocean community model (CROCO)[J]. Journal of advances in modeling earth systems, 13: e2020MS002302.

Drucker R, Martin S, Moritz R. 2003. Observations of ice thickness and frazil ice in the St. Lawrence Island polynya from satellite imagery, upward looking sonar, and salinity/temperature moorings[J]. Journal of geophysical research oceans, 108(C5): 3149.

Elman J L. 2006. Finding Structure in Time[J]. Cognitive science, 14: 179-211.

Fan S, Xiao N, Dong S. 2020. A novel model to predict significant wave height based on long short-term memory network[J]. Ocean engineering, 205: 107298.

Fetterer F, Bertoia C, Ye J P. 1997. Multi-year ice concentration from RADARSAT[C]. Anaheim: 1997 IEEE International Geoscience and Remote Sensing Symposium, Remote Sensing-A Scientific Vision for Sustainable Development.

Fily M, Rothrock D A. 1987. Sea ice tracking by nested correlations[J]. IEEE transactions on geoscience & remote sensing, GE-25(5): 570-580.

Fox-Kemper B, Ferrari R, Hallberg R. 2008. Parameterization of mixed layer eddies[J]. Part I: theory and diagnosis. Journal of physical oceanography, 38(6): 1145-1165.

Franz K, Roscher R, Milioto A, et al. 2018. Ocean eddy identification and tracking using neural networks[C]. Valencia: 2018 IEEE International Geoscience and Remote Sensing Symposium: 22-27.

Fu J, Liu J, Tian H, et al. 2019. Dual attention network for scene segmentation[C]. Los Angeles: 2019 IEEE/CVF Conference on Computer Vision and Pattern Recognition , 3146-3151.

Gao C, Zhang R H. 2017. The roles of atmospheric wind and entrained water temperature (Te) in the second-year cooling of the 2010-12 La Niña event[J]. Climate dynamics, 48: 597-617.

Gao Q, Dong D, Yang X, et al. 2018. Himawari-8 geostationary satellite observation of the internal solitary waves in the South China Sea[J]. International archives of photogrammetry, remote sensing and spatial information sciences, XLII-3: 363-370.

Gao Y, Gao F, Dong J, et al. 2019. Transferred deep learning for sea ice change detection from synthetic-aperture radar images[J]. IEEE geoscience and remote sensing letters, 16: 1655-1659.

Gent P R, McWilliams J C. 1990. Isopycnal mixing in ocean circulation models[J]. Journal of physical oceanography, 20: 150-155.

Gentine P, Pritchard M, Rasp S, et al. 2018. Could machine learning break the convection parameterization deadlock? [J]. Geophysical research letters, 45: 5742-5751.

Ghemawat S, Gobioff H, Leung S T. 2003. The Google file system[J]. Acm sigops operating systems review, 37(5): 29-43.

Glahn B, Taylor A, Kurkowski N. 2009. The role of the SLOSH model in national weather service storm surge forecasting[J]. National weather digest, 33(1): 3-14.

Glahn H R, Lowry D A. 1972. The use of model output statistics (MOS) in objective weather forecasting[J]. Journal of applied meteorology and climatology, 11(8): 1203-1211.

Gould J, Dean R, Wijffels S, et al. 2004. Argo profiling floats bring new era of in situ ocean observations[J]. Eos transactions American geophysical union, 85(19): 190-191.

Graves A, Schmidhuber J. 2005. Framewise phoneme classification with bidirectional LSTM and other neural network architectures[J]. Neural networks, 18(5-6): 602-610.

Guo H, Wu D, An J. 2017. Discrimination of oil slicks and lookalikes in polarimetric SAR images using CNN[J]. Sensors, 17: 1837.

Guo H, Wei G, An J. 2018. Dark spot detection in SAR images of oil spill using Segnet[J]. Applied sciences, 8: 2670.

Halo I, Backeberg B, Penven P, et al. 2014. Eddy properties in the Mozambique Channel: A comparison between observations and two numerical ocean circulation models[J]. Deep sea research part II topical studies in oceanography, 100: 38-53.

Ham Y G, Kim J H, Luo J J. 2020. Deep learning for multi-year ENSO forecasts[J]. Nature, 573: 568-572.

Han L, Chen M, Chen K. 2021. A deep learning method for bias correction of ECMWF 24–240h forecasts[J]. Advances in atmospheric sciences, 38: 1444-1459.

Han Y, Zhang G J, Huang X, et al. 2020. A moist physics parameterization based on deep learning[J]. Journal of advances in modeling earth systems, 9(12): e2020MS002076.

Hashemi M R, Spaulding M L, Shaw A, et al. 2016. An efficient artificial intelligence model for prediction of tropical storm surge[J]. Natural hazards, 82(1): 471-491.

He K, Zhang X, Ren S, et al. 2015. Spatial pyramid pooling in deep convolutional networks for visual recognition[J]. IEEE transactions on pattern analysis and machine intelligence, 37(9): 1904-1916.

He K, Zhang X, Ren S. 2016. Deep residual learning for image recognition[C]. Las Vegas: 2016 IEEE Conference on Computer Vision and Pattern Recognition (CVPR).

Hebb D O. 1949. The first stage of perception: growth of the assembly[J]. The Organization of behavior, 4: 60-78.

Hinton G E, Salakhutdinov R R. 2006. Reducing the dimensionality of data with neural networks[J]. Science, 313(5786): 504-507.

Hochreiter S, Schmidhuber J. 1997. Long Short-Term Memory[J]. Neural computation, 9(8): 1735-1780.

Hopfield J J. 1982. Neural networks and physical systems with emergent collective computational abilities[J]. Proceedings of the national academy of sciences, 79(8): 2554-2558.

Hu C, Li X, Pichel W G, et al. 2009. Detection of natural oil slicks in the NW Gulf of Mexico using MODIS imagery[J]. Geophysical research letters, 36: L01604.

Huang H, Jia R, Wang S. 2018. Ultra-short-term prediction of wind power based on fuzzy clustering and RBF neural network[J]. Advances in fuzzy systems, 5: 9805748.

Hunter J, Dale D. 2007. The Matplotlib User's Guide[R]. Matplotlib 0. 90. 0 User's Guide.

Izumo T, Vialard J, Lengaigne M, et al. 2010. Influence of the state of the Indian Ocean Dipole on the following year's El Niño[J]. Nature geoscience, 3: 168-172.

Jiang G Q, Xu J, Wei J. 2018. A deep learning algorithm of neural network for the parameterization of typhoon-ocean feedback in typhoon forecast models[J]. Geophysical research letters, 45(8): 3706-3716.

Joyce T M 1989. On in situ 'calibration' of shipboard ADCPs[J]. Journal of atmospheric and oceanic technology, 6(1): 169-172.

Kalpesh P, Deo M C. 2018. Basin-scale prediction of sea surface temperature with artificial neural networks[J]. Journal of atmospheric and oceanic technology, 35(7): 1441-1455.

Kang M, Leng X, Lin Z, et al. 2017a. A modified faster R-CNN based on CFAR algorithm for SAR ship detection[C]. Shanghai: 2017 International Workshop on Remote Sensing with Intelligent Processing.

Kang M, Ji K, Leng X, et al. 2017b. Contextual region-based convolutional neural network with multilayer fusion for SAR ship detection[J]. Remote sensing, 9(8): 860.

Khairoutdinov M, Randall D, DeMott C. 2005. Simulations of the atmospheric general circulation using a cloud resolving model as a superparameterization of physical processes[J]. Journal of the atmospheric sciences, 62(7): 2136-2154.

Kim H, Ham Y G, Joo Y S, et al. 2021. Deep learning for bias correction of MJO prediction[J]. Nature communications, 12(1): 3087.

Klein W H, Lewis B M, Enger I. 1959. Objective prediction of five-day mean temperatures during winter[J], Journal of atmospheric sciences, 816(6), 672-682.

Kohno N, Dube S K, Entel M, et al. 2018. Recent progress in storm surge forecasting[J]. Tropical cyclone research and review, 7(2): 55-66.

Kohonen T. 1988. An introduction to neural computing[J]. Neural networks, 1(1): 3-6.

Krasnopolsky V M, Fox Rabinovitz M S, Belochitski A A. 2013. Using ensemble of neural networks to learn stochastic convection parameterizations for climate and numerical weather prediction models from data simulated by a cloud resolving model[J]. Advances in artificial neural systems, 485913.

Krizhevsky A, Sutskever I, Hinton G E. 2012. ImageNet classification with deep convolutional neural networks[J]. Advances in neural information processing systems, 25: 1097-1105.

Kwok R, Curlander J C. 1990. An ice-motion tracking system at the Alaska SAR facility[J]. IEEE journal of oceanic engineering, 15(1): 44-54.

Kutz J N. 2017. Deep learning in fluid dynamics[J]. Journal of fluid mechanics, 814: 1-4.

Large W G, Mcwilliams J C, Doney S C. 1994. Oceanic vertical mixing: A review and a model with a nonlocal boundary layer parameterization[J]. Reviews of geophysics, 32(4): 363-403.

LeCun Y, Bottou L, Bengio Y. 1998. Gradient-based learning applied to document recognition[J]. Proceedings of the IEEE, 86(11): 2278-2324.

Lee T L. 2006. Neural network prediction of a storm surge[J]. Ocean engineering, 33(3): 483-494.

Leng X, Ji K, Yang K, et al. 2015. A bilateral CFAR algorithm for ship detection in SAR images[J]. IEEE geoscience & remote sensing letters, 12(7): 1536-1540.

Lguensat R, Sun M, Fablet R, et al. 2018. EddyNet: A deep neural network for pixel-wise classification of oceanic eddies[C]. Valencia: 2018 IEEE International Geoscience and Remote Sensing Symposium: 1764-1767.

Li J, Wang C, Wang S, et al. 2017. Gaofen-3 sea ice detection based on deep learning[C]. Singapore: 2017 Progress in Electromagnetics Research Symposium-Fall.

Li X, Li C, Yang Z, et al. 2013. SAR imaging of ocean surface oil seep trajectories induced by near inertial oscillation[J]. Remote sensing of environment, 130: 182-187.

Li X, Liu B, Zheng G, et al. 2020. Deep learning-based information mining from ocean remote sensing imagery[J]. National science review, 10: 1584-1605.

Lin T Y, Goyal P, Girshick R, et al. 2017. Focal loss for dense object detection[J]. IEEE transactions on pattern analysis & machine intelligence: 2999-3007.

Lin Z, Ji K, Leng X, et al. 2019. Squeeze and excitation rank faster R-CNN for ship detection in SAR images[J]. IEEE geoscience and remote sensing letters, 16(5): 751-755.

Lindsey D T, Nam S, Miller S D. 2018. Tracking oceanic nonlinear internal waves in the Indonesian seas from geostationary orbit[J]. Remote sensing of environment, 208: 202-209.

Liu A K, Holt B, Vachon P W. 1991. Wave propagation in the marginal ice zone: Model predictions and comparisons with buoy and synthetic aperture radar data[J]. Journal of geophysical research oceans, 96(C3): 4605-4621.

Liu Y, Dong C, Guan Y, et al. 2012. Eddy analysis in the subtropical zonal band of the North Pacific Ocean[J]. Deep-sea research part I, 68: 54-67.

Livingstone C E, Drinkwater M R. 1991. Springtime C-band SAR backscatter signatures of Labrador Sea marginal ice: measurements versus modeling predictions[J]. IEEE transactions on geoscience & remote sensing, 29(1): 29-41.

Londhe S N, Panchang V. 2006. One-day wave forecasts based on artificial neural networks[J]. Journal of atmospheric & oceanic technology, 23(11): 1593-1603.

Manyika J, Chui M, Brown B, et al. 2011. Big data: The next frontier for innovation, competition, and productivity[R]. San Francisco : McKinsey Global Institute.

Maréchal J P, Hellio C, Hu C. 2017. A simple, fast, and reliable method to predict Sargassum washing ashore in the Lesser Antilles[J]. Remote sensing applications: society and environment, 5, 54-63.

McCulloch W S, Pitts W. 1943. A logical calculus of the ideas immanent in nervous activity[J]. The bulletin of mathematical biophysics, 5(4): 115-133.

McGillicuddy D J. 2016. Mechanisms of physical-biological-biogeochemical interaction at the oceanic mesoscale[J]. Annual review of marine science, 8(1): 125-159.

McPhaden M J, Zebiak S E, Glantz M H. 2006. ENSO as an integrating concept in earth science[J]. Science, 314: 1740-1745.

Mellor G L, Yamada T. 1982. Development of a turbulence closure model for geophysical fluid problems[J]. Reviews of geophysics, 20(4): 851-875.

Minsky M, Papert S. 1969. Perceptrons[M]. Cambridge: MIT Press.

Mohandes M A, Halawani T O, Rehman S, et al. 2003. Support vector machines for wind speed prediction[J]. Renewable energy, 29(6): 939-947.

Munk W H. 1950. On the wind-driven ocean circulation[J]. Journal of atmospheric sciences, 7(2): 80-93.

Nencioli F, Dong C, Dickey T, et al. 2010. A vector geometry-based eddy detection algorithm and its application to a high-resolution numerical model product and high-frequency radar surface velocities in the Southern California Bight[J]. Journal of atmospheric & oceanic technology, 27: 564-579.

Nghiem S V, Bertoia C. 2001. Study of Multi-Polarization C-Band Backscatter Signatures for Arctic Sea Ice Mapping with Future Satellite SAR[J]. Canadian journal of remote sensing, 27(5): 387-402.

O'Gorman P A, Dwyer J G. 2018. Using machine learning to parameterize moist convection: Potential for modeling of climate, climate change, and extreme events[J]. Journal of advances in modeling earth systems, 10: 2548-2563.

Oquab M, Bottou L, Laptev I, et al. 2014. Learning and transferring mid-level image representations using convolutional neural networks[C]. Colombia: 2014 IEEE Conference on Computer Vision and Pattern Recognition: 1717-1724.

Pacanowski R C, Philander S G. 1981. Parameterization of vertical mixing in numerical models of tropical oceans[J]. Journal of physical oceanography, 11: 1443-1451.

Palinkas L A, Petterson J S, Russell J, et al. 1993. Community patterns of psychiatric disorders after the Exxon Valdez oil spill[J]. American journal of psychiatry, 150: 1517-1523.

Pérez-Cadahía B, Laffon B, E Pásaro, et al. 2006. Genetic damage induced by accidental environmental pollutants[J]. The scientific world journal, 6: 1221-1237.

Pérez-Cadahía B, Lafuente A, Cabaleiro T, et al. 2007. Initial study on the effects of prestige oil on human health[J]. Environment international, 33(2): 176-185.

Perez P, Fernandez E, Beiras R. 2010. Fuel toxicity on isochrysis galbana and a coastal phytoplankton assemblage: growth rate vs. variable fluorescence[J]. ecotoxicology & environmental safety, 73(3): 254-261.

Pessini F, Olita A, Cotroneo Y, et al. 2018. Mesoscale eddies in the Algerian Basin: Do they differ as a function of their formation site? [J]. Ocean science, 14: 559-688.

Pinkel R. 1979. Observations of strongly nonlinear motion in the open sea using a range gated Doppler sonar[J]. Journal of physical oceanography, 9(4): 675-686.

Rajasekaran S, Gayathri S, Lee T L. 2008. Support vector regression methodology for storm surge predictions[J]. Ocean engineering, 35(16): 1578-1587.

Rasp S, Pritchard M S, Gentine P. 2018. Deep learning to represent subgrid processes in climate models[J]. Proceedings of the national academy of sciences, 115(39): 9684-9689.

Ren Y, Li X, Xu H, et al. 2021. Development of a dual-attention u-net model for sea ice and open water classification on SAR images[J]. IEEE geoscience and remote sensing letters, 19: 1-5.

Rodenas J A, Garello R. 1997. Wavelet analysis in SAR ocean image profiles for internal wave detection and wavelength estimation[J]. IEEE transactions on geoscience & remote sensing, 35: 933-945.

Rodenas J A, Garello R. 1998. Internal wave detection and location in SAR images using wavelet transform[J]. IEEE transactions on geoscience & remote sensing, 36: 1494-1507.

Ronneberger O, Fischer P, Brox T. 2015. U-Net: convolutional networks for biomedical image segmentation[J]. arXiv: 1505. 04597.

Rosenblatt F. 1958. The perceptron: a probabilistic model for information storage and organization in the brain[J]. Psychological review, 65 (6): 386.

Rumelhart D E, McClelland J L, PDP Research Group. 1986. Parallel Distributed Processing: Explorations in the Microstructure of Cognition Volume 1: Foundations[M]. Cambridge: MIT Press.

Russell J, Sarmiento J, Cullen H, et al. 2014. The Southern Ocean Carbon and Climate Observations and Modeling Program (SOCCOM)[J]. Ocean carbon biogeochem. news, 7 (2): 1-5.

Santana O J, Hernández Sosa D, Martz J, et al. 2020. Neural network training for the detection and classification of oceanic mesoscale eddies[J]. Remote sensing, 12 (16): 2625.

Shelhamer E, Long J, Darrell T. 2017. Fully convolutional networks for semantic segmentation[J]. IEEE transactions on pattern analysis and machine intelligence, 39 (4): 640-651.

Shi X, Chen Z, Wang H, et al. 2015. Convolutional LSTM network: A machine learning approach for precipitation nowcasting[J]. Computer vision and pattern recognition, arXiv: 1506. 04214.

Shu Q, Qiao F, Song Z, et al. 2013. A comparison of two global ocean-ice coupled models with different horizontal resolutions[J]. Acta oceanologica sinica, 32: 1-11.

Simonin D, Tatnall A, Robinson I. 2009. The automated detection and recognition of internal waves[J]. International journal of remote sensing, 30: 4581-4598.

Simonyan K, Zisserman A. 2014. Very deep convolutional networks for large-scale image recognition[J]. arXiv: 1409. 1556.

Smagorinsky J. 1963. General circulation experiments with the primitive equation (I): The basic experiment[J]. Monthly weather review, 91: 99-164.

Steffen K, Heinrichs J. 1994. Feasibility of sea ice typing with synthetic aperture radar (SAR): Merging of Landsat thematic mapper and ERS 1 SAR satellite imagery[J]. Journal of geophysical research, 99 (11): 22413-22424.

Stommel H. 1948. The westward intensification of wind-driven ocean currents[J]. EOS transactions American geophysical union, 29(2): 202-206.

Stommel H. 1958. The abyssal circulation[J]. Deep sea research, 5(1): 80-82.

Sun Y. 1996. Automatic ice motion retrieval from ERS-1 SAR images using the optical flow method[J]. International journal of remote sensing, 17 (11): 2059-2087.

Sverdrup H U. 1947. Wind-driven currents in a baroclinic ocean; with application to the equatorial currents of the Eastern Pacific[J]. Proceedings of the national academy of sciences, 33(11): 318-326.

van Tussenbroek B I, Hernández Arana H A, Rodríguez Martínez, et al. 2017. Severe impacts of brown tides caused by Sargassum spp. on near-shore Caribbean seagrass communities[J]. Marine pollution bulletin, 122 (1-2): 272-281.

Wang S, Zhao X, Li M, et al. 2018. TRSWA-BP neural network for dynamic wind power forecasting based on entropy evaluation[J]. Entropy, 20 (4) :283.

Wei L, Guan L, Qu L Q. 2019. Prediction of sea surface temperature in the South China Sea by artificial neural networks[J]. IEEE geoscience and remote sensing letters, 17 (4) : 558-562.

Xiao C J, Chen N C, Hu C L. 2019a. Short and mid-term sea surface temperature prediction using time-series satellite data and LSTM-AdaBoost combination approach[J]. Remote sensing of environment, 233: 111358.

Xiao C J, Chen N C, Hu C L. 2019b. A spatiotemporal deep learning model for sea surface temperature field prediction using time-series satellite data[J]. Environmental modelling and software, 120: 104502.

Xu G, Cheng C, Yang W, et al. 2019. Oceanic eddy identification using an AI scheme[J]. Remote sensing, 11: 1349.

Xu G, Xie W, Dong C, et al. 2021. Application of Three Deep Learning Schemes into Oceanic Eddy Detection[J]. Frontiers in marine science, 8: 672334.

Xu Y, Scott K A. 2017. Sea ice and open water classification of SAR imagery using CNN-based transfer learning[C]. Fort Worth, Dallas: 2017 IEEE International Geoscience and Remote Sensing Symposium.

Yackel J J, Barber D G. 2000. Melt ponds on sea ice in the Canadian Archipelago: 2. On the use of RADARSAT-1 synthetic aperture radar for geophysical inversion[J]. Journal of geophysical research: oceans, 105 (C9) : 22061.

Yang R, Pan Z, Jia X, et al. 2021. A novel CNN-based detector for ship detection based on rotatable bounding box in SAR images[J]. IEEE journal of selected topics in applied earth observations and remote sensing, 14, 1938-1958.

Yu C, Wang J, Peng C, et al. 2018. Bisenet: bilateral segmentation network for real-time semantic segmentation[J]. arXiv: 1808. 00897.

Zadeh L A. 1965. Fuzzy algorithms[J]. Information and control, 12 (2) : 94-102.

Zakhvatkina N Y, Alexandrov V Y, Johannessen O M, et al. 2013. Classification of sea ice types in ENVISAT Synthetic Aperture Radar images[J]. IEEE transactions on geoscience & remote sensing, 51 (5) : 2587-2600.

Zhang T, Xie F, Xue W, et al. 2016. Quantification and optimization of parameter uncertainty in the grid-point atmospheric model GAMIL2[J]. Chinese journal of geophysics, 59 (2) : 465-475.

Zhang Z, Pan X L, Jiang T. 2020. Monthly and quarterly sea surface temperature prediction based on gated recurrent unit neural network[J]. Journal of marine science and engineering, 8 (4) : 249.

Zhao H, Shi J, Qi X. 2017. Pyramid scene parsing network[C]. Las Vegas: Proceedings of the IEEE conference on computer vision and pattern recognition. 2017: 6230-6239.

Zhao Y, Zhao L, Xiong B, et al. 2020. Attention receptive pyramid network for ship detection in SAR images[J]. IEEE journal of selected topics in applied earth observations and remote sensing, 13: 2738-2756.

Zhou M J, Liu D Y, Anderson D M, et al. 2015. Introduction to the special issue on green tides in the

Yellow Sea[J]. Estuarine coastal & shelf science, 163: 3-8.

Zhou S, Bethel B J, Sun W, et al. 2021. Improving significant wave height forecasts using a joint empirical mode decomposition—long short-term memory network[J]. Journal of marine science and engineering, 9: 744.

Zock J P, Rodríguez T G, Rodríguez P F. 2007. Prolonged respiratory symptoms in clean-up workers of the prestige oil spill[J]. American journal of respiratory and critical care medicine, 176(6): 610-616.